普通高等教育新工科人才培养采矿工程专业“十四五”规划教材

露天开采工艺学

主　编　胡建华
副主编　贾明滔　温观平

中南大學出版社
www.csupress.com.cn
·长 沙·

内容简介

本书系统地介绍了矿床露天开采基本概念、工艺技术和安全生产等内容，全书共分为9章，主要包括露天开采的基本概念与发展趋势，破碎、采装、运输和排岩四大工艺，露天采矿的境界优化、生产能力、开拓系统，以及安全与绿色矿山建设等技术经济与安全生产工艺技术体系等。

本书可以作为高等院校采矿工程、矿物资源工程专业的本科生教材，也可以作为相关专业的科学研究、设计施工技术人员的参考教材。

前 言

矿产资源是人类社会生产发展和国民经济建设不可替代、不可或缺的物质基础，是国民经济的产业基础。据统计，目前我国95%以上的能源、80%以上的工业原料、70%以上的农业生产资料来源于矿产资源。21世纪以来，全球经济在新兴经济体的带动下持续稳定发展，全球对矿产资源的需求量持续增长，随着我国“一带一路”倡议的推进，矿产资源开发利用的国际化发展趋势显著增强，合理、安全、高效和绿色开发利用全球矿产资源，不仅有利于矿业及其上下游产业的健康发展，也有利于世界经济可持续发展和新型国际合作关系的构建。

矿产资源开采主要存在露天开采、地下开采和特殊开采等方式，露天开采作为一种高产高效低成本的开采方式，在矿产资源开发中一直占有十分重要的地位。近年来露天矿山的规模、开采效率和智能化发展得到了空前的发展，露天开采矿石产量占矿石总产量的80%左右。特别是近十多年来，尽管矿石品位趋于降低、开采难度不断增加、环保要求日益严格，但在计算机技术、信息技术、现代化大型设备、岩石力学研究成果和经济全球化等的推动下，采矿技术获得了突飞猛进的发展，出现了采深达1000 m的露天矿山和生产能力达到亿吨的露天矿山，催生了生态矿业工程和智能矿山。在这些堪称“世界之最”的工程里，积淀了大量有代表性的采矿工程师的创造性成果，同时也赋予了采矿工程师更崇高的历史使命，进一步推动了矿业的加速发展。这种形势必将对高校采矿学科的教学和发展产生重要影响，同时也要求采矿工程师不但应具备广博的知识和高超的技术水平，而且还必须具有国际视野，以适应经济全球化和我国在平等互利前提下实施全球矿产资源战略的要求。

目前，露天开采工艺学的专业教材和书籍不少，本教材在编写过程中，充分吸收既有教材的专业性和系统性，也注意现代矿业发展的智能、绿色的特点，具有其自身的特点和风格。(1)露天采矿的工艺性，从露天开采的破碎-采装-运输-排岩四大工艺入手，系统地阐明了露天采矿的专业技术和工艺参数；(2)智能化的发展，融合了现代矿业智能化发展的理念，教材中融合了露天开采装备、境界优化、安全管理等成熟的智能化工艺和理论，加强了智能化理论和技术在露天采矿中应用内容的阐述；(3)绿色矿山建设系统论述，绿色矿山的建设是我国矿业发展的重要战略方向，在教材中系统阐述了绿色矿业知识体系。

本书的编写人员主要为中南大学露天采矿课程建设的全体成员，主编为胡建华教授，副主编为贯明滔教授、温观平博士。主要编写人员及分工如下：胡建华(第1章、第2章、第3

章、第 4 章、第 5 章、第 7 章、第 9 章)，贾明滔(第 6 章)，温观平(第 8 章)。

本书在编写的过程中，得到了中南大学古德生院士、张钦礼教授等的支持，他们提出了大量的宝贵意见；教材文字编辑和材料收集等工作得到了赵风文博士、张涛硕士、郭萌萌硕士、向睿硕士和黄鹏莅硕士的大力帮助；本书副主编贾明滔教授和温观平博士为本书的统稿等做了大量的工作。在此对大家的无私奉献和辛勤劳动一并表示感谢!

本书的编写和出版得到了中南大学的大力支持和资助，在此表示最真挚的感谢！对本教材参考的相关文献作者致谢!

由于编者的水平有限，难免存在不足和疏漏之处，希望读者不吝赐教，批评指正。

编 者

2022 年 2 月

目 录

第1章 绪 论

自然资源是人类在地球上可以直接或间接利用的存在于自然界的物质或环境，人类从自然界索取矿产等资源，以便生存和发展。在人类生产和生活中，所需资源尽管千差万别，但都离不开矿产资源和它的加工品。矿产资源是由存在于地壳中的矿物组成的可利用物质。目前，人类已发现并命名的118种元素的绝大部分存在于地壳中，发现的矿物超过5000种。地球是人类赖以生存的环境，但人类在对大自然开发、利用的同时，又在不断破坏地球环境。因此，在对待大自然的问题上，人类面临两大问题，即资源问题和环境问题。

1.1 矿产资源特征与环境问题

1. 世界矿产资源的分布特点

矿产资源分布广泛，但由于地球结构的不均匀性和资源分布区域差异性，全球矿产资源空间分布不均匀，相对集中于少数国家和地区。大部分矿产探明储量的60%以上都集中在少数几个国家。美国、俄罗斯、中国、南非、澳大利亚、加拿大等国所拥有的矿产资源，无论是种类还是数量，都位居世界前列。

世界范围内的矿产资源保证程度较高，但地区与国家之间的差别较大。以有色金属铜矿资源为例，世界铜储量约7亿t，广泛分布在世界各地，其中储量较多的国家是智利、澳大利亚和秘鲁，三国合计约占世界铜储量的50%，其他储量较多的国家有美国、墨西哥、印度尼西亚、中国、俄罗斯、波兰、赞比亚、加拿大和哈萨克斯坦等。

世界矿产资源的勘探潜力较大，且发展中国家更胜于发达国家。随着矿产资源勘探程度和资源开发力度的加大，发展中国家的资源储量将进一步获得释放，其具有重要的资源发展潜力。

2. 我国矿产资源特点

我国正处在工业化、城市化加速发展阶段，因此对矿产资源的需求和消耗在较长时期内存在高速的增长。我国地大物博，幅员辽阔，成矿条件比较优越，已发现的矿产173种，其中能源矿产13种、金属矿产59种、非金属矿产95种、水气矿产6种，查明储量的矿产162种；已发现矿床、矿点20多万处，其中查明资源储量的矿产地1.8万余处，西部地区、海域及深部还有较大的资源开发潜力。尽管如此，我国矿产资源仍然存在缺陷，虽然采取了节约措施，但是受到资源条件的限制，资源供需缺口日益加大，对国外资源的依存度不断攀升，主要有以下几个原因(以有色矿产资源为例)。

第一，我国资源总量大，但人均占有量低，是一个资源相对贫乏的国家。

我国有色矿产资源总量尽管很大，但人口众多导致人均占有资源量很低，是一个资源相对贫乏的国家。2020 年，铜储量 2700 万 t，铝土矿储量 5.8 亿 t，铅储量 1200 万 t，锌储量 3100 万 t。需求量大的铜和铝土矿的保有储量占世界总量的比例却很低，分别只有 4.4%和 3.0%，属于我国短缺或急缺矿产，因此对外的依存度也就相对较大。

第二，贫矿较多，富矿稀少，开发利用难度大。

有色矿产资源数量很多，但总体上贫矿多、富矿少。如铜矿，平均地质品位只有 0.87%，远低于智利、赞比亚等世界主要产铜国家。铝土矿虽有高铝、高硅、低铁的特点，但几乎全部属于难选冶的一水硬铝土矿，这些特点导致矿山建设的投资和生产经营成本较高。

第三，共生、伴生矿床多，单一矿床少。

中国 80%左右的有色矿床中都有共伴生元素，其中尤以铝、铜、铅、锌矿产中较多。矿石类型复杂，而且不少矿石嵌布粒度细，选冶难度大、建设投资和生产经营成本高。例如，在铜矿资源中，单一型铜矿只占 27.1%，而综合型的共伴生铜矿占了 72.9%；在铅矿资源中，以铅为主的矿床和单一铅矿床的资源储量只占铅总资源储量的 32.2%，其中单一铅矿床只占 4.46%；在锌矿产资源中，以锌为主和单一锌矿床所占比例相对较大，占总资源储量的 60.45%。

第四，分布范围广，地域分布不均衡，资源开发具有区域集中特色。

矿产资源分布范围广，各省、直辖市、自治区均有优势矿产资源的产出，但不同矿产资源在区域间存在不均衡。如铜矿主要集中在长江中下游、赣东北和西部地区；铝土矿主要分布在山西、河南、广西、贵州地区；铅锌矿主要分布在华南的广西、湖南、广东、江西和西部的云南、内蒙古、甘肃、陕西、青海等地区；锡锑主要分布在湖南、云南、广西等地区。

第五，资源结构性矛盾突出，大宗矿产资源相对不足。

我国原材料矿产品种齐全，但结构存在严重缺陷。铁、锰、铜、铝等大宗矿产后备储量不足，铬、钾盐严重短缺；在钨、锡、稀土等优势矿产中，富矿多、质量好、储量丰富，但资源利用率不高、消耗速度过快、矿产品出口价格偏低，资源优势正在下降。随着我国经济高速发展，资源消费加剧，储量保证年限锐减，找矿难度也越来越大。为提高我国矿产资源的保证度，应加强矿集区资源和超常矿产（指深部矿床、贫矿床、难采矿床等）的勘查与开发利用，逐步建立国际矿产资源基地，以保证我国石油、铜、铁、锰、铬、钾盐等短缺矿产的稳定供应。对于国内稀缺、进口超过国内需求 30% 的矿产，涉及国防安全的矿产和可影响国际市场、国内优势、储量有限的矿产，需要制定矿产战略储备制度。

3. 资源开发的环境问题

矿业开发与生态环境关系十分密切，其对环境的影响是长期而复杂的。矿产资源开发，践行“绿水青山就是金山银山”，协同绿色矿业发展，已经成为矿业开发的主旋律。矿业开发的不同阶段对环境的影响也有所不同，主要存在土地资源破坏、采动诱发地质灾害和生态环境负效应等问题。矿业开发是生态环境最主要的破坏者和污染灾害源，全球统计表明，世界矿业开发每年从地球上采掘出 280 亿 t 以上矿岩，比地球上所有河流的侵蚀输送量还多。全球的铜和其他有色金属冶炼每年释放 SO_2 约 600 万 t，资源开发往往还改变景观生态，甚至留下一片废墟，矿产资源开发的环境问题主要有以下三个方面。

第一，固体资源开发过程中的地质体工程环境负效应。

在生产矿区产生地面塌陷、裂缝和沉陷。我国矿业开发总规模居世界第 3 位，年采掘量超过 50 亿 t，对生态环境的破坏严重；根据相关统计，因采矿塌陷毁地面积已达 20000 km^2，且现仍以每年 250 km^2 的速度发展，全国因采矿引起的塌陷面积达 8700 km^2，塌陷主要发生在采空区上部，以及隐伏岩溶发育地段和被覆盖的断裂构造带及疏干漏斗范围内。固体废弃物堆存和边坡等易造成滑坡、泥石流等地质灾害，采矿业开发产生的三类废弃物即剥离岩土覆盖层所分离的废石堆和尾矿库不仅挤占大量土地和农田、破坏地貌景观和植被，而且易引起滑坡、泥石流，造成破坏土地资源和威胁人类安全的地质灾害。目前，大宗固体废物累计堆存量约 600 亿 t，年新增堆存量近 30 亿 t，矿业开发的固体废物每年排放量达 3 亿 t 以上，占全国固体废物排放量的 30%，为各行业之首。其中，赤泥、磷石膏、钢渣等固体废物利用率较低，占用大量土地资源，存在较大的生态环境安全隐患。例如美国曾有一座高于 240 m 的煤矸石堆场发生滑坡使邻近城区居民死亡 800 余人。同时采矿活动也易诱发矿山地震等地质灾害，如采矿疏干、矿山地压活动和地应力释放、深井注液抽水、开采石油页岩气等诱发地震造成地质灾害。

第二，矿产资源开发诱发水环境污染问题。

随着开采深度增加的疏干排水，造成了矿区大面积地下水位下降，供水源减小或枯竭，改变了地下水循环条件和地表渗透条件，诱发突水事故。同时采矿造成的土壤和岩石裸露，加速了地表侵蚀，致使水土流失和河道淤塞等水体环境负效应。矿区和尾矿堆渗出的酸性废水及其他生活污水等加剧了地下水的污染，矿业废水、废液总量超过 14 亿 t，占全国工业废水量 10%以上，且大量排入江河，对水环境的污染十分严重。

第三，矿产资源开采导致的生态环境负效应。

因露天采矿、开挖和“三废”堆置等直接破坏与侵占土地在全国已达 $14\times10^4\sim20\times10^4$ km^2，并以每年 200 km^2 的速度增加。同时，采矿活动会造成水土流失、土壤肥力丧失、地表植被及含水层结构破坏等，从而将矿山开采影响区的生态环境彻底改变。矿区地表水体环境的改造破坏了自然景观，例如在采矿区上游筑坝修建地表水库，导致河流改道、沼泽地被疏干而消失等。

矿产资源开发不仅仅是实现资源的开采利用，还必须做到资源可持续发展和生态环境保护。

1.2 露天开采的现状与地位

固体矿床露天开采是用一定的采掘与运输设备，在敞露空间里从地表开始进行的开采作业。为了采出矿石，首先需将矿体周围及其上覆岩土剥离，然后通过构建的露天沟道或地下井巷运输系统将矿石和岩土运至地表卸载点的生产过程。露天开采是一个松碎、搬移岩土及开采矿石的生产过程。松碎、搬移岩土的过程称为剥离，开采矿石的过程称为采矿。

露天开采具有悠久的历史。50 万年前，生活在北京周口店地区的北京猿人选取片石制造简单的工具，开始了人类历史上最早、最原始的露天开采。迄今为止发现最早的采矿遗址，是山西怀仁镇鹅毛口石器制造场和广东南海西郊山采石加工场，分别开采凝灰岩煌斑岩夹层和石洞帮壁的石材。早在公元前 5000 多年，人类就开始用石器、木具和青铜制造的挖掘工具开采天然铜矿的露头，用水和火交替作业进行矿石破碎。相传距今 5300 多年前，中国炎帝神农氏就在陕西一带“采峻岭之铜以为器”。1973 年，中国开始发掘和研究湖北铜绿山矿冶遗址，经考古鉴定，发现 7 个古代露天采场，是长江流域采铜工业发展的历史见证。近现代露天开采技术的发展始于 19 世纪的工业革命，空气压缩机的出现使动力机械凿岩开始代替手工凿岩，雷管和甘油炸药的发明和工业应用，逐渐形成了现代爆破破岩技术；蒸汽机的出现为露天矿山采装、运输带来革命性变化。20 世纪初，随着电力的广泛应用和内燃机的发明，露天矿山进入机械化大规模开采时代。

20 世纪 50 年代以来，国内外的露天开采得到了迅速发展，已经成为固体矿床开采的主要方法，在金属、化工、建材等矿产开采方面占主导地位，全世界固体矿物产量的 2/3 通过露天开采获得。在各种矿产品的产量中，露天开采的产量占总产量的比例是：磁铁矿 78%，褐铁矿 84%，锰矿 86%，铜矿 90%，铝土矿 91%，镍矿 45%，铀矿 30%，磷酸盐矿 87.55%，石棉矿 75%。在煤炭开采方面，美国、澳大利亚的煤炭产量中有 60%以上来自露天开采。预计今后露天开采的比例还会有所增加。

目前，国外一些露天矿以扩大生产规模，提高生产能力来加快采矿工业的发展速度。已经投产和正在建设的年产矿石 1000 万 t 以上的大型露天矿有 70 余座，其中年产矿石 4000 万 t 的特大型露天矿有 20 余座。以铜矿为例，2017 年全球铜矿产业中，前十二强铜矿公司铜金属产量合计超过 1100 万 t，占全球产量的 55%以上，而它们的产量保障均主要依靠特大型露天铜矿山的开采。全球铜矿产能前二十矿山如表 1-1 所示，其中位于南美洲秘鲁的 Toromocho 铜矿和 Las Bambas 铜矿分别为中国铝业和中国五矿集团在境外投资的特大型露天铜矿，Toromocho 铜矿采选生产规模 11.7 万 t/d(4270.5 万 t/年)，Las Bambas 铜矿采选生产规模达 14 万 t/d(5110 万 t/年)。我国大陆近年来建成了多座年产矿石 1000 万 t 级的大型露天矿，如山西朔州安太堡露天煤矿与安家岭露天煤矿、江西德兴露天铜矿、河北首钢水厂露天铁矿、辽宁鞍钢齐大山露天铁矿、辽宁本钢南芬露天铁矿、内蒙古包钢白云鄂博露天铁矿、陕西金堆城露天钼矿等，如表 1-2 所示。这些矿山通过采用大型设备，合理的开采工艺，提高生产管理水平和操作技术水平，以期使矿石的生产能力达到年产矿石 2000 万 t 级的水平。中小型露天矿虽然规模小，但矿山数量多，它们对钢铁、有色金属、化工、建材、煤炭等工业的发展起着重要作用，在合理的服务年限内，可适当扩大开采规模，提高生产能力。

表 1-1　2017 年全球铜矿产能前二十矿山

序号	矿山名称	国家	金属量年产能(10^4 t)
1	Escondida	智利	127
2	Grasberg	印度尼西亚	75
3	Morenci	美国	52
4	Bucnavista del Cobre	墨西哥	51
5	Cerro Verde II	秘鲁	50
6	Collahuasi	智利	45.5
7	Antamina	秘鲁	45
8	Las Bambas	秘鲁	45
9	Polar Division	俄罗斯	45
10	El Teniente	智利	43.2

续表1-1

序号	矿山名称	国家	金属量年产能(10^4 t)
11	Los Bronces	智利	41
12	Los Pelambres	智利	40
13	Chuquicamata	智利	35
14	Radomiro Tomic	智利	33
15	Sentinel	赞比亚	30
16	Bingham Canyon	美国	28
17	Kansanshi	赞比亚	27
18	Toromocho	秘鲁	25
19	Olympic Dam	澳大利亚	22.5
20	Mutanda	刚果(金)	22.5

表 1-2 国内部分特大型金属露天矿山

序号	矿山名称	矿石规模/(10^4 t/a)	矿岩规模/(10^4 t/a)
1	江西德兴露天铜矿	3148	7000
2	西藏玉龙铜矿	1800	—
3	河南三道庄钼矿	1650	3630
4	黑龙江鹿鸣钼矿	1500	2440
5	内蒙古包钢白云鄂博露天铁矿	1500	11250
6	辽宁南芬露天铁矿	1500	9900
7	辽宁鞍钢齐大山露天铁矿	1700	5100
8	河北首钢水厂露天铁矿	1000	6000
9	西藏驱龙铜矿	4500	9000

与地下开采相比，露天开采具有如下优点：

(1)矿山生产能力大。特大型露天矿的年产矿石量可达 5000 万 t，年采剥总量达 3 亿 t，据 2015 年统计，中国德兴露天铜矿的年产矿石量超过 4000 万 t。

(2)机械化程度高。受开采空间限制小，易于实现机械化和设备大型化。大中型露天矿的机械化程度为 100%，并正朝着矿山设备大型化和自动化方向发展，从而大大提高了劳动生产率(为地下开采的 5~10 倍)。

(3)劳动条件安全和作业环境好。采矿生产的劳动条件安全和作业环境好，不受有害气体与顶板冲击等灾害的威胁，作业机械化生产，工人的劳动强度低。

(4)矿石损失贫化小。损失率和贫化率不超过 5%。

(5)开采成本低。开采成本为地下开采的 1/3~1/2，对低品位规模矿产资源的开采具有显著优势。

(6)基建期短，基建投资小，约为地下开采的一半。

露天开采需要解决的主要问题：

(1)对环境的污染与破坏。在开采过程中，穿孔爆破、采装、运输、排卸等作业粉尘较大，运输汽车排出的尾气逸散到大气中，排土场的有害成分在雨水的作用下流入江河湖泊和农田等，污染大气、水域和土壤，破坏地表植被和生态环境。

(2)占用土地多。露天开采的矿坑以及排弃的大量剥离物要占用较大片土地，一个特大型露天开采的矿区占用的土地可达几十平方公里。

(3)受气候条件影响大。暴雨、大风、严寒、酷热等对露天开采有不利影响。

(4)对矿床埋藏条件要求较严格，必须确定合理的开采深度。

虽然露天开采在经济和技术上通常具有优越性，但它不能取代地下开采。当开采技术条件一定时，随着露天开采深度的增加，剥岩量、运输距离和运输成本逐渐增加，达到一定深度后，继续用露天开采在经济上不再合理，应转入地下开采。

矿业作为国民经济的基础工业，是国家发展和民族振兴的关键产业，必须大力加强采掘工业，尤其要重视发展露天开采，为我国现代化建设和国民经济的振兴提供充足的矿产品。

1.3 露天开采的基本概念

露天开采是一个复杂的系统工程，与多学科相关联，如图 1-1 所示，涉及矿山地质、岩体力学、机械工程、电气工程、土木工程、系统工程、安全工程、环境工程、人机工程、计算机、技术经济以及企业管理等。这些学科的发展对研究解决露天开采中的技术和管理问题，优化露天矿的生产过程起到了积极的作用。

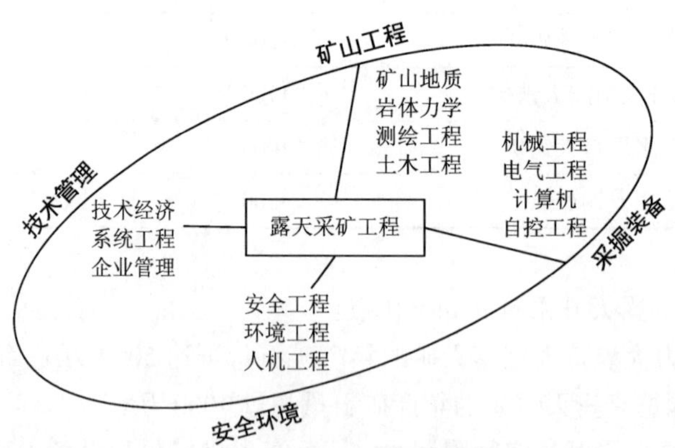

图 1-1　露天开采的学科关联关系图

用矿山设备进行露天开采的场所，称为露天采场或露天矿场，如图 1-2 所示，它包括露天开采形成的采坑、台阶和露天沟道。

根据采矿作业情况，以封闭圈为界，露天矿可分为山坡露天矿和凹陷露天矿。封闭圈是露天采场最终边坡面与通过上部境界线最低点的水平面相交形成的闭合曲线。

图 1-2 露天采场

山坡露天矿是位于露天采场封闭圈以上的露天矿，主要特点是开拓的运输道路从地表至山坡最上一个开采水平一次形成，出入沟和开段沟以单壁沟为主，运输道路上一般重载下行，并随着开采台阶水平下降自上而下依次废弃或消失，运输距离逐渐缩短；利用地形自流排水，生产中大气污染物能靠自然风流排除。

凹陷露天矿是位于露天采场封闭圈以下的露天矿，开拓运输坑线随开采水平延深逐渐形成，重载上行，随运距的增加，运输能力下降，运输成本增加；矿坑涌水需用排水设施排出，水文地质条件复杂时对开采影响较大，大气污染物扩散及排除较慢。

深凹露天矿，当封闭圈以下开采深度超过一定值(一般认为深度达 150 m)时的凹陷露天矿。一般来说，深凹露天矿多采用联合运输方式，以充分发挥各种运输方式的优势；随着采场的降深增大，采场上部边坡长期暴露，边坡稳定性控制难度和维护成本增加；同时，采场空间尺寸逐渐缩小，开拓运输和新水平准备的困难增加，影响矿山生产能力；生产过程中产生的大气污染物扩散及排除慢，甚至需采用机械通风方式。

露天采场把矿岩按一定的厚度划分为若干个水平分层，自上而下逐层开采，并保持一定的超前关系，这些分层称为台阶。台阶是露天采场的基本构成要素，进行采矿和剥岩作业的台阶称为工作台阶，暂不作业的台阶称为非工作台阶。台阶的基本要素如图 1-3 所示。

台阶在露天采场中的位置通常用其下部平盘的水平标高表示，因为装运设备在该水平上作业。图 1-3 中的+12 m 台阶也称 12 m 水平，同时注意到+12 m 台阶的下部平盘也是±0 m 台阶的上部平盘，即台阶的上、下部平盘是相对的。

开采时，将工作台阶划分成若干个具有一定宽度的条带，依次按顺序开采，称为采掘带，如图 1-4 所示，采掘带长度可为台阶全长或其一部分。如果采掘带长度足够，且有必要，可沿全长划分为若干区段，各配备采掘设备进行开采，称为采区。在采区中，把矿岩从整体或爆堆中挖掘出来的地方，称为工作面。采掘带宽度是露天矿工作面的主要参数之一，一般而言，采掘带宽度是挖掘机一次采掘的宽度，当矿岩松软无需爆破时，采区宽度等于采掘带宽

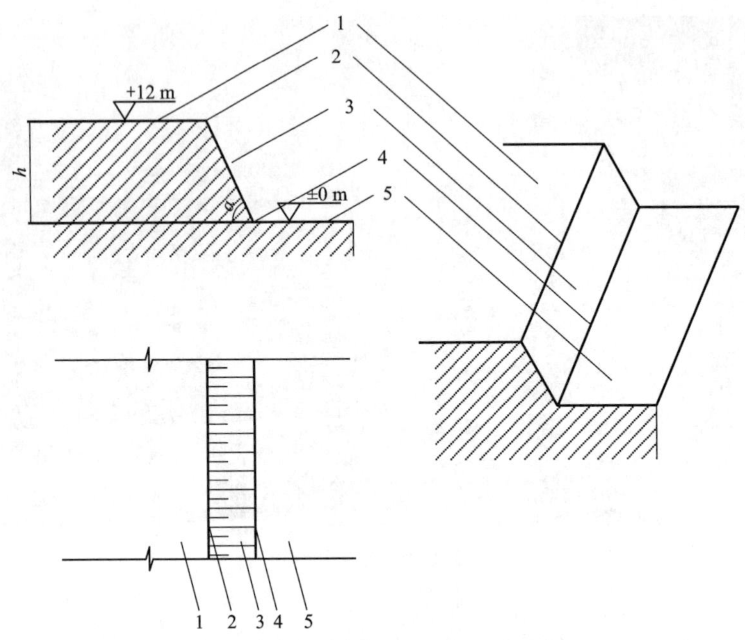

1—台阶上部平盘；2—台阶坡顶线；3—台阶坡面；4—台阶坡底线；5—台阶下部平盘；
α—台阶坡面角；h—台阶高度。

图 1-3　台阶的基本要素

度；对于需要爆破的矿岩，采掘带宽度为一次采掘的爆堆宽度。在采掘带宽度上配备采掘设备、形成运输线路和供应动力等做好采掘准备的采区称为工作线。工作线分为台阶工作线（台阶上已做好准备的采区长度之和）和露天矿工作线（各台阶的工作线之和）。

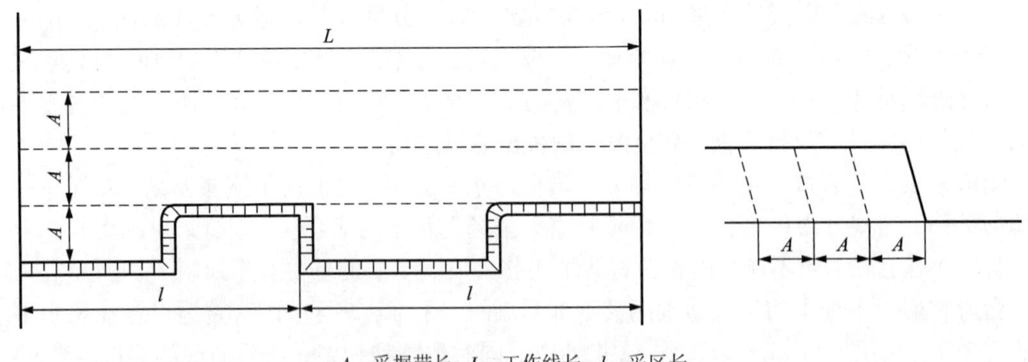

A—采掘带长；L—工作线长；l—采区长。

图 1-4　采掘带、采区和工作线

露天采场是由各种台阶组成的，如图 1-5 所示。根据组成采场边帮台阶的作业状态，将采场边帮分为工作帮和非工作帮。工作帮指由工作台阶或将要进行作业的台阶组成的采场边帮（图 1-5 中的 DE）。工作帮的位置是不固定的，随开采工作的进行不断变化。非工作帮指由非工作台阶组成的采场边帮(图 1-5 中的 AC、BF)。当非工作帮位于采场最终境界时，称为最终边帮，或最终边坡。位于矿体下盘一侧的边帮叫底帮，位于矿体上盘一侧的边帮叫顶帮，位于矿体两端的边帮叫端帮。

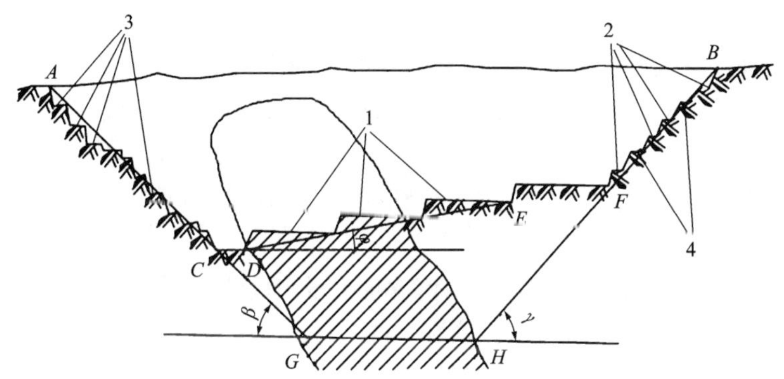

1—工作平盘；2—安全平台；3—运输平台；4—清扫平台。

图 1-5　露天采场构成要素

通过非工作帮最上一台阶的坡顶线和最下一台阶的坡底线所作的假想斜面叫非工作帮坡面，非工作帮坡面位于最终境界时叫做最终帮坡面或最终边坡面(图 1-5 中的 AG、BH)。最终帮坡面与水平面的夹角叫做最终帮坡角或最终边坡角(图 1-5 中的 β、γ)。

通过工作帮最上一台阶的坡底线和最下一台阶的坡底线所作的假想斜面叫做工作帮坡面(图 1-5 中的 DE)。工作帮坡面与水平面的夹角叫做工作帮坡角(图 1-5 中的 φ)。工作帮上进行采矿或剥离作业的平台叫做工作平盘(图 1-5 中的 1)，它是进行穿孔爆破、采装、运输的场地。

最终帮坡面与地面的交线称为露天采场的上部最终境界线(图 1-5 中的 A、B)。最终帮坡面与采场底平面的交线称为露天采场的下部最终境界线或底部边界(图 1-5 中的 G、H)。

最终帮坡面上的平台按其用途分为安全平台、运输平台和清扫平台。

安全平台(图 1-5 中的 2)设在最终边帮上，是用以缓冲和截阻滑落岩石以及减缓最终边坡角，保证最终边坡的稳定和下部水平的工作安全。安全平台的宽度一般为 3~5 m，由于爆破和岩体裂隙的影响，安全平台的宽度难以保证，为此常采用并段方式以加宽安全平台，如采用 7~10 m 宽的安全平台。

运输平台(图 1-5 中的 3)是工作平盘与地面之间的运输联系通道，其上铺设运输线路，具体布置的位置和宽度视开拓运输方式而定。

清扫平台(图 1-5 中的 4)用以阻截滑落岩石并用清扫设备进行清理，还起到减缓边坡角的作用，每隔 2~3 个安全平台设一个清扫平台，其具体宽度视清扫设备而定，一般为 8~12 m。

在露天开采中，为了开采有用矿石需要剥离大量岩石或土，剥离的废石量与采出的矿石量之比称为剥采比，单位是 t/t、m^3/t 或 m^3/m^3。

1.4 露天开采的设计与露天矿建设

1.4.1 露天矿建设程序

露天矿山从计划建设到建成投产，一般需要的时间少则 2 年，多则 8 年，建设投资额可达数亿元。因此，遵循科学合理的建设程序十分重要，建设过程一般需要经历以下几个阶段，如图 1-6 所示。

(1)勘探阶段，包括矿床的初步勘探、详细勘探、项目建议和可行性研究，以及项目设计任务书等。

(2)准备阶段，包括初步设计、技术设计(含安全设施设计)、施工图设计和设备的采购等。

(3)建设阶段，包括施工、试车、投产和验收。

实践表明，矿山建设必须严格遵守矿山建设程序流程，切实保障基本建设的质量。同时，在露天矿山建设设计过程中，要及时开展专家决策咨询，实现露天矿山生产规模、露天矿采剥方法与开采程序、露天矿山生产工艺与设备选型、开采境界优化、开拓运输系统、总图布置与外部运输等技术协同与优化。

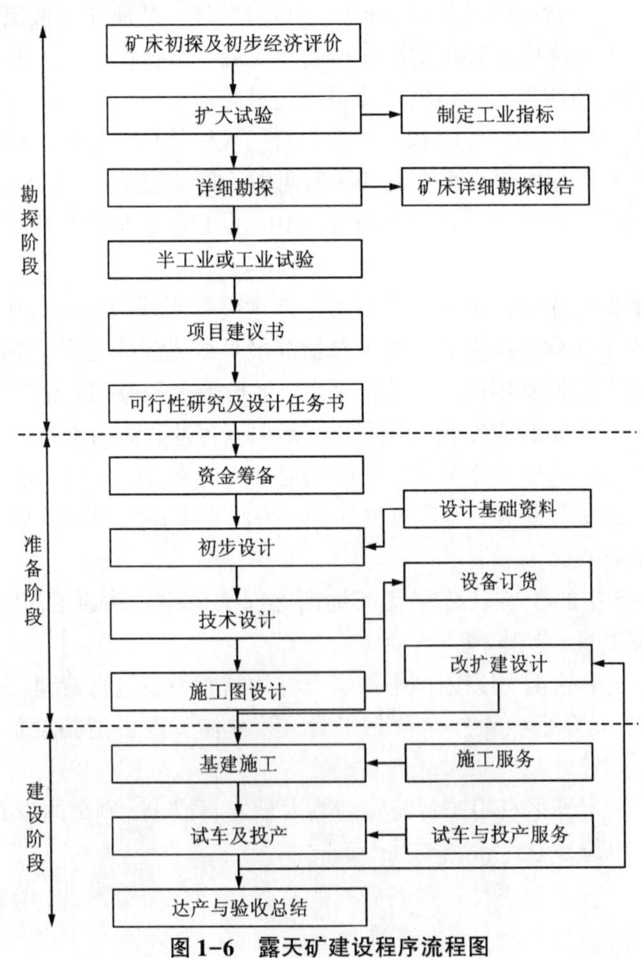

图 1-6 露天矿建设程序流程图

1.4.2 露天矿的运营与生产

露天矿山(露天矿)在主管部门批准建设后。一般的运营和生产程序如下:

(1)地面准备。构建矿山建设的“四通一平”工程,把外部交通、供水、供电和通信等系统引入矿区,形成矿区内部的交通、供水、供电和通信系统;开展矿区场地平整,进行矿区的生产、生活、娱乐设施等建设;开采区域清除或迁移天然或人为的障碍物,如树木、村庄、厂房、道路、河流等。

(2)矿区隔水与疏干。截断或改道通过开采区域的河流,设置防水设施,疏堵地下水,使水位低于矿山建设要求的水平。

(3)矿山基建工程。修筑沟道,建立地面与开采水平的联系,进行基建剥离,揭露矿体,建立开采工作线,形成排土场(堆积废弃物的场地)和通往排土场的运输线路。

(4)日常生产。构筑必要的采剥工作面,形成一定的采矿能力后即可移交日常的生产。一般再经过一段时间,才能达到设计生产能力,进行正常的露天采矿生产。

(5)改扩建工程。通过一定时期的开采与生产后,可能需要进行必要的改建、扩建,以提高产量和技术水平,运用新技术与装备改进开采方案与设备配套等,优化采掘设备,形成新的露天生产系统。

(6)矿山开采结束与闭坑。企业转产、搬迁或关闭。在矿山开采过程中和结束后,都要对采场和排土场以及植被破坏的区域,进行覆土造田或植被恢复。

露天矿的建设和生产是十分复杂的工程项目,土地的购置,村庄的搬迁,设备的采购、安装、调试,人员的培训,组织机构的建立等,涉及生产和生活的多个方面,必须统筹安排。

1.4.3 露天开采步骤

露天开采的基本步骤如下:

(1)破碎。用爆破或机械等方法将台阶上的矿岩松动破碎,以便采掘设备的挖掘。对于采掘设备能直接从台阶上挖落的矿岩,不需要这一生产环节。

(2)采装。用采掘设备将台阶上松碎的矿岩装到运输设备中,这是露天开采的核心环节。

(3)运输。用汽车、机车或胶带运输机等,将采场的矿岩运送到指定地点,如矿石运送到选矿厂或储矿场,岩石运送到排土场。

(4)排岩。包括矿石的卸载和岩石的排弃。

1.5 露天矿技术发展趋势

未来的露天矿山,将继续向着设备大型化,作业工艺高效连续化,生产系统最优化,开采无害化和生态环境可持续化模式发展,随着现代信息化管理以及数字矿山、智慧矿山研究的大力发展,必将实现遥控开采,乃至无人开采。

1.5.1 采矿设备大型化

随着浅表矿产资源的逐渐枯竭、矿石品位的不断下降,以及社会发展对环境保护和水土保持的要求越来越严格,资源开采的技术条件日趋困难,导致露天矿需要经济合理开采的规模也越来越大，而露天矿大型化、规模化开发进程为矿山设备的大型化发展提供了机遇。高新技术和微电子技术的扩大应用，大功率柴油机和大规格轮胎相继研制成功，传动方式的不断创新等，为矿山设备大型化发展创造了条件。除了制造业进步的原因，经济效益也是重要因素，如人工成本降低。同时，设备大型化使单位采剥量设备资金和成本降低，操作、维修定员减少，矿山生产的安全环境得到了本质改善，这也是驱动设备大型化的重要原因之一。

(1)凿岩设备。

凿岩设备大型化主要体现为钻孔直径和钻孔深度的增大，露天采矿曾经广泛使用过的两种凿岩方式为热力破碎穿孔和机械破碎穿孔。20 世纪 50 年代前主要采用的穿孔设备有火钻和钢绳冲击钻机。目前，国内大型矿山穿孔设备是潜孔钻与牙轮钻共存，牙轮钻比例较高，占比达 88%，钻孔直径以 250 mm、310 mm 为主，中型矿山以潜孔钻为主，钻孔直径以 200 mm 为主；国外普遍采用牙轮钻，直径大多为 310～380 mm，最大达 559 mm，孔深达 73 m。当前国际上大型的牙轮钻机如下：安百拓的 Pit Viper Series351 型最大孔径达 406 mm，P&H 公司的 P&H120A 型最大孔径达 559 mm，比塞洛斯公司 59-R 型最大孔径达 445 mm，中钢衡重公司 YZ-55 型最大孔径 380 mm，南京凯马 KY-310 型最大孔径 310 mm。

(2)装载设备。

露天矿装载作业的主要设备是电铲，装载设备容量不断增加。世界上最早的动力铲出现于 1835 年，此后经历了从小到大、由蒸汽机驱动到内燃机驱动再到电力驱动的发展历程。20 世纪 50—60 年代，电铲开始了快速大型化发展，斗容量以 16.8 m^3、21 m^3、30 m^3、38 m^3、43 m^3 为主。国内重点露天矿山以电铲为主，斗容量一般为 4 m^3、10 m^2、16.8 m^3。德兴露天铜矿 2009 年 6 月引进 P&H 公司的 19.5 m^3 电铲。我国太原重工自主生产的 WK-75 型电铲斗容可以达 45～100 m^3。

(3)运输设备。

露天矿常用的运输设备主要有电机车、矿用汽车和大倾角皮带运输机。

电机车适用于采场尺寸范围大、服务年限长、地表较平缓、运输距离远的大型露天矿，经济上单位运输费用低于其他运输方式。20 世纪 40 年代开始，露天矿山的运输中电机车占主导地位。然而，受到其爬坡能力小、转弯半径大和机动灵活性差的缺陷影响，露天采场参数选择受到很大的制约。因此，从 20 世纪 60 年代初开始，电机车逐步被汽车运输代替，采用电机车作为单一运输方式的露天矿山，目前已为数不多。国外露天采矿场使用电机车运输的国家主要是独联体的一些国家，这些国家深凹露天矿电机车一般是直流电机或交流电机驱动的联动机组，载重一般为 300 t 以上、最大载重为 480 t。国内电机车一般为直流电机驱动，载重一般为 150 t。

20 世纪 80 年代以来，汽车成为露天矿生产的主要运输设备，统计表明国外各类金属露天矿约 80%的矿岩量由汽车运输完成。我国露天矿 20 世纪 60—70 年代以苏联进口的 12～32 t 汽车为主；20 世纪 70 年代末到 20 世纪 80 年代引进 100 t、108 t 和 154 t 电动轮汽车。20 世纪 80 年代初，国产 108 t 电动轮汽车投入使用；1985 年，我国与美国合作制造的 154 t 电动轮汽车通过试验。目前大型矿山，无论是液力机械传动的还是交流驱动的电动轮汽车，其载重量大多为 150 t、240 t、320 t，小松 930E、利勃海尔 T284 型与卡特公司 797F 已研制出载重量 360 t 的汽车，还有日立生产的 EH5000 型(286 t)，卡特彼勒生产的 793F 型(218 t)、795 型(313 t)，利勃海尔生产的 T282 型(327 t)和 T282C 型(363 t)，特雷克斯生产的

MT6300AC 型(363 t)等矿用卡车载重达到 360 t 级别，是当今国际上重型矿用卡车的最高技术水平。我国大型露天矿山汽车主要的生产厂家有 5 家，分别为中环动力北京重型汽车有限公司、北京首钢重型汽车制造股份有限公司、本溪北方机械重型汽车有限责任公司、内蒙古北方重型汽车股份有限公司及湘潭电机股份有限公司，最大载重矿车如湘电 SF33900 矿用自卸车(220 t)、首钢重汽 SGE170(170 t)、徐工集团 DE400(400 t)，最大装载质量也达到或超过了 170 t。

大倾角皮带运输机在露天矿山运输中具有明显的优越性，国际矿业大国对此技术进行了专门研究，实现了大于 30°的大倾角连续运输。如美国大陆公司研制了由 2 条胶带组成的夹持式大倾角运输机，瑞典斯维特拉公司研制了带横隔板的波浪挡边大倾角运输机和由 2 条胶带牵引的袋式大倾角运输机，英国休伍德公司研制了链板与胶带组合的大倾角运输机等。南斯拉夫麦依丹佩克铜矿因采用了大陆公司的大倾角运输系统，使采场内的汽车用量减少了 2/3，运距缩短了 4 km，其中 35 km 是连续陡坡，大幅度降低了运输成本，每年可节省 1200 万美元。

矿山设备大型化会大幅度提高采矿强度，提高工作效率，改善矿山安全作业环境，降低生产成本。

1.5.2 工艺高效连续化

随着矿山设备的大型化和智能化，以及大直径深孔爆破、间断-连续工艺等技术的普及，生产工艺规模采矿成本越来越低。连续采矿工艺具有劳动生产效率高、产能大、消耗低、运营费用低、机械化与自动化程度高、安全程度高等优点，因此在国内外大型露天矿中应用广泛。但该工艺在复杂地形下适应能力较差，特别是在采场与排土场空间频繁变动情况下，搬迁费用过高，在国内部分大型露天矿山以及众多中小型露天采矿中仍旧未能推广应用。

连续开采工艺流程，其系统的组成为露天采剥机-胶带运输机-排岩机(或堆料机)。为了减少工作面胶带机的移设次数，扩大采剥机的作业范围，可在胶带运输机与采剥机之间设转载机。露天采剥机连续工艺系统与由轮斗电铲组成的连续工艺系统有基本相同的特点和适用条件，但露天采剥机具有可挖掘中硬($f=5\sim8$)矿岩的优点，扩大了连续开采工艺的应用范围。

1.5.3 生产系统最优化

露天采矿是一个复杂巨系统，采用系统工程的科学理论，根据露天采矿工程的内在规律和基本原理，以系统论和现代数学方法研究和解决采矿工程综合优化问题，实现生产最优化。目前，露天采矿生产系统和最优化的发展主要表现为两个方面：第一，研究对象由单一生产工艺流程向生产工艺系统全流程优化发展。以早期生产系统境界、采剥设计、生产调度等单一的采矿工艺为主优化，向露天矿山工艺全流程、全系统的整体优化研究发展，如在采掘设备协同下的境界优化，但是各工艺流程间的复杂量化关系和整体目标约束条件等，还有待深入研究；第二，优化算法由常规、单一算法向智能化算法融合发展。露天采矿系统工程从早期的线性规划、整数规划、网络流、多目标决策、存储论、排队论等运筹学方法，到当前的遗传算法、人工神经网络、不确定向量机等计算智能理论和方法，以及 AI 融合的人工智能算法等，都在露天采矿领域得到了应用。

1.5.4 开采无害化、绿色化

矿山的露天开采，会对自然环境造成严重的污染和破坏，该问题已引起各国政府的普遍重视。进行绿色矿山建设，实现无废开采和生态重建是所有露天矿山在设计规划阶段就必须考虑的重大问题。开采绿色化的关键技术主要包括露天开采过程中的矿石与伴生矿物共采技术、低碳化开采技术、矿区土地复垦与生态环境综合治理技术及废石资源化技术。近 20 年来，我国在绿色开采方面已经进行了大量的研究工作，建立了相应的示范基地并取得了一定的成果。科技部批准的"冶金矿山生态环境综合整治技术示范研究"项目，以马钢集团姑山矿为示范基地、制定了生态环境综合治理规划。自然资源部于 2018 年 6 月发布了《非金属矿行业绿色矿山建设规范》等 9 项行业标准。

1.5.5 管理现代化、信息化

管理水平是决定矿山经济效益的重要因素之一，矿山企业管理现代化主要包括管理思想理念、管理组织方法、管理技术手段、管理人才水平和管理信息化程度等方面。目前，我国矿产资源开发利用仍处于粗放型阶段，现代化管理程度还比较低，应时刻把握"充分、合理、高效、安全开发利用矿产资源"的宗旨，充分发挥人力资源和系统优化的作用，利用现代的先进生产工艺及管理经验，不断地进行科技创新，提高矿山企业管理水平。

我国露天矿管理信息化大致分为 4 个阶段：萌芽阶段(20 世纪 60 年代到 20 世纪 80 年代初)，主要是电子管计算机年代，用于露天矿最终境界确定；起步阶段(20 世纪 80 年代到 20 世纪 90 年代初)，利用计算机进行辅助设计、矿床建模、算量及采运排优化；基础建立阶段(20 世纪 90 年代中期到 2000 年)，引进使用三维设计软件(Gemcom、Surpac 等)、建立矿区基础网络、开发构建各专业信息管理系统，矿山各专业系统的信息化与自动化处于独立并行发展；快速发展阶段(2001 年至今)，国产三维矿业软件快速发展(如 DIMINE 等)，露天卡车调度系统、边坡在线监测系统、国产地理信息系统、生产集控系统的建立和应用，标志着露天矿信息化建设进入一个新的阶段，即研究"智能采矿"阶段。

1.5.6 矿山数字化、自动化

数字化矿山(digital mine)简称为数字矿山，是对真实矿床及其相关工程的系统认识与数字化再现。核心是在统一的时间坐标和空间框架下，科学合理地组织各类矿山信息，将海量异质的矿山信息资源进行全面、高效和有序的管理和整合，形成计算机网络管理的管控一体化系统。它综合考虑生产、经营、管理、环境、资源、安全和效益等各种因素，使企业实现整体协调优化，在保障企业可持续发展的前提下，达到提高其整体效益、市场竞争力和适应能力的目的。矿山数字化信息系统包括以下子系统：矿区地表及矿床模型三维可视化信息系统，矿山工程地质、水文地质及岩石力学数据采集、处理、传输、存储、显示与探采工程分布集成系统，矿山规划与开采方案决策优化系统，矿山主要设备运转状态信息系统，生产环节监控与调度系统，矿山环境变化及灾害预警信息系统，矿山经营管理及经济活动分析信息系统。目前我国一些重点矿山已经建设了包含不同内容的矿山数字化信息系统。

自动化技术在露天采矿中的应用可以归纳为四类：单台设备自动化，是采用简单的传感和控制器件的单台设备实现部分功能自动化，如凿岩机自动停机、退回和断水，钻机的轴压、转速等自动控制，装药车的自动计量等。随着自动控制和计算机技术的普及和发展，可编程控制器得到广泛应用，单台设备自动化的程度不断提高，单台设备逐步实现从数据采集、故障诊断、作业参数优化控制到自动运行等功能。过程控制自动化，是控制技术与计算机技术(包括软件和网络)的有机结合，形成了由采样、操作控制、数据分析处理、参数优化以及图文信息显示和输出等多功能组成的集成系统，大致由三个层次组成：①与设备相连的过程输入和控制功能都由可编程控制器完成，如电动机的启动和停机、限位开关、电动机电流等；②过程控制操作界面和系统综合由分布式控制系统(DCS)完成，如流量、温度、压力的过程监控等；③公共操作界面和所有来自过程单元的信息显示。在远程控制自动化方面，如美国模块采矿系统(modular mining systems)公司研制了远程无人驾驶汽车控制系统，它由全球卫星定位系统(GPS)和计算机确定汽车位置，由测距雷达探测障碍物，可通过计算机在线实时修正作业循环，该系统可同时控制500辆汽车的驾驶。Alcoa采矿公司已将这一系统用于西澳大利亚的一个大型露天铝土矿。在系统控制自动化方面，如美国模块采矿系统公司开发的Dispatch露天矿汽车运输自动调度系统，是矿山系统控制自动化的典型，这套系统集GPS、计算机、无线数据传输为一体。GPS系统实时地跟踪设备位置；车载计算机实时采集相关信息，通过无线数据传输至中央计算机；计算机通过监测和优化，及时动态地给司机发出信息和调度指令。该系统可大大提高装运系统的整体效率，降低运营成本。我国德兴露天铜矿1997年从美国引进了Dispatch系统，这是我国首座采用自动调度系统的大型露天矿。我国主要有东方测控、长沙迪迈等企业开发了相关产品。

1.5.7 开采无人化

数字化、信息化、自动化都是矿山发展的方向，本质上没有太大区别，只是从不同角度、维度及程度进行诠释。数字化是表现形式，信息化是实质，自动化是基础；数字化、信息化、自动化都是技术手段，无人化则是矿山开采的终极目标。开采无人化是当前国际采矿研究的热点，加拿大已制定出一项拟在2050年实现无人开采的远景规划，除固定设备自动化外，铲运机、凿岩台车、汽车运输全部实现工作时只需在地面遥控设备即可保证工作顺利运行。目前，我国也正在朝这方面发展，采矿设备的自动化控制、智慧化定位系统等现代化技术也得到了应用和推广。

课后习题

1. 简述露天采矿的优缺点。
2. 什么是山坡露天矿？什么是深凹露天矿？
3. 解释采掘带和爆破带。
4. 作图说明台阶的要素。
5. 简述工作帮坡角、非工作帮坡角的概念。
6. 解释什么是安全平台、运输平台和清扫平台。
7. 简述露天开采的基本流程。
8. 简述露天采矿技术的发展趋势。

第2章　露天矿岩破碎工艺

在露天采场的回采工作中，个别松软的矿岩可以直接用采掘设备采出，而多数硬岩需要在采装前进行破碎工作，以达到采装设备工作要求。这一道工序称为露天矿岩破碎工艺。

矿岩破碎是硬岩开采的必要流程，也是后续工艺顺利进行的保证。矿岩破碎的方法、参数、爆堆形状和尺寸对采装、运输工作等产生很大影响。矿岩破碎在实际工程应用中的费用一般占生产总费用的20%~30%，是露天开采的主要成本之一。因此，不断改善矿岩破碎技术，加强矿岩破碎流程组织管理，对强化露天开采、降低矿石开采成本、提高露天开采的经济效益等，都具有重要意义。

2.1　矿岩破碎的基本性质

2.1.1　矿岩破碎的方法

1. 机械法

对于软层、冻岩等矿岩，一般使用机械法进行破碎，在硬岩的开采工作中也开始使用机械方法剥离围岩和开采矿石，其优点包括设备简单、易于管理、工艺过程简单。机械法的局限性是一次松碎量少，工程效率低。

2. 水力法

水力法适用于软岩，采用高压水射流对矿岩进行高强度集中破坏，具有极高的能级密度，其优点包括成本低、噪声小、无环境污染。但水力法存在局限性，是不适用于硬岩的。

3. 爆破法

爆破法是最常用的一种露天矿岩破碎方法，包含穿孔工艺与爆破工艺。穿孔工艺为后续的爆破工艺提供装放炸药的钻孔，爆破工艺为后续的采装工艺提供适宜采装的矿石爆堆。爆破效率的提高在很大程度上依赖于穿孔设备的发展，21世纪初出现的集钻孔、装药和装岩为一体的遥控设备，使爆破效率大大提高，爆破效果更为理想。爆破法的局限性在于爆破工艺有可能引发的爆破危害，如极大的噪声污染及粉尘污染、爆破震动使边坡稳定性降低导致塌方、爆破飞石对人员及设备的危害等。

2.1.2　矿岩破碎机理

从微观的角度出发，通过岩石力学解释矿岩破碎的机理，主要包括以下几方面内容：

1. 摩尔-库伦准则

岩石发生剪切破坏时，破坏面上的剪应力(τ)应等于或大于材料本身的抗切强度(C)和作用于该面上由法向应力引起的摩擦阻力($\sigma\tan\varphi$)之和。

2. 格里菲斯准则

岩石中充满了许多随机分布的微裂纹和缺陷，当岩石受力时在裂纹和缺陷的周围产生应力集中，当局部拉应力集中到一定程度时，岩石的破坏就不受其本身抗剪强度的控制，而是沿裂纹开始扩展，并导致宏观破裂，从而降低了强度。

3. 爆破破岩机理

假设药包在无限深的均质介质中爆炸，距药包从近到远生成压碎圈、破碎圈和震动圈，如图 2-1 所示。

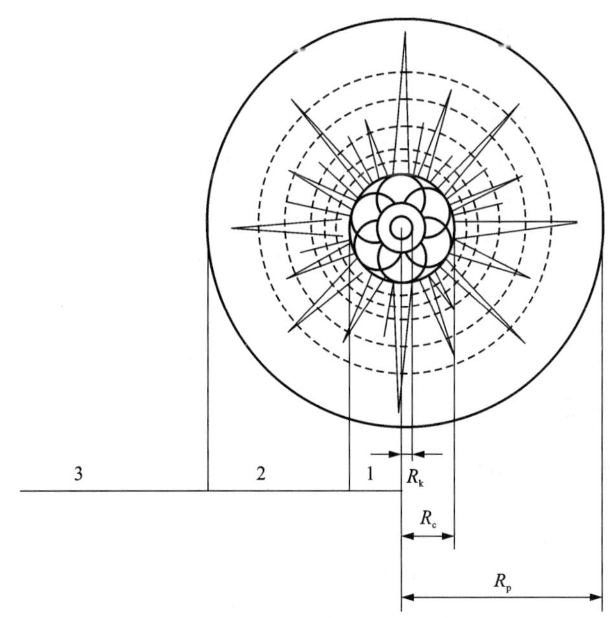

R_k—空腔半径；R_c—压碎圈半径；R_p—破碎圈半径；

1—压碎圈；2—破碎圈；3—震动圈。

图 2-1　球形装药在无限深均质介质中的爆破作用

(1)压碎圈。

爆炸瞬间周围岩石视为塑性体，爆轰产物对周围岩壁的瞬间冲击压力超过岩石动态抗压强度，使药包周围的岩石粉碎，形成压碎圈，其半径一般为药包半径的 2~3 倍。冲击波由药包位置向外传播，经过压碎区会缩减很大一部分能量。如果爆炸的威力低或岩石强度很高，也有可能不产生压碎圈。

(2)破碎圈。

经过压碎圈后岩体内应力波能量衰减，产生压缩作用，导致岩体产生径向位移而引起切向拉伸。如果拉应力超过岩体动态抗拉强度，岩体中会产生放射状的径向裂隙，径向裂隙在爆炸产生的高压气体冲击下进一步扩大或延伸。应力波通过后，受压缩的岩体因弹性释放，发生反向的径向运动，产生径向拉应力形成环向裂隙。此外还会发生剪切应力超过岩体抗剪强度而引起的剪切破坏。剪切裂隙与径向裂隙成 45°角，两者交叉贯通形成破碎圈，在硬岩中其半径为装药半径的 8~10 倍。

(3)震动圈。

岩体中应力波经过破碎圈后已经不足以产生破坏，岩体变形属于弹性变形，破碎圈以外统称为震动圈。震动圈的应力波可以传播很远，通常被称为地震波。

4. 爆破漏斗

实际爆破工程中不存在无限深的均质介质，而是存在至少一个自由面(如露天矿山台阶爆破)，并且由于埋深位置不同，自由面对爆破效果会产生不同的影响。当药包埋深为某一值，在爆炸冲击波和爆轰产物冲击压力的作用下，岩体破碎，部分岩块被抛掷，形成一个漏斗状的凹坑，称为爆破漏斗，如图 2-2 所示。爆破漏斗构成要素有最小抵抗线 W、爆破漏斗半径 R、爆破漏斗深度 D。爆破漏斗半径与最小抵抗线之比，称为爆破作用指数 n。$n<0.75$ 时称为松动爆破；$0.75\leqslant n<1.0$ 时称为减弱抛掷爆破或加强松动爆破；$n=1$ 时，称为标准抛掷爆破；$1<n\leqslant 3$ 时，称为加强抛掷爆破。n 值的增大意味着炸药量增加或埋深减小，因 n 值不同而产生工程爆破中所要求的各种爆破漏斗。

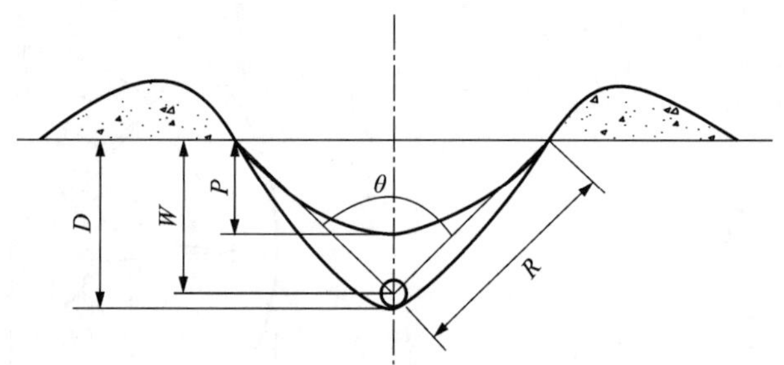

图 2-2　爆破漏斗及要素图

2.1.3　工艺要求与目的

露天矿岩破碎工艺要求有足够的松散储备量，以 5~10 d 为宜。矿岩破碎后，要求有适宜的块度与粒级，以满足挖掘机、汽车运输、胶带运输、矿仓破碎机受料口等要求。爆堆的高度及宽度要规整，不留根底、伞岩，符合安全与经济的指标。露天矿的采装、运输和粗碎设备，对爆破后的矿岩块度都有一定的要求，称作允许块度，超过允许块度的矿岩块称为大块。大块总量与爆破矿岩总量的比率称为大块率，大块率的值越高，说明爆破质量越差，通常需要优化爆破参数控制大块率。

2.2　穿孔工作与装备

2.2.1　矿岩的可钻性

2.2.1.1　概念

矿岩的可钻性，是指在钻具的作用下，矿岩破碎的难易程度，主要取决于钻具的类型和矿岩自身的物理力学特性等。矿岩的可钻性是决定钻进效率的基本因素，反映了穿孔工作难易程度。凿岩穿孔效率取决于钻机的钻进速度，而钻进速度则受矿岩可钻性影响。

确定矿岩可钻性，是合理选择和使用钻头，确定钻孔参数，预测钻头寿命的科学依据，也是穿孔设备选择、穿孔作业计划制定及穿孔定额目标拟定的参考依据。

从岩石本身的角度来看，影响矿岩可钻性的矿岩物理力学性质包括：岩石的硬度、强度、韧性、塑性、耐磨蚀性等。岩石的硬度和强度越高，耐磨蚀性越强，破碎矿岩的工作就会越困难，矿岩的可钻性就越差。

从矿岩破碎工艺的角度来看，影响矿岩可钻性的因素还包括钻头的回转速度、孔底岩粉排除情况、穿孔设备的选型、穿孔工作的方案、钻孔直径和深度等。

2.2.1.2　矿岩可钻性分类方法

(1)岩石力学性质评价法：矿岩的自身强度对其可钻性有较大的影响，通过室内岩石力学实验测定能够反映矿岩强度或硬度的一种或几种力学指标，能直观地表示矿岩可钻性，所得的指标值稳定、可靠。但是各种钻进方法适用的矿岩不尽相同，采用该方法较难选取能够完全体现某工程方案破碎岩石的力学性质指标。

(2)微钻速度评价法：采用直径为 31.75 mm 的微钻头在岩芯上钻孔，记录钻深 2.38~2.40 mm 的钻孔时间，换算成以 2 为底的对数来表示矿岩的可钻性，称为矿岩的可钻性级值，如表 2-1 所示，所测得的微钻速度能够反映各种因素的综合影响。室内模型试验方法需要大量的岩芯，因而在岩芯资料珍贵的区块，该方法存在一定局限性。

表 2-1　SY/T 5426—2016 岩石可钻性分级标准

类	级别	级值	钻进时间 t/s			
			牙轮钻头	PDC 钻头		
				1 级钻压	2 级钻压	3 级钻压
Ⅰ(软)	一	<2	$<2^2$	$<2^2$		
	二	2~3	$2^2\sim2^3$	$2^2\sim2^3$		
	三	3~4	$2^3\sim2^4$	$2^3\sim2^4$	$2^2\sim2^3$	
	四	4~5	$2^4\sim2^5$	$2^4\sim2^5$	$2^3\sim2^4$	
Ⅱ(中)	五	5~6	$2^5\sim2^6$	$2^5\sim2^6$	$2^4\sim2^5$	$2^2\sim2^3$
	六	6~7	$2^6\sim2^7$	$2^6\sim2^7$	$2^5\sim2^6$	$2^3\sim2^4$
	七	7~8	$2^7\sim2^8$		$2^6\sim2^7$	$2^4\sim2^5$
Ⅲ(硬)	八	8~9	$2^8\sim2^9$			$2^5\sim2^6$
	九	9~10	$2^9\sim2^{10}$			$2^6\sim2^7$
	十	≥10	$\geq2^{10}$			$\geq2^7$

(3)碎岩比功评价法：碎岩比功是破碎单位体积矿岩所需的能量，既是物理量又是碎岩效率指标。控制冲击功对钻头的寿命和工程效率都有较大的影响，该方法常用于冲击钻进工作中的可钻性分级，使得钻头的冲击功更好地被控制。但是每种钻进方法的碎岩比功不是一个常量，对其变化规律进行的研究相对少，难以支撑起理论的核心。

(4)实钻速度评价法：用实际钻进速度确定矿岩的可钻性能够反映地质因素和技术工艺因素的综合影响，对于不同的矿岩，有不同的分级指标。由于钻进技术的不断发展，分级指标也在不断修正中。

国外常见可钻性分级包括：俄罗斯广泛采用的史氏(П. А. 史列伊涅尔)岩石硬度测定分

级法；美国德雷塞钻具公司采用的莫利斯方法。

我国可钻性分级包括：普氏岩石坚固性系数岩石分级；国家能源局于2016年1月7日鉴定通过的微型测试钻头综合性分级。

2.2.1.3 里热夫斯基的矿岩钻进难度分级法

苏联学者里热夫斯基(里氏)用矿岩的钻进难度相对指标 Π_Z(式2-1)，作为矿岩可钻性的物理力学基础，其值可用来确定在外力作用下岩石的相对阻力。该理论包含以下要点：

穿孔时的压应力和剪切力是决定因素，冲击式凿岩设备对矿岩的破坏方式为压应力破坏，回转式凿岩设备则对应剪切力破坏；当确定钻速时，岩体的裂隙度可忽略不计，裂隙度只是在确定岩石坚固性时才考虑；在穿孔过程中，只有及时排出孔内岩渣才能继续破坏岩石；当评价可钻性时，还必须考虑矿岩的容重 γ。其公式如式(2-1)：

$$\Pi_Z = \frac{0.007(\sigma_y + \sigma_\tau)}{10^5} + 0.7\gamma \tag{2-1}$$

式中：σ_y、σ_τ——压应力和剪应力(大于相应岩石抗压强度和抗剪强度)，Pa；

γ——岩石容重，kg/dm^3。

里热夫斯基按照 Π_Z 的大小构建了五级分类法：

Ⅰ级——易钻的，1~5；

Ⅱ级——中等难钻的，6~10；

Ⅲ级——难钻的，11~15；

Ⅳ级——很难钻的，16~20；

Ⅴ级——极难钻的，21~25；

大于25的属于级外。

2.2.2 穿孔方法的分类

穿孔方法大致分为两种，包括机械穿孔和热力穿孔。机械穿孔装备在露天矿应用得最多的是牙轮钻机，潜孔钻、凿岩台车在地下矿山的应用较为广泛一些，而钢丝绳钻机因效率低已经被淘汰了。热力穿孔装备为火力钻机，只有在特定的条件下才会使用。

除应用最广的冲击、旋转、液压(如图2-3所示)等传统穿孔方式外，高压水射流凿岩、激光凿岩、超声波凿岩等也是正在探索中并有可能成为未来主流的新型穿孔方法，但目前暂未有与这些新型穿孔方法相契合的稳定且高效的穿孔装备。装备是实现采矿工艺和方法变革的基础，在现代科技突飞猛进的大背景下，只有装备的变革才能带来采矿方法以至矿业领域的变革。

2.2.3 穿孔装备及选型

2.2.3.1 潜孔钻机

1. 潜孔钻机基本组成结构

不同型号的潜孔钻机结构组成不同，一般由钻具(钻头及冲击器)、回转供风结构、提升推进结构、钻架偏摆结构及起落结构、行走结构及供风、除尘等结构组成，如图2-4所示。潜孔钻机属于风动冲击式凿岩装备，潜孔钻机的结构有整体式和分体式，按排气方式分为旁侧排气式和中心排气式。

图 2-3 安百拓 SmartROC CL 全液压潜孔钻机

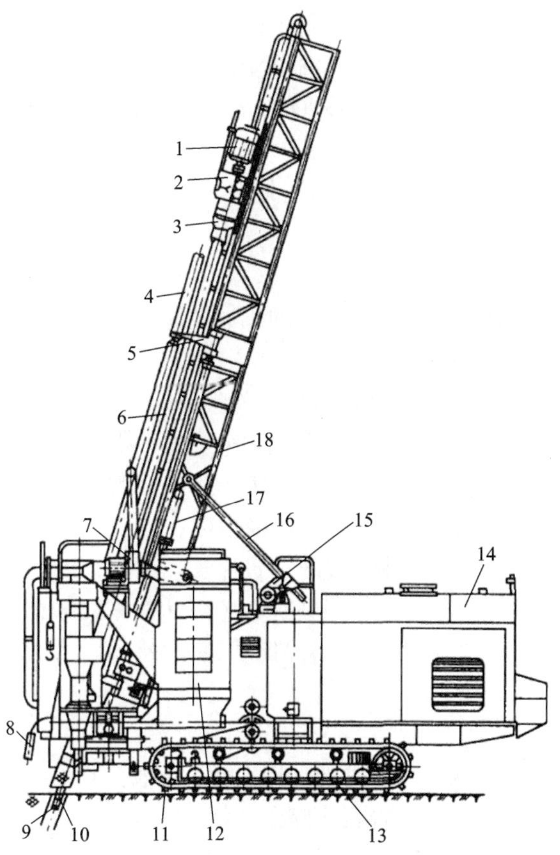

1—回转电动机；2—回转减速器；3—供风回转器；4—副钻杆；5—送杆器；6—主钻杆；7—离心通风机；8—手动按钮；9—球齿钻头；10—冲击器；11—行走驱动轮；12—干式除尘器；13—履带；14—机械间；15—钻架起落结构；16—齿条；17—调压装置；18—钻架。

图 2-4 KQ-200 潜孔钻机结构

2. 潜孔钻机工作原理

潜孔钻机的冲击器潜入孔底，冲击能直接传递给钻头，每一次冲击后钻头就会旋转一个角度，钻刃就会移动到新的位置，如此往复形成炮孔。破碎后的岩屑利用压缩空气或气水混合液的作用沿钻杆与孔壁的间隙排出孔外。与此同时，单独的旋转结构经钻杆带动钻具旋转，对孔底岩石产生附加的剪切力。

3. 潜孔钻机优缺点

优点：

(1) 能量损失小，穿孔速度受孔深影响小，能凿出直径大的深孔炮眼。

(2) 冲击器深入孔底，噪声小。

(3) 用废气排渣，节省动力。

(4) 冲击器靠近钻头，减少了钻杆传递冲击功的损耗，钻杆寿命长。

(5)轴压小，钻机轻，钻孔不易倾斜，价格低廉。

缺点：

(1)气缸直径受孔径限制，孔径小转速就低，因此通常钻孔孔径 ϕ 要求在 80 mm 以上。

(2)当孔径 ϕ>200 mm 时，速度低于牙轮钻机，动力消耗高 30%~40%，作业成本高。

4. 潜孔钻机钻速计算

(1)按里氏可钻性分级计算，如式(2-2)：

$$v \approx \frac{0.102an'}{K_B \Pi_Z D^2 K_Z} \tag{2-2}$$

式中：v——潜孔钻机的机械钻速，cm/min；

a——冲击功，J；

n'——冲击频率，次/min；

K_B——矿岩可钻性的变换系数(当 $\Pi_Z=10\sim14$ 时，$K_B=1.0$；当 $\Pi_Z=15\sim17$ 时，$K_B=1.05$；当 $\Pi_Z=18\sim20$ 时，$K_B=1.1$)；

Π_Z——矿岩可钻性指标；

D——钻孔直径，cm；

K_Z——钻头形状系数(三刃钻头 $K_Z=1.0$；十字钻头 $K_Z=1.1$；柱齿形钻头 $K_Z=1.1\sim1.2$)。

(2)按照岩石凿碎比功耗分级计算，如式(2-3)：

$$v = 1.27\frac{an'K}{D^2E} \tag{2-3}$$

式中：K——冲击功利用系数，一般为 0.6~0.8；

E——岩石凿碎比功耗，J/cm^3。

5. 影响潜孔钻机钻进速度的因素

(1)冲击功和冲击频率。

由式(2-2)和式(2-3)可知，冲击功越大和冲击频率越高，潜孔钻机钻速就越大。而在实际工程中，冲击功和冲击频率的增大二者不可兼得。要增大冲击功，活塞行程就必须增加，这就导致频率的降低。在对这两个相互制约的参数选择问题上，大冲击功、低频率在工程应用中效果更好。

(2)风压。

潜孔钻机冲击器是一种风动工具，为了达到额定的冲击功和冲击频率，风压是一个重要因素。一般地，随着风压的增大，穿孔速度和钻头寿命都有不同程度的提高。大孔径潜孔钻机都自带空压机以减少管路压降。

(3)排渣风量和风速。

在穿孔过程中，孔底岩渣能否及时排出，对穿孔速度有很大影响。一般情况下，单靠冲击器排出的废气不够排渣用，还需增加 20%~40%的压缩空气来排渣。排渣需要的风速取决于岩石的容重和岩渣粒度，如表 2-2 所示。为提高排渣风速，可适当增加钻杆直径，但孔径 D 与钻杆直径 d 之间的差值亦不得小于 20 mm。

表 2-2　岩石容重与排渣风速对照表

岩石容重/($t \cdot m^{-3}$)	≤3.2	>3.2	有裂隙的岩石
排渣风速/($m \cdot s^{-1}$)	25~30	40~45	50

(4)钻孔直径。

当轴压力 P 和转速 n 一定时，钻孔直径 D 与钻速 n 成反比。实际上，当钻孔直径 D 增大后，钻头的直径和强度也加大，只要相应采用更大的轴压力 P 和转速 n，钻进速度并不会降低。

当增大钻孔直径 D 时，可加大爆破孔网参数，相应提高钻孔的延米爆破量和钻机的台年钻孔爆破总量，南芬露天铁矿不同钻机效率对比如表 2-3 所示。

表 2-3　南芬露天铁矿两种孔径的潜孔钻机和钢绳冲击钻机的比较

指标名称	BC-1 冲击钻机		KQ-200 潜孔钻机		KQ-150A 潜孔钻机
	矿石	岩石	矿石	岩石	岩石
钻孔直径/mm	250~300	250~300	200	200	150
穿孔速度/($m \cdot 台^{-1} \cdot d^{-1}$)	15.5	28.25	45	100	45
延米爆破量/($t \cdot m^{-1}$)	154.52	129.27	117	95	50
台年钻孔爆破总量/($t \cdot 台^{-1} \cdot d^{-1}$)	2395	3659	5265	9500	2250
相对指标/%	100	100	220	260	81

(5)轴压。

潜孔钻机轴压力，主要用于克服冲击器后坐力，使钻头紧紧顶在岩石上，提高冲击能量的传递效率。轴压力本身对岩石破碎效果影响不大，远小于牙轮钻机轴压力，其大小取决于钻头直径和岩石性质。

过高的轴压力，既妨碍钻具回转，也容易加快钻头磨损，使硬质合金片齿过早损坏。对于大孔径(D>200 mm)的重型潜孔钻机，一般都采用减压钻进，即钻机的提升推压结构应起到减小轴压力的作用。相反，小孔径的中、轻型潜孔钻机采用增压钻进。

(6)转速。

潜孔钻机的回转，既改变钻头每次凿痕的位置，也使钻头回转切削岩石。转速过低，降低穿孔速度；转速过高，过分磨损钻头，穿孔速度反而下降。转速的大小与钻头直径、冲击频率及岩石性质有关。

(7)扭矩。

潜孔钻机的回转扭矩，主要用于切削钻头凿痕间留下的岩坎，并且能预防卡钻事故的发生，因而潜孔钻机所需扭矩要比回转式钻机小得多。扭矩大小取决于钻头直径、回转速度及岩石性质等，扭矩大小区间对应的参数如表 2-4 所示。

表 2-4 潜孔钻机扭矩、钻头直径、转速、轴压力参照

扭矩/(N·m)	钻头直径/mm	转速/(r·min^{-1})	轴压力/kN
690~980	80~110	30~40	2~5
1470~3450	150~170	15~30	4~15
3920~5880	200~250	10~15	8~21

6. 影响潜孔钻机工作时间利用系数的因素

在潜孔钻机服役于矿山生产期间，其开动时间中除主要工作(凿岩)之外，接杆、移位也不可避免耗时耗工，如表 2-5 所示。在停歇时间中，除修理是必要的工序外，等修件、等风、等水、等电以及卡钻处理等工序，都可以通过正确的施工方案及使用方法去避免，以达到提高工作时间利用系数的目的。

表 2-5 南芬露天铁矿 10 台 KQ-200 型潜孔钻机的工时统计数据

	钻矿		钻岩		接杆		投孔		移位		小计	百分数/%
开动时间/h	1732.9		2946.8		23.1		549.7		56.5		5309	62.5
停歇时间/h	大修	中修	小修	碎修	等修件	换钻杆	卡钻	等风	等电	其他	小计	百分数/%
	302.4	94	401.5	584.3	678	59.9	94.1	260.1	495.9	192.8	3163	37.5
合计/h											8472	100

2.2.3.2 牙轮钻机

1. 牙轮钻机基本组成结构

牙轮钻机的组成结构也因型号而有部分差异，大致上包括钻具(钻杆、稳杆器、减震器和牙轮钻头)、钻架及机架、回转供风结构、加压提升结构、起落结构、稳车结构、行走结构等，如图 2-5 和图 2-6 所示。

2. 牙轮钻机工作原理

牙轮钻机是通过回转结构带动钻头回转，借助加压结构给钻头施加轴向压力(一般为300~600 kN)，由这种动压和静压产生的应力使岩石破碎(剪碎或压碎)，同时通过压缩空气冷却钻头并将孔底岩石碎屑吹出孔外以形成钻孔的机械，如图 2-7 所示。其作业特征是钻头轴压力、回转速度以及排出岩屑和冷却钻头的压气消耗量之间的有机配合。

3. 牙轮钻机钻进速度 v 计算

影响露天矿全部作业生产率的重要因素之一是牙轮钻机的钻孔效率。钻孔效率取决于钻机实际运转时的钻孔速度。钻机速度在很大程度上受选定钻头的钻进速度的影响。钻进速度会影响生产率，同时由于缩短了总钻机作业时间，还可减少总钻孔费用。

(1)按里氏矿岩可钻性分级计算，如式(2-4)：

$$v = 5.95\frac{Pn}{\Pi_Z D_1^2} \tag{2-4}$$

图 2-5　WKY250/310 系列牙轮钻机

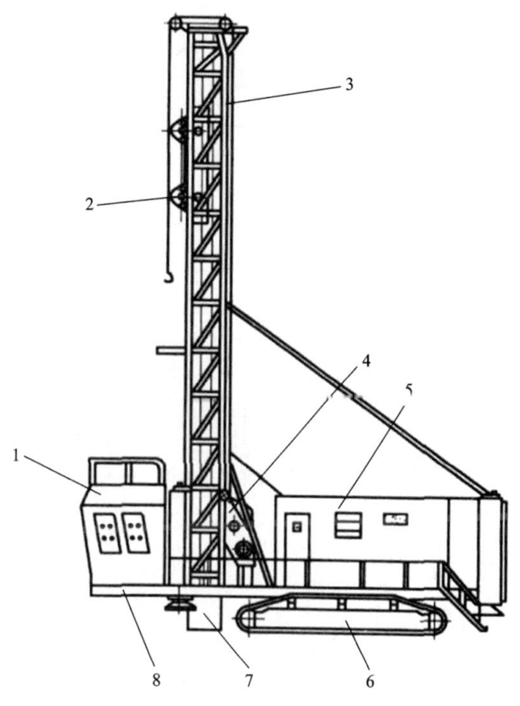

1—司机室；2—回转结构；3—钻架；4—主传动结构；5—机房；6—行走结构；7—捕尘装置；8—主平台。

图 2-6　YZ-35 型牙轮钻机示意图

(2)按普氏岩石坚固性系数分级计算，如式(2-5)：

$$v = 0.383 \frac{Pn}{fD_1} \tag{2-5}$$

式中：v——牙轮钻机的机械钻进速度，cm/min；

P——轴压力，kN；

n——钻头转速，r/min；

f——岩石坚固性系数；

D_1——钻孔直径，cm。

4. 牙轮钻机主要工作参数

(1)钻头的轴压力。

轴压力 P 与钻速 v 大致成非严格的线性正比关系，具体取决于钻头单位面积上的作用力 P/F(F 为钻头与岩石的接触面积，如表 2-6 所示)和岩石的抗压强度 σ_y 之间的关系。一般钻头轴压力与矿岩可钻性指标关系如表 2-7 所示。

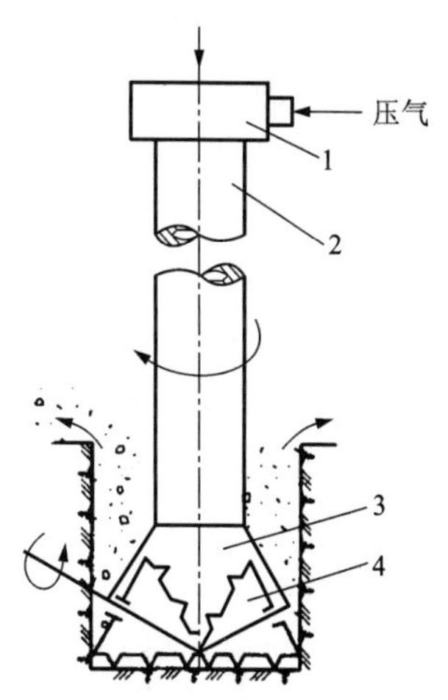

1—加压、回转结构；2—钻杆；3—钻头；4—牙轮。

图 2-7　牙轮钻机钻孔工作原理

表 2-6　单位轴压力与岩石坚固性系数的关系

岩石坚固性系数 f	8	10	12	14	16	18	20
单位轴压力 $P/F/(\mathrm{kN \cdot cm^{-1}})$	5.1	6.4	7.8	9	10.2	11.5	12.8

表 2-7　单位轴压力与矿岩可钻性指标的关系

矿岩可钻性指标 Π_Z	钻头直径 D_t/mm	单位轴压力/$(\mathrm{kN \cdot cm^{-1}})$	
		实际的	标准的
8	214	6.9	8.8
10	243	8.8	10.8
12	243~269	10.8	12.7
14	269	12.7	17.6
16	296~320	17.6	21.6

(2)回转速度。

转速 n 和钻速 v 成正比关系，但不是一个简单的线性关系。牙轮钻机在穿孔中存在两种工作情况，强制钻进的高轴压(300~600 kN)和低转速(150 r/min 以下)；高速钻进的低轴压(100~200 kN)和高转速(300 r/min)。

在实际生产中，软岩选用 80~120 r/min 的转速，中硬岩选用 60~100 r/min 的转速，硬岩选用 50~80 r/min 的转速；小于 50 r/min 的转速，常在钻机开孔时使用。我国生产的牙轮钻机，正是沿着强制钻进这条途径发展的。目前矿山使用的国产 YZ 型及 KY 型等中、重型牙轮钻机，其轴压力大多为 300~550 kN，而转速大多控制在 100 r/min 以下。

(3)压气消耗量。

为了彻底排渣，要求有足够的风量，使孔壁与钻杆之间的环形空间形成适宜的回风速度，从而对岩渣颗粒产生一定的升力以排除出孔。若风速过小，升力不足，岩渣在孔底反复被破碎，既降低穿孔速度，又加剧钻头的磨损，甚至会造成卡钻事故；若风速过大，既浪费空压机功率，又加剧钻杆的磨损。

根据国外经验，最小回风速度为 15 m/s。当回风速度达到 25 m/s 时，可以使容重为 3.2 $\mathrm{t/m^3}$ 的岩石碎屑排除出孔。当回风速度一定时，排渣风量 Q 计算公式如式(2-6)：

$$Q = \frac{\pi(D^2 - d^2)}{4} v_H \tag{2-6}$$

式中：Q——排渣风量，$\mathrm{m^3/min}$；

D——钻孔直径，m；

d——钻杆直径，m，为了便于排渣，应使 $D-d \geqslant 20$ mm；

v_H——回风速度，m/min。

5. 牙轮钻机优缺点(与潜孔钻机相比)

优点：

(1)穿孔效率高 2~3 倍。

(2)钻机作业率高15%~45%。

(3)工人劳动生产率高2~3倍。

(4)穿孔成本低15%~25%。

缺点：

(1)机身重，价格昂贵。

(2)在极坚硬矿岩中或炮孔直径小于150 mm时成本较高。

6. 牙轮钻机发展趋势

牙轮钻机靠其相比于其他钻机的显著优越性成为目前国内外露天矿穿孔的主要设备。而未来牙轮钻机的发展可从钻机、钻头、工作参数和组织管理四个方面改进。如开发新型自动控制系统，找到可以代表牙轮钻机工况参数的变量，随着岩性的变化与穿孔方案的要求，自动调控轴压和转速，从而提高穿孔效率，延长钻具和设备的使用寿命；研发新型材料的钻头，使其更耐磨，使用寿命更长久；设备管理人员应认真履行设备管理义务，及时准备钻机备件，严控备件质量，定期组织人员进行相关专业知识培训，及时组织定期设备维护等。

此外，传统牙轮钻机常见的故障有主要风路泄露、系统堵塞以及牙轮钻机逆止阀失灵影响牙轮钻机的正常运行等，为了保证牙轮钻机在使用中的安全性和稳定性，提高露天矿山的生产效率和经济效益，需要对牙轮钻机进行技术上的变革。

国外已把现代设计法用于钻机设计，并且一般都有专门的试验室和试验场地，科研测试手段齐全。每种新产品都经过模型试验和样机生产性模拟试验，从而使设计者和制造者了解产品是否达到设计要求以及能否满足现场使用要求。

运用现代设计法和人机工程学原理设计钻机，以改善司机工作条件，提高工作效率和钻机可靠性。随着科学技术的发展，国外的牙轮钻机制造厂家都开始采用计算机辅助设计方法，以提高设计工作效率。钻机本身则围绕着增强生产能力，改善工作条件，不断改进结构，推出新机型。尤其是在大型钻机上，使用计算机来自动控制钻机主要工作参数以及对钻机主要工作过程进行监控，以提高穿孔效率，降低故障率和生产成本。

应用计算机辅助设计方法提高了钻机的设计质量和设计效率。编制的计算机程序，可以快速计算各种机械布置的变化对钻机稳定性的影响，并得出每个装配组件在三维坐标系中的重心位置。对钻架、平台、千斤顶套筒、履带、回转减速箱、加压提升减速箱建立了精确的有限元模型，可按设计寿命目标进行强度校核，也可改变结构以满足寿命目标，利用计算机辅助绘图系统设计复杂的液压和气动原理图。在零件设计中，使用图纸复制机，将库存的有关图纸进行剪裁和拼接，设计成新的零件图，使制图效率明显提高。

设计手段更加先进，如将汽车总体设计模型法用于钻机整体设计。根据年维修量最少、原始成本最低、质量最小三项原则，建造整机模块式构型，并在此基础上计算各单个构件的设计参数。为满足人机工程学要求，在建造全泡沫材料的操作室实体模型之后，又建造了胶合板实体模型，从而对操作室的各种性能要求做出全面、科学的评价。

同时在钻架设计中还参考了汽车设计的测试技术方法，使用应变仪监测钻机钻架，采集有关设计数据，据此设计新钻机钻架，以便确定钻架疲劳寿命和各种工作条件对此产生的影响。

国外在钻机设计中多采用模块式结构，因而稍加改动就能满足各种用户的要求，如各种钻机都备有多种孔深的钻架供用户选用。这样既缩短了设计周期，又避免了大量的重复劳动。

2.2.3.3 穿孔设备数量计算及选型

1. 牙轮钻机的生产能力

牙轮钻机的台班生产能力与台年综合效率是衡量其生产能力的重要指标，计算其生产能力可为露天矿山穿孔设备的购置提供主要参考，目的是使购置流程更便捷、更经济、更符合各矿山实际需求。

(1)牙轮钻机台班生产能力 V_b 计算，如式(2-7)：

$$V_b = 0.6vT_b\eta_b \tag{2-7}$$

式中：V_b——牙轮钻机台班生产能力，m/(台·班)；

v——牙轮钻机钻进速度，cm/min；

T_b——每班工作时间，h；

η_b——每班工作时间利用系数，一般的 $\eta_b=0.4\sim0.5$。

(2)牙轮钻机台年综合效率。

牙轮钻机的台年综合效率和台班工作效率、钻机工作时间利用率有关，因组织不当造成的停钻时间和钻机故障停钻时间是影响钻机工作时间利用率的主要因素。部分牙轮钻机平均台年综合效率如表 2-8 所示。

表 2-8 部分牙轮钻机平均台年综合效率

钻机型号	孔径/mm	岩石坚固性系数 f	台班效率/m	台年效率/m
KY-250	250	6~12	25~50	25000~35000
		12~18	15~35	20000~30000
KY-310	310	6~12	35~70	30000~45000
		12~18	25~50	
45R	250	8~20		30000~35000
60R	310	8~20		35000~45000

(3)牙轮钻机需求数量 N 计算，如式(2-8)：

$$N = \frac{A_n}{L \cdot q(1-e)} \tag{2-8}$$

式中：N——所需牙轮钻机数量，台；

A_n——矿山设计年采剥总量，t/a；

L——每台牙轮钻机的年穿孔效率，m/a；

q——每米炮孔的爆破量，t/m；

e——废孔率，%。

注意：当矿岩性质差异较大，采矿和剥离工作情况不同时，应分别计算所需台数，然后再取总和。

2. 根据矿山规模的钻机选型

(1)特大、大型露天矿：以牙轮钻机为主，孔径 $D\geqslant310$ mm。

(2)中型露天矿：可选择牙轮钻机或者潜孔钻机，孔径 $D=150\sim250$ mm。

(3)小型露天矿：可选择潜孔钻机、牙轮钻机或者露天凿岩台车，孔径 $D\leqslant150$ mm。

根据生产能力及矿山规模选择牙轮钻机，国内外部分牙轮钻机的工作参数如表 2-9 所示。

表 2-9　国内外部分牙轮钻机的工作参数

机型	KY-250	YZ-55	45-R	60-R(Ⅳ)
产地	中国		美国	
钻孔直径/mm	220~250	250~380	171~279	311~381
钻孔深度/m	17	16.5	50.3	15.24/19.81
轴压力/kN	411.6	539	306	567
钻具钻速/(r·min^{-1})	0~115	0~120	0~165	0~121
回转扭矩/(kN·m)	6546	8500	16376	16551
回转功率/kW	50	95	2×50	78
回转动力	直流电机			
钻杆直径/mm	194/219	219/273/325	158~228	159~273
钻杆长度/m	9.2	16.5	16.8	15.2/19.8
行走方式	履带			
行走速度/(km·h^{-1})	0.72	1.3	1.0	1.0
爬坡能力/(°)	12	15	25	25
机重/t	85/90	140	68~71	145

2.3　爆破作业工艺

爆破作业工艺为后续采装工作等提供合适块度，其爆破质量对后续工作影响很大。在爆破作业工艺流程中，最重要的是保证矿山生产的安全性和合理性，这往往涉及技术经济指标和对永久边坡的保护等内容。

对爆破质量的要求有：

(1)合适的块度(低大块率)。

(2)爆堆形状(高度、宽度)集中且有一定的松散度。

(3)没有根底、伞岩，台阶坡面平整。

(4)没有后裂、垮坡，尤其对永久边坡更是如此要求。

(5)较小的爆破振动。

(6)无爆破飞石、空气冲击波等。

由于爆破作业的成本占整个生产成本的 20%~30%，在以爆破质量与爆破安全为前提的基础之上，最为关键的一点就是爆破方案的实施能够降低单位矿岩的爆破成本，促使露天矿生产总成本降低。

2.3.1 矿岩可爆性分级

2.3.1.1 矿岩可爆性的定义

矿岩的可爆性，即矿岩介质对爆破作用的抵抗程度。矿岩的破碎程度主要取决于矿岩对爆破的抵抗程度，这种抵抗程度又与岩石的强度、岩体的完整性有关。根据岩石强度和岩体的完整性，常用炸药单位消耗量 q 来表示这种抵抗程度。

2.3.1.2 里氏强度可爆性分级

里热夫斯基按强度将可爆性分级，该分级指标为炸药的标准单耗 q_B，把矿岩可爆性划分为5个级别，25个类别，如表2-10所示。计算如式(2-9)：

$$q_B = \frac{0.02(\sigma_Y + \sigma_L + \sigma_\tau)}{10^5} + 2\gamma \tag{2-9}$$

式中：σ_Y——岩石抗压强度，MPa；

σ_L——岩石抗拉强度，MPa；

σ_τ——岩石剪切强度，MPa；

γ——岩石容重，g/m^3。

表2-10 里氏强度可爆性分级

分级	描述	炸药标准单位消耗量/(g·m^{-3})	类别
Ⅰ级	易爆岩体	$q_B \leqslant 10$	1~5类
Ⅱ级	中等难爆岩体	$q_B = 10.1 \sim 20$	6~10类
Ⅲ级	难爆岩体	$q_B = 20.1 \sim 30$	11~15类
Ⅳ级	很难爆岩体	$q_B = 30.1 \sim 40$	16~20类
Ⅴ级	极难爆岩体	$q_B = 40.1 \sim 50$	21~25类
级外矿岩		$q_B > 50$	

在实际爆破中，进行爆破设计时需对计算单耗值进行修正，其修正计算如式(2-10)：

$$q_J = q_B K_H K_{PS} K_L K_X K_T K_{WZ} \tag{2-10}$$

式中：q_J——设计计算的炸药单耗，g/m^3；

q_B——炸药的标准单耗，g/m^3；

K_H——炸药的换算系数；

K_{PS}——要求的破碎度系数，$K_{PS} = 0.5/d_p$（d_p 为爆破后矿岩的平均块度尺寸，m）；

K_L——岩体的裂隙度影响系数，一般为1.2；

K_X——炸药包在岩体中的形状影响系数；

K_T——矿岩的爆破体积影响系数；

K_{WZ}——炸药包位置和自由面的影响系数。

其中，在深孔爆破时，炸药包在岩体中的形状影响系数 K_X 的值取决于钻孔的直径，不同的钻孔直径取值也不同。当 D=100 mm 时，易爆矿岩 $K_X \approx 0.95 \sim 1.0$，中等难爆矿岩 $K_X \approx 0.85 \sim 0.9$，难爆矿岩 $K_X \approx 0.7 \sim 0.8$；当 D=200 mm 时，$K_X \approx 1.0$；当 D=300 mm 时，易爆矿岩 $K_X \approx 1.05 \sim 1.1$，中等难爆矿岩 $K_X \approx 1.2 \sim 1.25$，难爆矿岩 $K_X \approx 1.35 \sim 1.4$。采用分段装炸药时，$K_X$ 值需乘以调整系数 0.05。

矿岩的爆破体积影响系数 K_T 的取值以台阶高度 h=15 m 为界，当台阶高度小于等于 15 m 时，$K_T=(15/h)^{1/3}$；当台阶高度大于 15 m 时，$K_T=(h/15)^{1/3}$。

炸药包位置和自由面的影响系数 K_{WZ} 是影响炸药单耗量大小的主要因素，试验表明，自由面数量从 1 个到 6 个时，K_{WZ} 的值分别按 10、8、6、4、2、1 依次递减。特别地，当单排孔齐发爆破及多排孔微差爆破时，K_{WZ} 值为 8。

2.3.1.3 库图佐夫综合可爆性分级

该分级方法综合了炸药单耗、矿岩坚固性、岩体裂隙等多方面因素，并以炸药单耗为主，如表 2-11 所示。经过大量的数据统计计算，得出炸药单耗的离差（均方差）和炸药单耗之间的关系如式(2-11)：

$$\sigma_n = 0.172q^{\frac{2}{3}} \tag{2-11}$$

式中：σ_n——炸药单耗的离差；

q——炸药单耗，g/m³。

当制定分级范围时，采用 t 分布计算，分布范围的界限由式(2-12)可得：

$$q_{SX} = q \pm 0.117q^{\frac{2}{3}} \tag{2-12}$$

式中：q_{SX}——炸药单耗在库图佐夫综合可爆性分级中的范围；

q——炸药单耗，g/m³。

表 2-11 库图佐夫综合可爆性分级

矿岩可爆性分级	炸药单耗/(kg·m⁻³)		岩体自然裂隙平均间隔/m	岩体中各种结构体含量/%		抗压强度 σ_y/MPa	岩石容重/(t·m⁻³)	普氏岩石坚固性系数 f
	范围	平均		+500 mm	+1500 mm			
Ⅰ	0.12~0.18	0.130	0.00~0.10	0~2	0	10~29	1.40~1.80	1~2
Ⅱ	0.18~0.27	0.225	0.10~0.25	2~16	0	40~44	1.75~2.35	2~4
Ⅲ	0.27~0.38	0.320	0.20~0.50	10~52	0~1	29~64	2.25~2.55	4~6
Ⅳ	0.38~0.52	0.450	0.45~0.75	45~80	0~4	49~88	2.50~2.80	5~8
Ⅴ	0.52~0.68	0.600	0.70~1.00	75~98	2~15	69~118	2.75~2.90	8~10
Ⅵ	0.68~0.88	0.780	0.95~1.25	96~100	10~30	108~157	2.85~3.00	10~15
Ⅶ	0.88~1.10	0.990	1.20~1.50	100	25~47	142~201	2.95~3.20	15~20
Ⅷ	1.10~1.37	1.235	1.45~1.70	100	43~63	191~245	3.15~3.40	20
Ⅸ	1.37~1.68	1.525	1.65~1.90	100	58~78	230~294	3.35~3.60	20
Ⅹ	1.68~2.03	1.855	≥1.85	100	75~100	≥279	≥3.55	20

研究岩石的可爆性分级，主要目的不是进行岩石分级，而是根据不同岩石对爆破作用的阻抗能力，预计合理的炸药单耗和所能达到的岩石爆破破碎效果，并以此作为爆破工艺设计的依据。

2.3.2　露天台阶深孔爆破炮孔参数

露天深孔爆破一般采用多排孔微差爆破方式，其具有一次爆破量大、降低爆破震动、控制爆破方向、充分利用炸药的爆炸能量、改善爆破效果等优点。

1. 深孔爆破的台阶要素

露天矿山深孔爆破有以下台阶要素：台阶高度 H、钻孔深度 L、堵塞长度 L_2、装药长度 L_1、孔距 a、排距 b、安全距离 B、坡面角 α、最小抵抗线 W、底盘抵抗线 W_d、超深 h，各参数如图 2-8 所示。

2. 底盘抵抗线计算

底盘抵抗线是台阶坡底线到第一排孔中心轴线的水平距离。影响底盘抵抗线设计的因素有很多，从炸药性能参数、钻孔参数、岩石性能这三个角度出发，有关因素如图 2-9 所示。

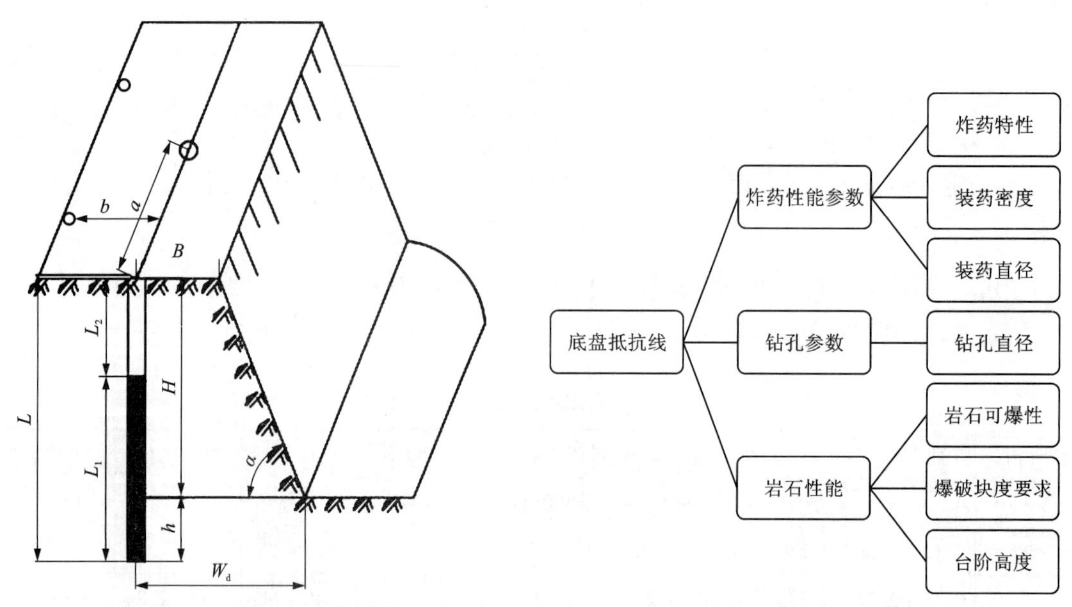

图 2-8　深孔爆破的台阶要素　　　图 2-9　底盘抵抗线确定要素

(1)根据与台阶高度 H 的关系确定底盘抵抗线：对于垂直孔，底盘抵抗线 W_d 取台阶高度 H 的 0.6~0.9 倍；对于倾斜孔，斜孔抵抗线 W(即最小抵抗线)取台阶高度 H 的 0.4~0.5 倍。

(2)根据与钻孔直径 D 的关系确定底盘抵抗线如公式(2-13)：

$$W_d = 53DK_B\left(\frac{\Delta K_H}{\gamma}\right)^{\frac{1}{2}} \tag{2-13}$$

式中：K_B——岩石可爆性系数，对易爆、中等难爆及难爆的岩石，K_B 值分别为 1.2、1.1 和 1.0；

Δ——装药密度，t/m³；

K_H——炸药换算系数；

γ——岩石容重，t/m^3。

(3)按孔装药条件计算确定垂直孔底盘抵抗线 W_d 及斜孔抵抗线 W 如式(2-14)~式(2-16)：

$$\begin{cases} W_d = \dfrac{[q_1^2(e-p)^2 + 4mHLqq_1]^{\frac{1}{2}} - (e-p)q_1}{2mhq} \\ W = \left(\dfrac{q_1 L_1}{mqL}\right)^{\frac{1}{2}} \end{cases} \tag{2-14}$$

式中：q_1——每米钻孔装药量，kg/m；

q——炸药单位消耗量，kg/m^3；

e——钻孔填充系数，$e=L_2/W_0 \geqslant 0.75$（L_2 为充填长度）；

L_1——装药长度，m；

p——超深系数，$p=h/W_d=0.15\sim0.35$；

h——钻孔超深，m；

m——钻孔临近系数；

L——钻孔深度，m。

以上条件计算结果取最小值，并根据作业安全条件需求，结果应满足式(2-15)验算：

$$W_d \geqslant H\cot\alpha + B \tag{2-15}$$

式中：H——台阶高度，m；

α——台阶坡面角，(°)；

B——钻孔中心至台阶坡顶线的安全距离，$B \geqslant 2.5\sim3$ m。

当采用微差挤压爆破时，尚需考虑渣体增加的抵抗线值 W'，如式(2-16)：

$$W' = \frac{\delta_P}{K_S} \tag{2-16}$$

式中：W'——渣体厚度折算成附加的抵抗线值，m；

δ_P——渣体的平均厚度，m；

K_S——爆破后渣体的松散系数。

3. 孔距、排距计算

孔距、排距计算公式如式(2-17)：

$$\begin{cases} a_1 = m_1 W_d \\ a_2 = m_2 b \\ b = \left(\dfrac{S}{m_2}\right)^{\frac{1}{2}} \end{cases} \tag{2-17}$$

式中：a_1、a_2——第一排炮孔和后排炮孔的孔距，m；

m_1、m_2——第一排炮孔和第二排炮孔的临近系数，一般地，取值为0.5~1.4，$m_1<1$；当 $m_2 \geqslant 1$，正三角形布孔时，$m_2=1.15$，方形布置，$m_2=1$；

W_d——底盘抵抗线，m；

b——排距，m；

S——每个钻孔负担的爆破面积，m^2；

4. 钻孔超深计算

钻孔的超深取决于岩石性质、构造，且与底盘抵抗线、炮孔直径及炸药性质有关。超深有降低药柱中心，克服底盘、底部阻力及减少根底的作用。一般按式(2-18)计算：

$$\begin{cases} L' = (0.15 \sim 0.35)W_d \\ L' = (8 \sim 12)D \end{cases} \tag{2-18}$$

式中：L'——钻孔超深，m；

W_d——底盘抵抗线，m；

D——钻孔直径，mm。

根据我国露天矿爆破经验，在坚硬难爆的岩石中，超深值一般为 2.5~3.5 m；在中硬岩石中，超深值为 2.0~3.0 m；在软岩中，超深值为 0.5~2.0 m。

5. 堵塞(充填)长度

堵塞长度对炸药能量利用率有很大影响，其值按式(2-19)计算。堵塞长度不足会导致炸药能量从孔口冲出，造成岩块飞散，降低了爆破质量；若长度过大，则浪费钻孔，易在堵塞段产生大块。

$$\begin{cases} L_2 = (20 - 25)D \\ L_2 = eW_d \end{cases} \tag{2-19}$$

式中：L_2——堵塞长度，m；

D——钻孔直径，mm；

e——充填系数，垂直孔 e=0.7~0.8，斜孔 e=0.9~1.0；

W_d——底盘抵抗线，m。

6. 炸药单耗确定方法

影响单位炸药消耗量的因素很多，主要有岩石的可爆性、炸药种类、自由面条件、起爆方式和块度要求等，因此，选取合理的单位炸药消耗量值往往需要通过试验或长期生产实践来验证。单纯的增加单耗对爆破质量不一定有更大的改善，只能消耗在矿岩的过粉碎和增加爆破有害效应上。实际上对于每一种矿岩，在一定的炸药与爆破参数和起爆方式下，有一个合理的单耗。各种爆破工程都是根据生产经验，按不同矿岩爆破性分类确定单位炸药消耗量或采用工程实践总结的经验公式进行计算。冶金矿山的单耗一般为 0.1~0.35 kg/t。

7. 单孔装药量

单孔装药量计算如式(2-20)：

$$\begin{cases} Q_1 = qaHW_d \\ Q_2 = qabHK \end{cases} \tag{2-20}$$

式中：Q_1、Q_2——第一排孔、后排孔；

q——炸药单位消耗量，kg/m^3；

a——炮孔间距，m；

H——台阶高度，m；

W_d——底盘抵抗线，m；

b——排距，m；

K——齐发爆破时后排孔药量增加系数，一般 $K=1.1\sim1.2$。

2.3.3 起爆工艺

2.3.3.1 起爆及传爆器材

起爆器材是工业炸药发生爆炸的必要条件。起爆器材包括导火索、导爆索、继爆管、导爆管、雷管、起爆药柱、起爆器和起爆所需的其他用品。常用的工业炸药起爆方法可分为导火索起爆法、电力起爆法、导爆索起爆法和导爆管起爆法。

根据我国《民用爆破器材行业“十一五”规划纲要》的要求，导火索、火雷管已于 2008 年 1 月 1 日起停止生产。

1. 工业雷管

雷管是起爆器材中主要的种类，根据其内部装药结构的不同，分为有起爆药雷管和无起爆药雷管两大系列。其中，起爆药雷管根据点火方式的不同，分为火雷管、电雷管和非电雷管等品种；而在电雷管和非电雷管中，又分别有相应的秒延期、毫秒延期系列产品。目前，毫秒延期雷管已向高精度短间隔系列产品发展。

(1)瞬发电雷管。

瞬发电雷管由火雷管和电点火元件组装而成，结构上分为直插式和药头式两种。通电后桥丝电阻产生热量点燃引火药头，引火药头迸发的火焰使电雷管立即爆炸。其结构如图 2-10 所示。

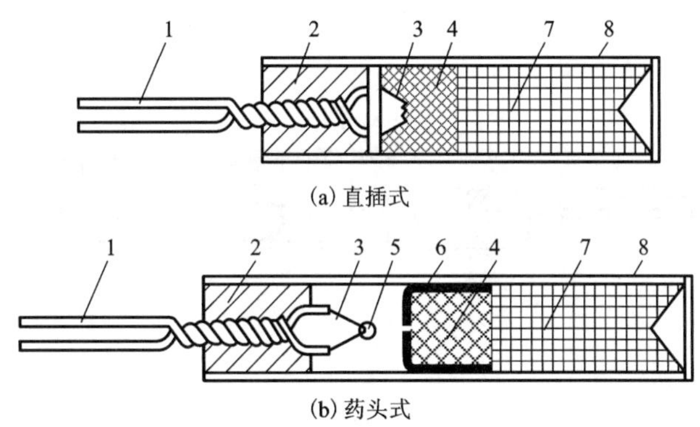

1—脚线；2—密封塞；3—桥丝；4—起爆药；5—引火药头；6—加强帽；7—加强药；8—管壳。

图 2-10 瞬发电雷管

(2)秒延期电雷管。

该电雷管的延期时间为 1~2 s，延期元件为精制导火索。秒延期电雷管的结构可分为整体管壳式和两段管壳式，如图 2-11 所示。

(3)毫秒延期电雷管。

国产毫秒延期电雷管分为装配式和直填式，如图 2-12 所示。其延期时间为十几毫秒至数百毫秒，毫秒延期雷管的延期药由氧化剂、可燃剂、调整燃烧速度的缓燃剂、提高延期精度的添加剂和造粒用的黏合剂混合而成，具有燃速均匀、燃烧产物中气态生成物少、化学安定性好、机械感度低等特点。我国延期药的主要成分有铅丹(四氧化三铅)、硅铁、硫化锑、

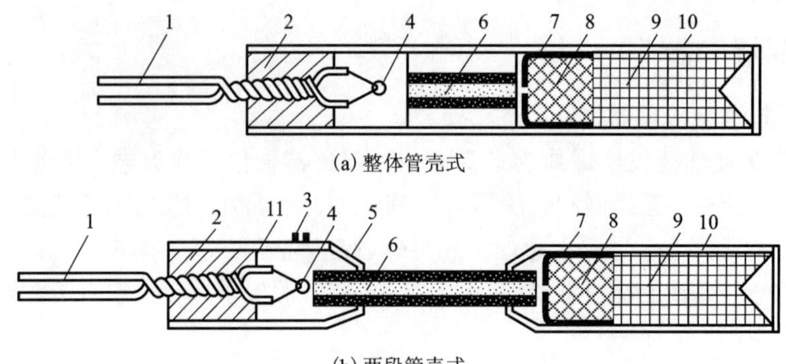

1—脚线；2—密封塞；3—排气孔；4—引火药头；5—点火部分管壳；6—精致导火索；7—加强帽；8—起爆药；9—加强药；10—普通雷管部分管壳；11—纸垫。

图 2-11　秒延期电雷管

硒、过氧化钡和硅藻土等。

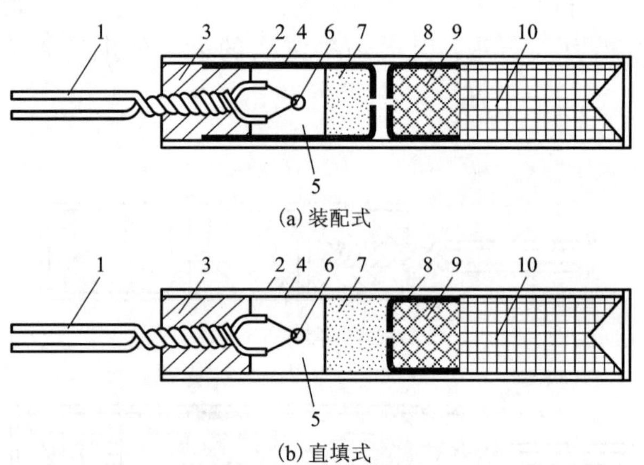

1—脚线；2—管壳；3—密封塞；4—长内管；5—气室；6—引火药头；7—压装延期药；8—加强帽；9—起爆药；10—加强药。

图 2-12　毫秒延期电雷管

(2)高精度电子雷管。

高精度电子雷管是一种可精确设定并准确实现延期发火时间的新型电雷管，如图 2-13 所示，具有雷管发火时刻控制精度高、延期时间可灵活设定两大技术特点。电子雷管的延期发火时间，由其内部的一只微型电子芯片控制，延时控制误差达到微秒量级。对岩石爆破工程来说，高精度电子雷管实际上已达到了起爆延时控制的零误差，更为重要的是，雷管的延期时间是在爆破现场组成起爆网路后再设定的。

电子雷管的起爆能力与人们所熟悉的 8 号雷管相同，其外形和管壳结构也与其他瞬发雷管一样。传统延期雷管的段别越高，雷管尺寸越长，与此不同的是，电子雷管的长度是统一的，雷管的段别(延期时间)在其装入炮孔并组成起爆网路后，用编码器自由编程设定。

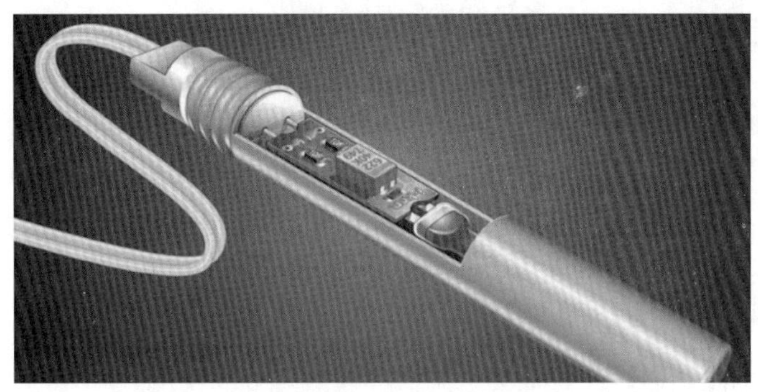

图 2-13　HiTronic Ⅱ电子雷管

电子雷管与传统延期雷管的根本区别是管壳内部的延期结构和延期方式。电子雷管和传统电雷管的“电”部分基本上是不同的：对电雷管来说，这部分不外乎就是一根电阻丝和一个引火头，当点火电流通过时，电阻丝加热引燃引火头和邻近的延期药，由延期药长度来决定雷管的延期时间；在电子雷管内，也有一个这种形式的引火头，但前面的电子延期芯片取代了电雷管和非电雷管引火头后面的延期药。

电子雷管具有下列技术特点：

(1)雷管中电子延时芯片取代传统延期药，提高雷管延时精准度。单精度编程雷管 0~15000 ms(增量为 1 ms)，精确度比设定延期时间高 0.01%。

(2)充分绝缘，抗超高电压、杂散电流、静电。

(3)爆破作业区地表无爆炸物质，只有将录入器与起爆器结合使用才能将雷管起爆。

(4)可视化的系统全面检测，漏连会通过现场的程序和测试发现。

(5)可以模拟起爆网路的微差组合，完全控制制动。例如，通过对延期时间的调整，可以实现同一爆区矿、岩一次爆破分离；可以通过对延期时间的调整，改变爆破地震的频率，降低爆破地震效应。

(6)提高了雷管生产、储存和使用过程的安全可靠性。

3. 索状起爆器材

(1)导爆索。

导爆索是一种以猛炸药为药芯，用来传递爆轰波的索状火工品。药芯成分一般为黑索金或泰安，密度不少于 11 g/m。与导火索相区别之处在于导爆索传递的是爆轰波而不是火焰，且为了和导火索区分，导爆索表面均涂以红色涂料，如图 2-14 所示。

图 2-14　导爆索

导爆索起爆法的优点是操作简便，不受杂散电流及各种感应电流影响，适合于杂散电流较大的露天矿爆破作业。导爆索强度较高，能防潮，较为安全可靠，可使成组炮孔同时起爆。由于导爆索的爆速相当高，对炮孔内所装粉状炸药的传爆有利，故导爆索起爆法在露天和无煤尘、瓦斯等气体引爆的地下矿大型爆破作业中是经常采用的。其主要缺点是导爆管雷管及爆破网路无法用仪表进行检查，只能凭外观检查网路的质量情况。

(2)导爆管。

导爆管是一种内壁涂有猛炸药，以低爆速传递爆轰波的挠性塑料细管，如图 2-15 所示。导爆管需用击发元件(工业雷管、击发枪、火帽、电引火头或专用击发笔)起爆。由于导爆管内壁炸药量很少，形成的爆轰波能量不大，因此不能直接起爆工业炸药，只能起爆火雷管或非电延期雷管，然后再由雷管起爆工业炸药。

起爆时爆轰波以 1700 m/s 左右的速度通过软管而引爆火雷管，但软管并不破坏。导爆管具有抗火、抗电、抗冲击、抗水以及传爆安全等性能，因此是一种安全的导爆材料，在运输保管过程中，可作为非危险品处理。

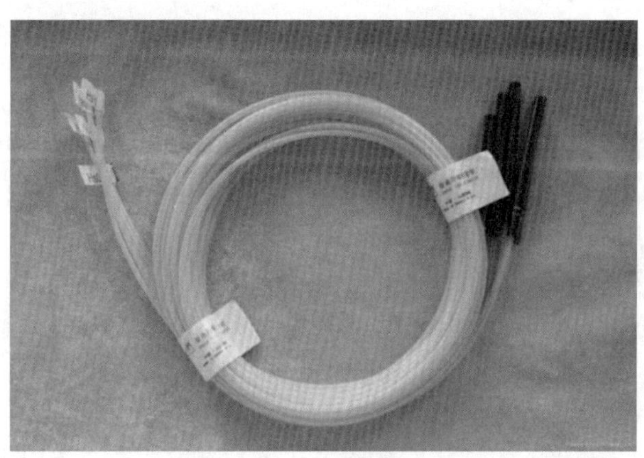

图 2-15　导爆管

2.3.3.2　起爆顺序及延时

在现今深孔台阶爆破中，国内外的露天矿山采用最多的方式是多排孔微差爆破。其优点是：爆破效果得到优化；大块率降低、爆堆集中、根底减少、后冲减少；可降低炸药单耗，提高每米炮孔崩矿量；限制爆破冲击波的能量，降低爆破振动对边坡及周围建筑的损伤。多排孔微差爆破大致分为以下几种。

1. 排间顺序起爆网路

该网路的炮孔一般为插空排列、三角布孔的形式，如图 2-16 所示，各排炮孔依次从自由面开始向后排逐排起爆。其优点是设计和施工比较方便，起爆网路易于检查。局限性是在大工程爆破中，同排一次引爆的总药量过大，容易造成地震危害。

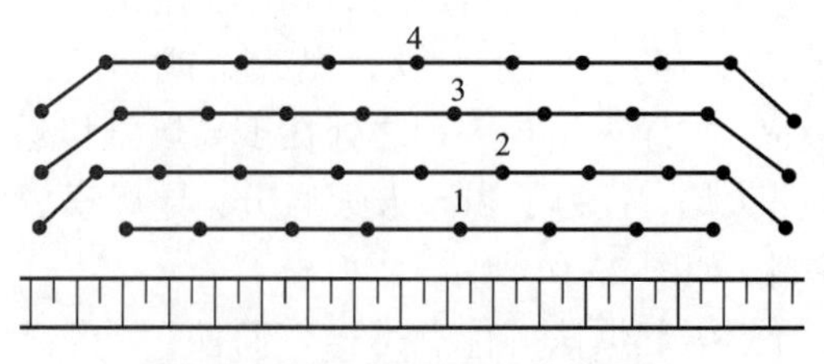

图 2-16　由 1 至 4 排间顺序起爆

2. 斜线起爆网路

炮孔连线的延长线与台阶坡顶线斜交称为斜线起爆网路，图 2-17 所示。该起爆网路的优点是爆堆宽度小，实际最小抵抗线小，有利于改善爆破块度，爆破网路连接比较方便。

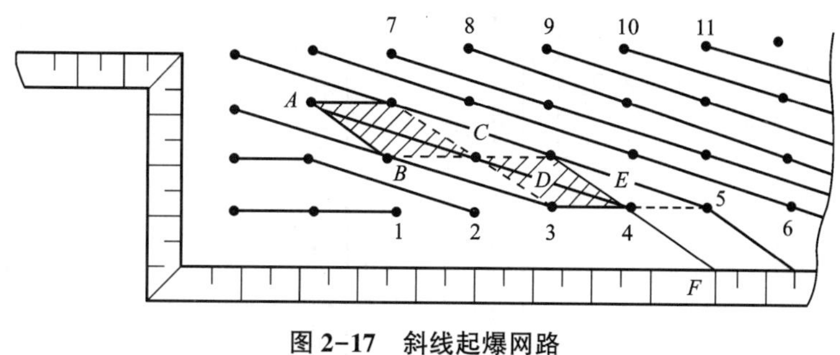

图 2-17 斜线起爆网路

3. 楔形起爆网路

楔形起爆网路的特点是爆区第一排中间 1~2 个深孔先起爆，形成楔形空间，然后两侧深孔按顺序向楔形空间爆破，起爆网路如图 2-18 所示。这样可以达到岩块相互碰撞、改善破碎块度、缩小爆堆宽度的效果。但是第一排炮孔爆破效果会较差，容易出现根底。

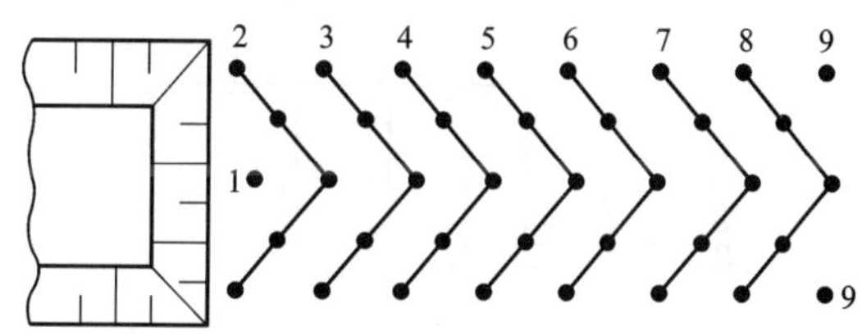

图 2-18 楔形起爆网路

4. 逐孔起爆网路

逐孔爆破是指所有炮孔均按一定的等间隔延期顺序接力起爆。因为逐孔起爆网路具有充分发挥炸药能量的作用，所以逐孔起爆网路可以扩大网孔参数，减少穿孔工作量。逐孔起爆网路能够针对不同的岩石选取不同的段间延时，以控制和减少爆破产生的振动影响。

在逐孔网路的爆区中，主控制排方向的孔间延时主要影响爆区的破碎块度，传爆列方向的排间延时主要影响爆区的岩石位移。因此，当既要求破碎效果好又要求爆破振动小时，可以在保证主控制排方向最佳孔间延时不变的情况下调整传爆列方向的延时。

推广应用表明，逐孔起爆网路具有爆破效果好、振动小和综合效益显著的特点，为爆破参数优化提供了科学的依据，是露天矿山台阶炮孔开挖爆破技术的发展方向。

2.3.3.3 控制爆破

露天深孔控制爆破主要用于紧邻露天矿边坡的爆破区域，常用的爆破方式有预裂爆破、光面爆破、缓冲爆破及挤压爆破。采用合理有效的边坡控制爆破技术，限制或减弱大量爆破对边坡的破坏，能够以最小的成本实现边坡的安全、稳定。

1. 预裂爆破

露天矿预裂爆破是在边坡境界线上钻一排较密的预裂孔，它在主炮孔爆破之前起爆。由于预裂孔孔距小，在同时起爆或接近于同时起爆时，沿孔联线有应力叠加，裂隙主要沿孔联线发展而形成预裂缝。预裂爆破可以显著地降低爆破振动和清帮工作量。

预裂孔排列方式分为平行排列以及垂直排列。预裂孔钻凿方向与台阶坡面倾斜方向一致时为平行排列，如图 2-19(a)所示。采用这种排列时平台要宽，以满足钻机钻孔的要求。受平台宽度的限制或只有牙轮钻机时，需将预裂孔垂直布置，如图 2-19(b)所示。

预裂爆破主要的参数是不耦合系数、炸药品种和线装药密度以及孔径和孔间距等。影响

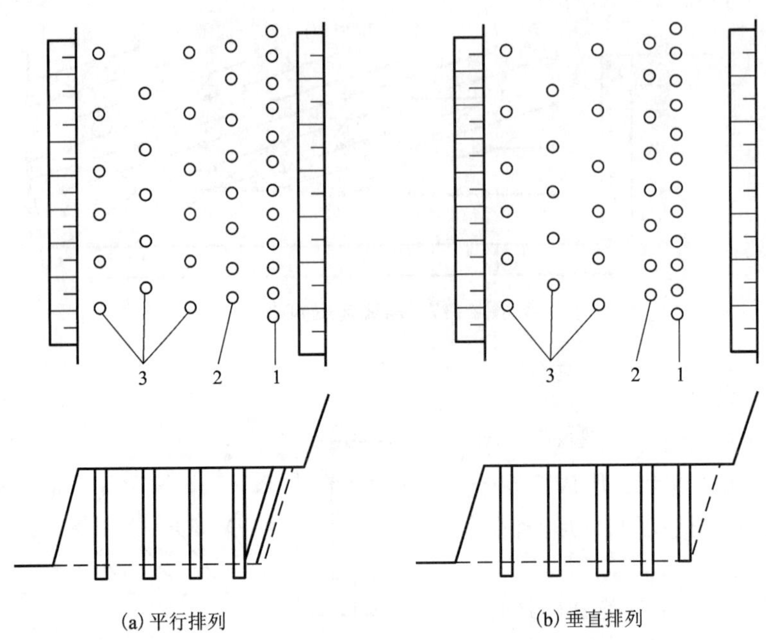

(a) 平行排列　　(b) 垂直排列

1—预裂孔；2—缓冲孔；3—主爆破孔。

图 2-19　露天矿预裂爆破网路布置

预裂爆破特征参数选择的主要因素是岩体的节理、裂隙状况、抗压强度和特征阻抗。预裂爆破参数之间是相互影响的，对于每种岩石，当孔径确定之后，就应选择适宜的炸药品种、合理的不耦合系数、线装药密度和孔距，以取得良好的预裂爆破效果。

(1)孔距。

影响孔距大小的主要因素是孔径、岩石的特征阻抗和岩石的抗压强度。通常，孔距与孔径的比值为 6~15。岩石的特征阻抗和岩石的强度大、且完整性较好，孔距与孔径的比值可大些，而岩石特征阻抗及岩石强度小且节理裂隙较多，孔距与孔径的比值宜小些。

(2)不耦合系数。

不耦合系数即孔径与炸药包直径的比值。影响不偶合系数的主要因素是岩体的抗压强度、预裂孔径和炸药类型。

(3)线装药密度。

线装药密度亦称为每米药量或装药集中度。影响线装药密度的主要因素是岩石的抗压强度与孔径。岩石的抗压强度和孔径大，则线装药密度要相应大些。

2. 光面爆破

光面爆破是在轮廓或挖掘边界线上钻一排(圈)较密集的炮孔，使其抵抗线大于孔距，爆破时沿炮孔联线形成破裂带，而获得较平整的破裂面的一种控制爆破技术。此外，还得选择适宜的装药密度，以控制炸药爆轰对孔壁的压力，以达到不破坏炮孔周围岩石的目的。一般光面炮孔是在主炮孔爆破后或清渣后再一次起爆。

露天矿在削坡中采用光面爆破，也可将光面爆破与孔内缓冲爆破联合使用，或者与缓冲爆破配合使用。在岩石整体性差、节理裂隙多且岩石风化程度不一致难以形成预裂光面的地段，只有一两排炮孔的情况下，可以使用光面爆破获得较为平整的坡面。在确定线装药密度时，软岩一般可用 70~120 g/m，中硬岩石一般可用 100~150 g/m，硬岩一般可用 150~250 g/m。不耦合系数通常取 1.1~3.0，其中 1.5~2.5 居多。

3. 缓冲爆破

缓冲爆破是指在临近边坡钻一排间距较小的炮孔，减少每孔装药量在主炮孔之后进行爆破的一种控制爆破工艺，如图 2-20 所示。

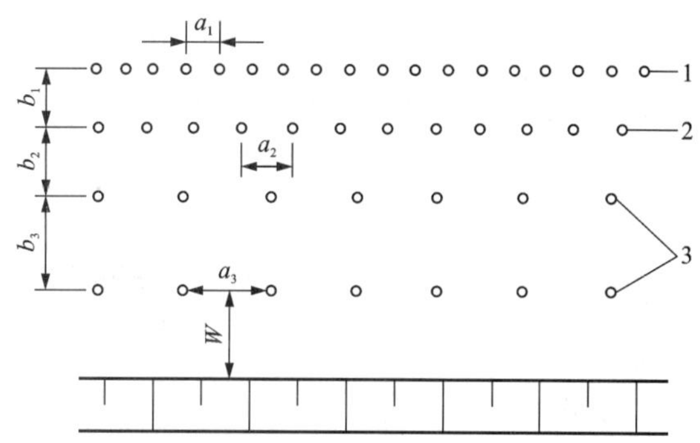

a_1—预裂孔孔距（2.0~2.5 m）；a_2—缓冲孔孔距（3.5~4.0 m）；a_3—主爆破孔孔距（4.0~4.5 m）；
b_1—预裂孔至缓冲孔排距（2.5~3.0 m）；b_2—缓冲孔至主爆破孔排距（3.0~3.5 m）；
b_3—主爆破孔排距（4.0~4.5 m）；1—光面钻孔；2—缓冲孔；3—主爆孔。

图 2-20　缓冲爆破示意图

缓冲爆破的特点是从前排孔到末排孔其行距、超深均逐步减小，边坡境界线上的末排孔较密。这种布孔方式不仅使装药量逐步递减，且分布更加均匀，使装药量不过于集中；同时采用逐排顺序微差起爆，以及末排孔采用填塞物或空气间隔分段装药结构。缓冲爆破的特点是爆破震动强度低，可与预裂爆破同时使用，可进一步改善爆破震动强度。但施工较复杂，穿爆费用较高，一般在临近边坡 10~30 m 时使用。

4. 挤压爆破

在露天台阶爆破时，为了避免设备损坏，还需要在爆破前后拆、装轨道和运移大型设备，因而费时费钱，很不经济。为了提高炸药能量利用率和改善破碎质量，人们创造出了不留足够补偿空间的爆破，即挤压爆破，它是露天和地下深孔爆破中常用的方法。

挤压爆破的作用原理如下：

①利用渣堆阻力延缓岩体的运动和内部裂缝张开的时间，从而延长爆炸气体的静压作用时间；

②利用运动岩块的碰撞作用，使动能转化为破碎功，进行辅助破碎。

露天矿挤压爆破工艺要求在台阶坡面前压有一定数量的渣体、并选用合理的微差间隔时间与起爆顺序，如图 2-21 所示。

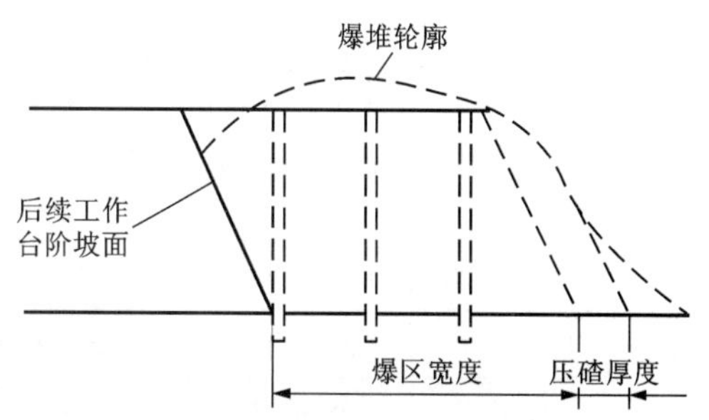

图 2-21　露天矿台阶挤压爆破示意图

这种爆破工艺可与采区多排微差爆破结合使用，可增大一次爆破量，减少放炮次数；无须清除完爆堆就可以继续进行穿孔与爆破，改善了穿孔爆破与采装的工艺联系，增加了爆破储量，加大了采宽，保证了电铲作业的连续性；由于渣体的存在，增强了挤压作用，在适当增加炸药单耗的条件下，可显著增加岩石中的应力、延长爆破作用的时间、提高爆炸能量的利用率，可使矿岩破碎块度均匀，减少大块根底，改善爆破效果。

2.3.4　二次破碎

露天矿台阶深孔爆破由于岩性、地质条件、爆破参数等的影响，很难完全避免超限大块和根底的产生，破碎这种超限大块和清除根底的工序叫做二次破碎。二次破碎一般包括爆破法和机械破碎法。

1. 覆土药包爆破法

炸药直接放置在超限大块的表面，如图 2-22 所示，放置位置需便于后续操作。在大块分散且距离较远的情况下，采用即发雷管导爆索起爆；大块较集中可采用即发电雷管串联起爆，或采用带即发雷管的塑料导爆管并联起爆。为了使炸药具有最大的集中形状，要尽可能地放置在表面的低洼处，炸药上覆盖炮泥或草皮、土块等不燃烧的物体。

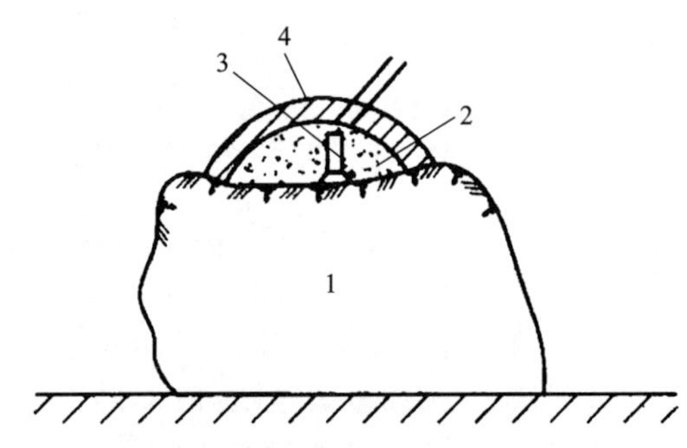

1—岩石；2—炸药；3—雷管；4—覆盖材料。

图 2-22　覆土药包爆破

2. 机械破碎法

对大块实施二次爆破会延缓生产进度，并且额外的爆破任务会需要专门的防护措施，二次爆破还可能会产生其他环境保护问题。因此，用机械破碎工艺对大块进行二次破碎，能与装运设备平行作业，效率更高、成本更低，坚持了绿色矿山的理念。

(1)气动碎石器。

气动碎石器一般和移动式设备(挖掘机、推土机)或固定式设备(龙门起重机等)配套使用。其工作原理和冲击器相似，但是不回转不排渣，具有较高的工作效率以及使用寿命。

(2)液压碎石器。

液压碎石器通过各种形式的配流阀来实现活塞的反复运动，利用活塞运动冲击钎杆来击碎矿岩。与气动碎石器相比，液压碎石器具有能耗低、效率高、噪声小、工作面干净、操作方便等优点。国内外部分液压碎石器的主要技术参数如表 2-12 所示。

表 2-12　国内外部分液压碎石器的主要技术参数

厂家	型号	冲击频率/Hz	单次冲技能/J	重量(除锤头)/kg	供油	
					油压/MPa	油量/($kg \cdot min^{-1}$)
嘉兴冶金机械厂	PCYD-20	0.17~0.33	18000~2000	980	16~18	170~200
	PCYD-40	0.13~0.22	36000~40000		16~18	170~200
	PCYG-3	5~8.3	2700~3000	1083	13~16	130~150
	PCYG-8	3.3~6.7	7500~8000		14~16	200~240

续表2-12

厂家	型号	冲击频率/Hz	单次冲技能/J	重量(除锤头)/kg	供油	
					油压/MPa	油量/(kg·min^{-1})
芬兰劳依	B200	5~9.3	920~1300	600	10~14	45~46
美国英格索尔兰德	G-500	2.3/2.7	690	220	14	945
	G-1100	1.0/10.0	1930	339	14	1641

2.3.5　爆破安全与控制措施

1.爆破振动对边坡稳定性的影响

在露天矿山开采中，达到一定生产年限后会留下大量的露天边坡。通常绝大多数露天矿山使用台阶爆破对矿床进行开采，爆破振动会对边坡的稳定性产生影响，导致崩塌或者滑坡，造成的损失不可估量。

当使用台阶爆破时，底部台阶爆破会使上部台阶受到比较强烈的振动，是因为爆破振动随着高程差的增加而出现高程放大效应。为了保护边坡，可以通过萨道夫斯基公式的高程修正公式来调整爆破参数，控制爆破振动在一个安全的等级范围内。

《爆破安全规程》(GB 6722—2014)规定，爆破振动作用下永久性岩石高边坡爆破振动安全允许标准如下：5~9 cm/s(主频≤10 Hz)，8~12 cm/s(主频10~50 Hz)，10~15 cm/s(主频>50 Hz)。

2.动态应力比

动态应力比评价方法的实质，是通过考察爆破振动在岩土中产生的动态应力，与岩土设施本身抵抗爆破振动损伤破坏的动态应力的接近程度，来确定岩土设施遭受爆破振动时的损伤破坏判据。爆破振动产生的动态应力可按式(2-21)计算：

$$\sigma = dc_0 v \tag{2-21}$$

式中：σ——岩土受爆破振动产生的动态应力，Pa；

d——岩土所处地层传播介质密度，kg/m^3；

c_0——现场岩土的弹性纵波速度，m/s；

v——爆破振动质点振速，cm/s。

动态应力比(D_{SR})是综合了爆破振动水平、岩土特征性质、现场条件和岩土支护系统等因素，从岩土损伤、破坏的直接原因出发建立的岩土设施损伤破坏判据，它用无量纲参数D_{SR}表征爆破振动损伤破坏的类型和程度。D_{SR}等于爆破振动动态应力σ与量化的损伤阻抗应力$k_s\sigma_t$之比，如式(2-22)：

$$D_{SR} = \frac{\sigma}{k_s\sigma_t} = \frac{dc_0 v}{k_s\sigma_t} \times 10^{-8} \tag{2-22}$$

式中：k_s——场地质量系数，$k_s<1$；

σ_t——岩体动态抗拉强度，MPa。

3. 控制措施

(1)开挖适当深度的减振沟槽。

在爆破区域与保护区域之间开挖一条或多条适当深度及宽度的减振沟槽，可以在冲击波传播过程中削弱其能量，达到减振的目的。

(2)优化最大单段装药量。

爆破振动值的大小在很大程度上取决于同时起爆的药量，因此需要严格控制最大单段装药量。微差爆破、逐孔爆破等是控制最大单段装药量的典型爆破技术。

(3)优化起爆间隔。

优化起爆间隔能够使爆破地震波在时间上进行相互叠加，各段的爆破地震波峰值与谷值相互叠加减振。

(4)优化装药结构。

装药结构的优化也是降低爆破岩体损伤的一种常用方法，在边坡靠帮爆破时往往会用，其最大特点是不耦合装药、分散装药以及采用低爆速低威力炸药对爆破能量进行控制，以达到减振的目的。

(5)采用边坡控制爆破技术。

边坡控制爆破技术能够以最小的成本大幅提高边坡的稳定性，主要包括四种爆破工艺：预裂爆破、缓冲爆破、减振孔爆破法和密集空孔爆破法。前二者为最常用的控制爆破技术工艺，这四种工艺能够单独或混合使用以达到维护边坡稳定的目的。

2.3.6 露天矿爆破工程实例

某矿西帮岩体为混合石英岩，坚固系数$f=8\sim12$，岩体有不规则节理裂隙切割，完整性中等。为了保证采场西帮固定边坡的稳固性，对西帮高帮爆破技术进行改进，保证固定边坡达到设计要求。通过选取合理的爆破参数和调整装药结构，半壁孔率达到80%，坡面凹凸小于0.3 m且较平整，取得预期效果，为后续改进靠帮预裂爆破提供依据。

靠帮边坡的预裂爆破设计如下所述。

1. 预裂爆破参数及装药结构

(1)孔径。

采场目前采用金科JK580履带式液压潜孔钻机，该机型技术参数如表2-13所示。钻孔孔径$D=140$ mm的金科JK580潜孔钻由于体积相对牙轮钻较小，可以在靠帮边坡时穿凿预裂孔和缓冲孔。

表2-13 金科JK580履带式液压潜孔钻机技术参数

钻孔直径/mm	$\phi90\sim\phi165$
钻孔深度/m	40
换杆长度/m	3.5
工作风压/MPa	0.7~2.4
耗风量	孔径≤$\phi140$ mm为13 m^3/min(1.4 MPa)
	孔径>$\phi140$ mm为21 m^3/min(2.4 MPa)

续表2-13

适应岩石硬度	f=6~20
行走速度(双速)/(km·h^{-1})	2, 3
爬坡能力/(°)	24
动力/kW	内燃(可选) 玉柴70/东风康明斯60
	电动30
外形尺寸(长×宽×高)/mm	7000×2200×2100(运输状态)
重量/kg	6500

(2)孔深。

按照露天矿开采设计，台阶坡面角为70°，超深 h=1.0 m，穿孔深度 $L=(H+h)/\sin 80°$。

(3)孔距。

孔距一般取孔径的8~12倍，即 a=(8~12)D=1.12~1.68 m，根据边坡岩性分布，硬岩取 a=1.2 m，软弱破碎的岩石取 a=1.7 m，结合现场施工情况，孔间距 a=1.5 m。

(4)线装药密度。

正常段线装药密度为0.5 kg/m，加强段为5倍正常段，但根据某矿西帮现场岩性，改进为3倍正常段，间隔长度为1倍装药段，孔口填充3 m岩粉，采用导爆索串联方式进行连接。

2. 缓冲孔与主爆孔孔网参数及装药结构

(1)主爆孔爆破参数。

采场的生产爆破孔网参数一般为5.0 m×4.3 m，超深为1.5 m，孔深为14.1~14.6 m。当孔内有水时，装填乳化铵油炸药，延米装药量为17.5 kg/m，填塞长度5 m，装药长度为9.1~9.6 m，计算单孔装药量 Q=159.3~168 kg；当孔内无水时，装填铵油炸药，延米装药量为13.1 kg/m，填塞长度为4 m，装药长度为10.1~10.6 m，计算单孔装药量 Q=132.3~138.9 kg。主爆孔为垂直孔，孔内含1个起爆药包，起爆药包雷管为400 ms高精度导爆管。

(2)缓冲孔爆破参数。

为使主爆孔和预裂孔之间的岩土得以破碎且使主爆孔的能量得以缓冲，在主爆孔和预裂孔之间穿凿一排缓冲孔。缓冲孔间距为4.0 m，缓冲孔与预裂孔排距为2.5 m。缓冲孔与主爆孔排距为4.0 m。缓冲孔超深 h 为1.5 m，孔深为14.0~14.7 m，孔内无水，装填铵油炸药，延米装药量为13.1 kg/m，填塞长度为4 m。装药长度为10.0~10.7 m，计算单孔装药量 Q=131~140.2 kg。主爆孔为与预裂孔平行的倾斜孔，孔内含1个起爆药包，起爆药包雷管为400 ms高精度导爆管。

(3)起爆方式。

选用延期毫秒雷管与导爆管组成微差起爆网路进行单孔单响微差爆破。为了提高爆破效果、确保响炮过程中岩石的二次碰撞，联网时主控排选用17 ms地表管，其他选用42 ms地表管进行联结，缓冲孔与主爆孔串联起爆，同样选用42 ms地表管。预裂孔选用双发400 ms高精度孔内管连接导爆索进行引爆，然后连接100 ms地表管，根据主爆区的具体情况挂接到合适位置，使预裂孔先于缓冲孔100 ms左右起爆，从而达到控制边坡稳定性的作用。

(4)导爆索的连接与注意事项。

因为导爆索的单向传爆的特性，所以在孔内导爆索与主线导爆索连接时要保证孔内导爆索与主线的连接夹角大于90°，连接处下方应用硬物垫高，保证传爆角度和主线的稳定性，确保导爆索可以顺利传爆。导爆索的连接处采用透明胶带缠绕的方法连接，孔内导爆索缠绕在主线上确保两线紧密贴实不留缝隙，避免发生拒爆。

国内外部分露天矿穿爆参数及有关指标如表 2-14 所示。

表 2-14　国内外部分露天矿穿爆参数及有关指标

矿山名称	大孤山铁矿	
矿岩种类	磁铁矿	混合花岗岩
岩石硬度系数	12~16	8~10
孔径/mm	250	
段高/m	12	
底盘抵抗线/m	8~9	
排距/m	5.5~6.5	7~7.5
孔距/m	6~7	7.5~8
炮孔邻近系数	前排 0.8/后排 1.0	前排 0.9/后排 1.1
孔深/m	14.5~15.5	14~14.5
填塞高度/m	6.5~7	
后排孔药量增加系数	1.1	
炸药单耗/($kg \cdot m^{-3}$)	0.76	0.56
延米爆破量/($t \cdot m^{-1}$)	150.8	126.0
布孔方式	矩形及三角形垂直孔	
微差起爆方案	排间起爆或斜线起爆	
延迟时间/ms	25~50	50~75

2.4　机械破碎工艺

2.4.1　犁松法

1. 犁松法简介

对于硬土层、软岩和节理裂隙发育的中硬岩石，可以使用犁松法进行破岩，通过犁松机将矿岩破碎，然后用铲运机采装。相比于传统穿孔爆破的方法，机械破碎矿岩的效率更高、成本更低，且利于剔除夹石，降低贫化率。

在犁松法中最主要的设备是犁松机，而犁松机上最重要的装置是犁松器。犁松器由调节装置和犁钩组成，一般安装在犁松机的尾部，可以将犁松机安装在推土机上，改造犁松机。犁钩插入矿岩一定的深度后，随着犁松机的前进，矿岩中产生了巨大的剪切力，裂隙从犁钩处向周围扩展，直至岩块破裂。

2. 犁松法基本参数

(1)岩石可松碎性分级。

一般根据岩体内弹性波速度，将岩石分为容易松碎、松碎困难以及不能松碎三个等级。等级区间值如表 2-15 所示。

表 2-15　岩石可松碎性分级

指标	容易松碎	松碎困难	不能松碎
弹性波速度/($m \cdot s^{-1}$)	<2100	2100~2800	>2800
岩石分类	泥灰岩、砂岩、页岩等	坚硬砂岩、石灰岩等	花岗岩、玄武岩等
特征	节理、裂隙发育，风化严重，粗粒	有节理和裂隙，有风化现象	均质致密，细粒构造，无弱面

(2)犁钩深度。

犁钩深度确定标准是在犁松机能够破碎岩石的情况下其尾部不抬高、履带不打滑，一般为 0.5~1.5 m。

(3)犁松机生产效率。

犁松机的型号和岩石物理力学性质在很大程度上影响着犁松机生产效率的高低，此外还有驾驶员的操作水平和施工方案等因素对生产效率也有影响。实际经验表明，利用公式计算的生产效率比实测值大 15%~30%。

犁松机生产效率计算公式如式(2-23)：

$$P = 60DWLk_t vt \tag{2-23}$$

式中：D——平均犁松深度，一般取齿高的一半，m；

W——松土宽度，m(一般取平均值)；

L——一次行程凿裂的距离，一般取 100 m；

k_t——时间利用系数，一般取 0.7~0.75；

v——松土速度，m/min，易凿裂取 26.8 m/min，难凿裂取 20 m/min；

t——一次凿裂行程所需时间，min。

2.4.2　液压破碎锤

液压破碎锤是将主机输入的液压能转换成机械冲击能的装置，它通常搭载在装载机、挖掘机等液压工程机械上使用，可完成岩石破碎、建筑物拆除等工作，被广泛应用于采矿工程和土木工程。与其他机械破碎方法相比较，使用液压破碎锤破碎岩石具有如下优点：破岩能力较强，需要的推力小且机动灵活，适应性良好，破岩范围可控，可靠性较高，噪声较小。

1. 活塞冲击式破碎锤

活塞冲击式破碎锤(即通常所说的液压破碎锤)是目前应用最广的一类破碎锤，如图 2-23

所示，主要由活塞、缸体和凿杆等零件组成。

图 2-23　液压破碎锤

活塞冲击式破碎锤的主要工作原理是：活塞在液压油的驱动下，在缸体内做往复运动，将液压能转化为活塞的冲击能，活塞冲击凿杆同时将能量传递给凿杆，凿杆在获得冲击能后冲击待破碎的岩石，将能量转化为岩石破碎的能量，最后达到破碎岩石的目的。Indeco 公司及 Atlas 公司生产的活塞冲击式破碎锤对比如表 2-16 所示。

表 2-16　部分型号活塞冲击式破碎锤主要技术参数

参数	Indeco			Atlas		
	HP150	HP2500	HP25000	MB750	MB1700	HB10000
工作重量/kg	800	1500	11000	750	1700	10000
液压油流量/($L \cdot min^{-1}$)	15~40	125~160	417~520	80~120	130~170	450~530
液压油压力/10^5 Pa	105~125	115~140	150~180	140~170	160~180	160~180
单次冲击功/J	200	3320	33750			
冲击频率/($b \cdot min^{-1}$)	540~2040	400~870	240~460	270~530	320~640	250~380
凿杆直径/mm	45	130	254	100	140	240
主机重量/t	0.7~3	12~28	60~138	10~17	19~32	85~140

2. 高频破碎锤

1999 年，德国蒂森克虏伯公司提出基于交变应力波破碎理论，预研发一种达到普通破碎锤 4 倍能效的新型破碎锤。样机测试发现，破碎软岩的效果不错，但破碎硬岩的效果不理想。该公司对此结果并不满意，并向同行公开了图纸，先后有西班牙 Tabe、韩国大东、西班牙 Xcentric、上海奋毅机械(原坤行机械)和上鸣公司等得到了此项技术并继续研发，逐渐发展成为几种不同的技术路线。

国内高频破碎锤的研制工作约从2000年开始，继承了德国蒂森克虏伯的样机图纸资料和试验数据后开始研究。近几年，高频破碎锤发展迅速，技术也趋于完善，如上海上鸣公司、上海奋毅机械以及赣州力剑液压机械公司等投入研发和生产，产品的质量得到缓慢提升。上鸣公司在原图纸的基础上优化机身结构，强化机体强度，整体上取得了较好的破碎效果。上海奋毅机械创造性地采用了三偏心竖排平衡惯性储能+冲击活塞的形式，三组偏心竖直排布，最下面的偏心块带连杆，连杆下装打击铁。在液压马达带动三组偏心同步运转时，打击铁也产生上下锤击。在提升打击铁的瞬间，靠液压马达的扭力和三组偏心同时产生的惯性来实现瞬间提升大型活塞。这种结构输出冲击波的同时还伴随有应力波，简单来说三偏心的作用是输出应力波+储能，而打击铁则输出冲击波，在兼顾高频锤破碎软岩的同时，在硬岩施工上也超越了传统破碎锤。国内高频破碎锤的研发在多方面占据领先位置。

目前，与传统的活塞式破碎锤相比，新型高频破碎锤的优势有：有效提高3~5倍产能；降低综合油耗；降低产量单位排放；可以实现水下破碎；不产生黑油或损坏挖掘机主泵及大小臂；噪声污染最小化，工作噪声仅为55~70 dB，符合城市施工噪声标准；较少的易损件，维护量少。

2.4.3 露天采矿机

许多露天矿山有着复杂的地质构造，露天采矿机在狭窄场地上精确整平的能力可以在上述环境进行作业任务，并且满足了对效率和环保两方面的要求，如图2-24所示。露天采矿机对于原生矿物的选择性开采，确保了很高的纯度和开采量，显著减少了所需设备、劳动力、时间及产生的剥离量。使用露天采矿机，矿物被一次性切削、破碎，并根据需要直接装入卡车或运料车，无须传统工艺上额外的破碎流程。相比传统的穿孔和爆破开采方式，严格的噪声和粉尘排放标准使隔振的露天采矿工艺更具经济性和环保性。

图2-24 维特根4200SM露天采矿机

1. 组成部件

露天采矿机主要构成部件为切削转子、发动机、传动装置、卸料皮带、配重、驾驶室等，如图2-25所示。切削转子是将矿石采出的部件，传动方式为机械式皮带传动，转子刀具为可更换的刀具，安装位置靠近机器的重心，以在开采硬岩时确保切削产量的最大化，并精准控制切削深度；而卸料皮带为卸载矿石的部件，与切削转子实现协同采矿的工作目标，是集“采、装、卸”一体化的智能采矿装备。

2. 工作原理

露天采矿机在前进时，切削转子沿机器行走的反向旋转，分层切削岩层并且进行破碎。开采料在转子罩壳内通过收料皮带输送至机器后部的可摆动且高度可调的卸料皮带上。然后，卸料皮带将开采料装载至卡车或自卸卡车上，或者将其卸至机器一旁，如图2-26所示。

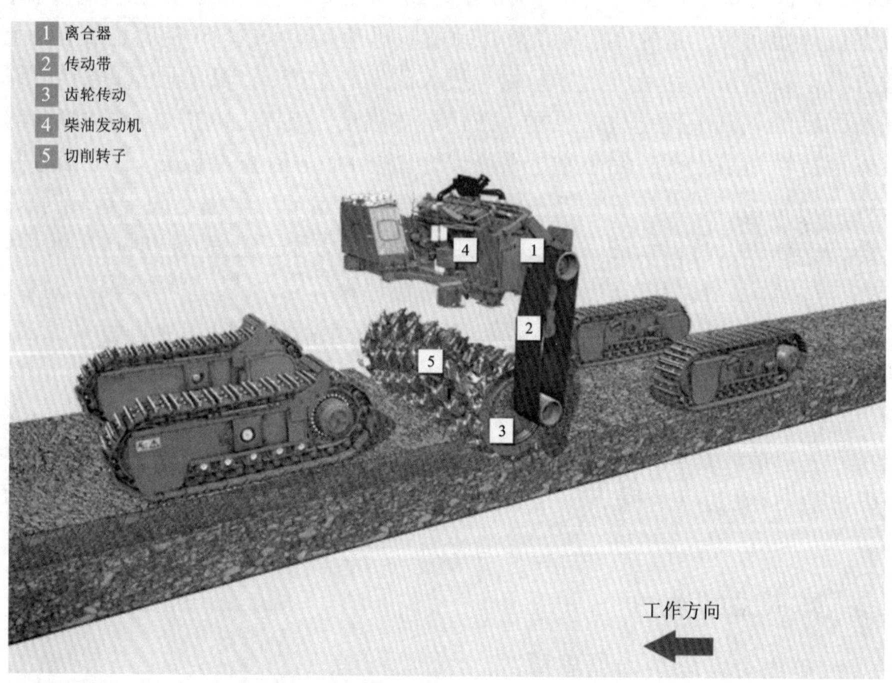

图 2-25　维特根露天采矿机工作图

卸料高度可按照运输车辆高度进行调节。露天采矿机配备四条可转向、高度可调的履带行走装置。自动找平系统确保了精准地控制切削深度，从而使有效矿物的选择性开采具有更高的准确度。

图 2-26　维特根露天采矿机工作图

3. 工作参数

德国维特根 4 种新型露天采矿机的工作参数如表 2-17 所示。

表 2-17 维特根露天采矿机部分工作参数

型号	最大切削范围/mm	切削深度/mm	动力	操作重量/kg
220SM	2200	300	708 kW/963 HP	53150
220SM3.8	3800	350	708 kW/963 HP	58050
2500SM	2500	650	783 kW/1065 HP	111600
4200SM	4200	830	1194 kW/1623 HP	204300

2.5 露天矿岩破碎新工艺

2.5.1 钻孔定位技术

在国外露天钻孔爆破作业中，大量采用 GPS 和 GLONASS 卫星定位技术，不仅可以提高钻孔效率，而且可以降低钻孔爆破费用。精确的炮孔与机载监控信息有机配合，可取得良好的效果。如在加拿大海兰瓦利铜矿，采用 GPS 技术且通过钻机机载计算机系统进行钻孔定位，所获得的钻孔定位偏差小于 0.1 m。在钻孔作业的过程中，与爆破有关的炮孔位置和其他地形特征存储在钻机上，当钻机在爆破网路地图覆盖的范围内移动时，移动地图显示器能够自动显示正确网路。当钻机接近一个炮孔时，地图显示器的比例自动变化；当钻机正确定位后，机载计算机系统自动确定孔口高程，同时调节钻孔深度，使台阶高度保持一定。采用卫星定位技术可减少传统的测量工作，节省费用。同时，卫星定位能够使钻孔数据直接传递给装药车，实现钻孔、装药过程的自动化。利用设备操作信息来提高露天开采效率是今后的主要发展趋势，不仅有先进的数字计算技术设备，而且有精确可靠的 GPS 全球卫星定位系统、高速高频双向无线数据通信技术、平面显示器等。同时，这些新技术还是目前正在开发的各种矿山控制系统的基础。

2.5.2 数字化爆破

露天矿山数字爆破系统是数字矿山的重要组成部分，是在实现爆破科学管理和精细管理的基础上又一次新的提升。随着爆破技术的不断进步和矿山信息化进程的加快，基于物联网技术的智能爆破初见端倪。智能爆破是以物联网为核心的新一代信息技术，可以实现对工程爆破全生命周期的数字化、可视化及智能化。智能爆破发展的目标是使爆破行业数字化、网络化、可视化、精细化和智能化，实现爆破行业的高效、安全和绿色，最终推动爆破行业向科学发展的更高战略目标迈进。

iOpBlasting 露天爆破设计系统是基于 DIMINE 数字采矿软件系统平台构建的露天矿台阶爆破设计、模拟和分析的软件系统。该系统主要应用于露天矿的炮孔布置、装药设计、起爆模拟分析和报告生成等方面，如图 2-27 所示。

iOpBlasting 露天爆破设计系统的主要应用价值在于：

(1)以数据库的方式存储炮孔，实现对炮孔数据的有效管理，便于查询和决策。

(2)充分考虑损失贫化的影响，处理矿岩分界处的炮孔布置，精确设定爆破后冲线位置。

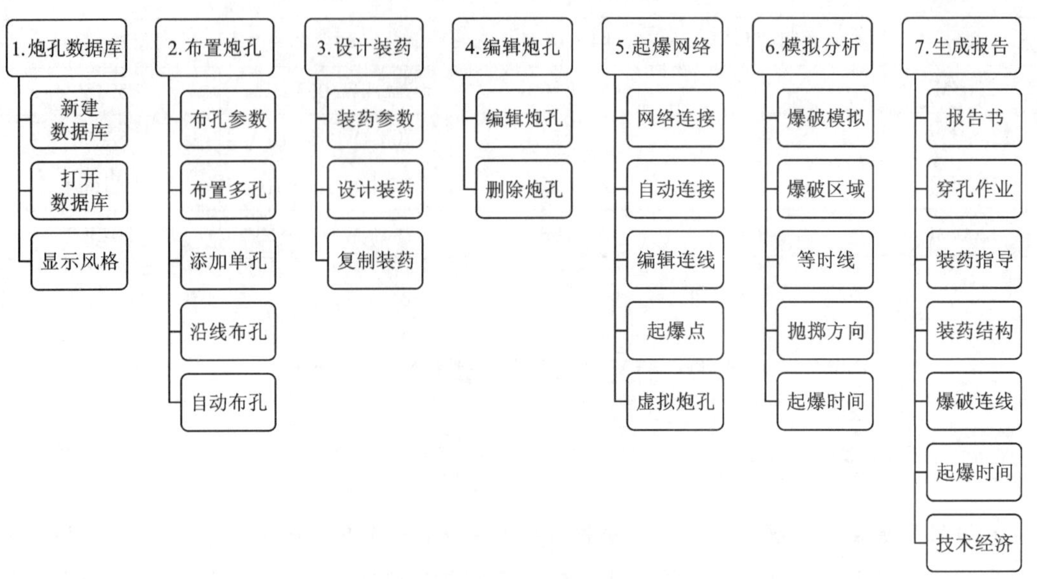

图 2-27　iOpBlasting 露天爆破设计系统

(3)一键生成全面的爆破设计信息，节省时间，提高效率。

中金乌山铜钼矿原来以传统的 CAD 方式进行露天爆破设计，工作效率较低。通过应用 iOpBlasting 露天爆破设计系统，既优化了爆破设计方案，又能一键自动生成所需的各种图文，大大提高了工作效率。

2.5.3　露天穿孔爆破 5G 时代

在国家工业 4.0 和中国制造 2025 战略的指引下，要求以创新驱动发展为主题，深入推进“两化”(信息化和工业化)的高层次深度融合，以信息化带动工业化、以工业化促进信息化，走新型工业化道路。

1. 5G 网络通信技术概述

5G 网络通信技术，是第五代移动通信技术的简称，是最新一代蜂窝移动通信技术，也是 4G 的延伸技术。5G 依据以往通信技术的发展规律在多个方面的性能上有所突破，特别是频谱利用率有较大的提升，具有高数据速率、减少延迟、节省能源、降低成本、提高系统容量和大规模设备连接等特点。5G 网络的应用领域也将进一步扩展，支持更多的应用场景和实现万物互通互联。5G 不仅让用户的体验更好，而且能够满足更多行业、不同应用领域的特定需求。

2. 露天矿 5G+监测系统

露天矿 5G+监测系统能够利用 5G 网络高速率、低延迟、大容量的特点，更安全地远程保障露天矿的爆破工作。监测系统利用 5G 网络，可以将爆破工程数据实时回传至控制中心，为施工管理人员提供准确、可靠、及时的分析预报结果，对异常部位迅速、准确地做出报警并将信息推送至相关人员的移动设备，以便采取相应的措施，保证露天矿的施工安全。

3. 5G+无人驾驶系统

基于5G高精度定位、万物互联、边缘计算等技术，打造穿孔设备从感知、决策、分析、控制到云平台的全套无人驾驶解决方案，能够实现无人穿孔精准定位、自主设计穿孔方案、自主编队，达到人、车、云之间数据共享的安全高效运转效果，最大程度地保障了穿爆工作的安全，极大地提升了生产率并降低了成本，使施工变得更安全、作业环境变得更舒适。

课后习题

1. 简述露天矿的主要穿孔设备，针对不同生产规模的矿山，怎么进行设备选型及数量计算？

2. 露天开采中常使用的爆破作业方法有哪几种？其在露天矿的生产过程中各起什么作用？

3. 露天矿深孔爆破参数有哪些？

4. 简述微差爆破和挤压爆破的优点及技术要点。

5. 露天矿中常用的炸药与起爆器材有哪几种？

7. 简述露天矿靠近边坡的爆破工作常用的方法与技术要点。

第3章　露天采装工艺

PPT

采装工艺，是指在露天采场中用某种设备和方法把处于原始状态或经爆破破碎后的矿岩挖掘出来，并装入运输设备或直接倒卸至一定地点的作业，采装工作是露天矿生产的中心环节之一。采装工作的好坏直接影响到矿床的开采强度、露天矿生产能力和最终经济效益。因此，如何正确选择采装设备采用良好的工作方法，以提高采装工作效率对搞好露天矿生产具有极其重要的意义。本章涉及的主要内容有：矿岩的可挖性、采装设备、采装工艺（设备型号与采装工作面相适应，实现最优配置）。

3.1　采装工艺基本原理

3.1.1　矿岩的可挖性

矿岩的可挖性是指矿岩抗挖掘的特性，是一个由多因素构成的矿岩铲挖概念。矿岩的松散程度、块度大小、岩块的强度、岩块的容重是影响矿岩可挖性的重要因素，矿岩越松散，挖掘阻力越小；矿岩块度越大、强度越高、容重越大，挖掘阻力就越大。按岩石爆破后松散系数分级如表3-1所示。

表3-1　经爆破后的岩石可挖性分级表

等级	不同块度时的松散系数 K_s					指标 W
	很小的	小的	中等的	大的	很大的	
Ⅰ	1.05~1.40 1.10~1.15 1.20~1.25	1.20~1.45 1.25~1.30 1.35~1.50	1.30~1.50 1.35~1.40 1.50~1.60	1.50~1.60 — —	— — —	0~3
Ⅱ	1.01~1.03 1.01~1.10 1.10~1.20	1.10~1.15 1.10~1.25 1.20~1.40	1.15~1.25 1.20~1.35 1.25~1.60	1.25~1.40 1.30~1.60 1.35~1.60	1.35~1.60 1.50~1.60 —	3~6
Ⅲ	— 1.01~1.03 1.02~1.10	1.02~1.05 1.05~1.15 1.10~1.20	1.10~1.15 1.10~1.20 1.15~1.25	1.15~1.20 1.20~1.30 1.25~1.40	1.25~1.30 1.30~1.50 1.35~1.60	6~9
Ⅳ	— — 1.01~1.05	1.01~1.02 1.02~1.05 1.05~1.10	1.03~1.05 1.05~1.10 1.10~1.15	1.10~1.15 1.15~1.20 1.20~1.25	1.20~1.25 1.25~1.30 1.20~1.40	9~12

续表3-1

等级	不同块度时的松散系数 K_s					指标 W
	很小的	小的	中等的	大的	很大的	
V	— — 1.01~1.02	— 1.01~1.03 1.03~1.05	1.01~1.03 1.02~1.05 1.05~1.10	1.05~1.10 1.10~1.15 1.15~1.20	1.10~1.20 1.15~1.25 1.25~1.30	12~15
Ⅵ	— — 1.00~1.01	— — 1.00~1.05	— 1.01~1.03 1.03~1.10	1.03~1.05 1.05~1.12 1.10~1.15	1.05~1.15 1.15~1.20 1.20~1.25	15~18
Ⅶ	— — —	— 1.00~1.03	— 1.00~1.02 1.02~1.08	1.02~1.03 1.03~1.10 1.08~1.15	1.03~1.08 1.05~1.15 1.15~1.20	18~21
Ⅷ	— — —	— — —	— — 1.00~1.05	1.01~1.02 1.02~1.08 1.05~1.12	1.02~1.05 1.03~1.10 1.08~1.15	21~24
Ⅸ	— — —	— — —	— — 1.00~1.02	— 1.01~1.05 1.02~1.08	— 1.01~1.08 1.05~1.12	24~27
Ⅹ	— — —	— — —	— — —	— 1.01~1.02 1.01~1.05	— 1.01~1.03 1.02~1.10	27~30

注：各等级中，三行从上到下分别为经爆破后的密实岩石、中硬岩石和坚硬岩石的 K_s 值。

（1）理论上的可挖性分级函数计算如式（3-1）：

$$\begin{cases} W = 0.022\left(A + \dfrac{10A}{K_s^9}\right) \\ A = \gamma d_p + 10^{-3}\sigma_k \end{cases} \tag{3-1}$$

式中：K_s——松散系数；

d_p——爆堆中岩块的平均块度，cm；

σ_k——岩石的抗剪强度，kPa。

（2）实际上可挖性还与设备的类型、规格及其系数有关，计算如式（3-2）：

$$W_s = K_l K_g W \tag{3-2}$$

式中：K_l——与爆破后的岩石形状及采装设备类型有关的参数，如表3-2所示；

K_g——与采装设备类型及规格有关的系数，如表3-3所示。

表 3-2　各采掘设备对应的 K_1 值

<table>
<tr><th rowspan="2">采掘设备</th><th colspan="4">当 W 值如下时的 K_1 值</th></tr>
<tr><th>0~3</th><th>3~6</th><th>6~10</th><th>11~15</th></tr>
<tr><td>拖拉铲运机</td><td>1.25</td><td>1.30</td><td>1.40</td><td>1.60</td></tr>
<tr><td>推土机</td><td>1.20</td><td>1.25</td><td>1.35</td><td>1.50</td></tr>
<tr><td>前装机</td><td>1.00</td><td>1.05</td><td>1.10</td><td>1.15</td></tr>
<tr><td>单斗挖掘机</td><td>1.00</td><td>1.00</td><td>1.00</td><td>1.00</td></tr>
<tr><td>索斗挖掘机</td><td>1.05</td><td>1.10</td><td>1.15</td><td>1.25</td></tr>
</table>

表 3-3　各采掘设备对应的 K_g 值

<table>
<tr><th>设备类型及规格</th><th colspan="8">斗容/m^3</th></tr>
<tr><td rowspan="3">机械铲</td><td colspan="4">采矿型</td><td colspan="4">剥离型</td></tr>
<tr><td>0~2</td><td>3~5</td><td>8~12.5</td><td>16~20</td><td>10~20</td><td>30~50</td><td>80~100</td><td>>100</td></tr>
<tr><td>1.10~1.15</td><td>1.00</td><td>0.95~0.90</td><td>0.90~0.85</td><td>0.90~0.85</td><td>0.75</td><td>0.70</td><td>0.65</td></tr>
<tr><td rowspan="2">拉铲</td><td colspan="2">4~6</td><td colspan="2">10~15</td><td colspan="2">20~30</td><td colspan="2">50~100</td></tr>
<tr><td colspan="2">1.00</td><td colspan="2">0.95~0.90</td><td colspan="2">0.85~0.75</td><td colspan="2">0.70~0.60</td></tr>
<tr><td rowspan="2">前装机</td><td colspan="2">2~3</td><td colspan="2">4~6</td><td colspan="2">7.5~12.5</td><td colspan="2">15~28</td></tr>
<tr><td colspan="2">1.10~1.05</td><td colspan="2">1.00</td><td colspan="2">0.95~0.90</td><td colspan="2">0.90~0.85</td></tr>
<tr><td rowspan="2">铲运机</td><td colspan="2">3~5</td><td colspan="2">8~12</td><td colspan="2">15~20</td><td colspan="2">>20</td></tr>
<tr><td colspan="2">1.00</td><td colspan="2">0.97~0.93</td><td colspan="2">0.90~0.85</td><td colspan="2">0.80~0.70</td></tr>
<tr><td rowspan="2">推土机</td><td colspan="2">功率小于 75 kW</td><td colspan="2">功率 100~135 kW</td><td colspan="2">功率 150~220 kW</td><td colspan="2">功率大于 300 kW</td></tr>
<tr><td colspan="2">1.08~1.03</td><td colspan="2">1.00</td><td colspan="2">0.97~0.92</td><td colspan="2">0.90~0.80</td></tr>
</table>

3.1.2　采掘设备类型

露天矿常用的采掘设备按照功能区分有采装设备和采运设备。采装设备包括单斗挖掘机、多斗挖掘机、索斗铲及前装机；采运设备包括铲运机、推土机及前装机。前装机是一机多能的装运设备，既属于采装设备，又属于采运设备。

要发挥采掘设备在技术上的适用性和利用率，就需要考虑以下影响因素：岩石的可挖性、矿床赋存特点、设备生产能力、露天矿生产规模、挖掘方法与相邻工序的作业设备气候、采场要素及其他因素。

单斗挖掘机分为采矿型和剥离型两种；按挖掘机与自卸车所处水平位置的不同，分为上装车和平装车两种装车方式。采矿型的单斗挖掘机使用履带行走，斗容为 2~23 m^3，适宜的台阶高度范围为 6~20 m，通常适用于平装车。剥离型的单斗挖掘机斗容在 100 m^3 以上的，主要用于采区倒堆剥离，斗容在 15 m^3 以下的，也可用于上装车。

液压单斗挖掘机是一种可以实现多种功能的工程施工机械，其工作装置由动臂、斗杆、铲斗、油缸和连杆结构通过销轴连接而成。其斗容一般为6.5~8 m³，最大为30 m³。由于其易控制、抗冲击性能好等优点，可以直接挖掘硬页岩、砂岩等矿岩。

索斗铲主要用于挖掘软岩和爆破破碎的岩石，也可以用于修筑路堤和掘沟。集采掘、运输与排卸于一体的大型索斗铲倒堆工艺代表着国际先进水平，其生产成本低(以电能作为设备驱动力)、工作效率高，尤其是索斗铲具有较大的线性尺寸以及对剥离岩性、气候、工作环境适应性强的特点，因此，露天矿采用大型索斗铲倒堆具有广阔的应用前景和现实意义。

前装机按驱动方式分为柴油发动前装机、柴油-电动轮驱动前装机以及液压前装机，其优点包括一机多能、机动性强、设备尺寸较小。前装机一般适用于生产能力为100×10⁴~150×10⁴ t/年的露天矿。

推土机具有机动性强、结构简单等特点，一般作为露天矿的辅助作业使用。如果用作采掘设备，则局限性在于岩石的可挖性和距离会限制推土机的采掘效率。

铲运机用于挖软岩和经破碎后的岩石，运距小于2~3 km时是经济的，目前多用于砂矿；在基建期间可用于大型露天矿的剥离工作。升运式铲运机的部分产品参数如表3-4所示。

表3-4 升运式铲运机型号及参数介绍

制造厂家	型号	斗容/m³		最大铲装/mm		机重/t		牵引发动机功率/kW	最大速度/(km·h⁻¹)
				深度	宽度	重载	空载		
卡特皮勒	633B	26	34	419	3500	81.6	47.5	336	35
菲亚特阿利斯	261B	17.6	24	240	3213	52.5	28.5	240	55
卡特皮勒	623B	16.8	22.7	330	3150	55.2	32.5	246	50
卡特皮勒	615	12.2	17.4	414	2890	40.5	23.4	186	47
约翰迪尔	862B	12.2						198	46
菲亚特阿利斯	161	11.5	17	300	2700	37.8	20.3	175	51
卡特皮勒	613C	8.4	12	160	2350	26.6	14.7	131	45
德雷斯	412B	8.4	11.9	230	2440	27	15.2	125	46
约翰迪尔	762B	8.4	11.9					134	46

3.1.3 采掘设备生产能力

在计算采掘设备生产能力之前需要将其划分为三种类别：理论生产能力(额定生产能力)、技术生产能力、实际生产能力。

(1)理论生产能力是选择确定不同类型与规格的采掘设备时计算生产能力并进行比较、评价的基础。其大小主要取决于设备结构的因素，如电动机的功率、工作结构的线性尺寸、挖掘结构(铲斗、犁板)的计算容积和形状、工作结构传动系统和运动速度等，并且必须和一定的采掘工艺条件相适应。计算公式如式(3-3)：

$$Q_L = En_w = E \cdot \frac{3600}{t_{wc}} \tag{3-3}$$

式中：Q_L——理论生产能力，$m^3 \cdot h$；

E——铲斗的计算容积，m^3；

n_w——挖掘机 1 h 的装卸次数；

t_{wc}——一次采掘循环的理论持续时间，s。

（2）技术生产能力是开采技术条件一定时，采掘设备可能达到的最大小时生产能力。计算公式如式（3-4）：

$$Q_J = Q_L \cdot K_k \cdot K_c \tag{3-4}$$

式中：K_k——岩石的可挖性影响系数；

K_c——工作参数影响系数。

由于 K_k、K_c 不易确定，故根据矿山地质条件和技术因素对采掘作用的循环时间的影响如式（3-5）：

$$Q_J = Q_L \cdot K_k \cdot K_c = Q_L \cdot K_w \cdot K_t = E \cdot \frac{3600}{t_{wc}} \cdot \frac{K_m}{K_s} \cdot K_g \tag{3-5}$$

式中：K_w——铲斗的挖掘系数；

K_t——挖掘机作业循环时间影响系数；

K_m——铲斗的满斗系数；

K_s——铲斗中岩块的松散系数；

K_g——考虑辅助作业时间后的采掘工艺影响系数。

（3）实际生产能力，即台班、台月、台年生产能力。挖掘机的台班生产能力计算公式如式（3-6）：

$$Q_S = Q_J \cdot T \cdot \eta_B = E \cdot \frac{3600}{t_{wc}} \cdot \frac{K_m}{K_s} \cdot K_g \cdot T \cdot \eta_B \tag{3-6}$$

式中：T——班工作小时数，h；

η_B——班工时利用率，%。

3.2 单斗挖掘机铲装工艺

3.2.1 单斗挖掘机主要型式

单斗挖掘机的分类如图 3-1 所示。

3.2.2 单斗挖掘机工作参数

挖掘机的主要工作参数是指挖掘半径、卸载半径、挖掘高度和卸载高度，如图 3-2 所示。

1. 挖掘半径（R_w）

挖掘半径指的是挖掘时由挖掘机回转中心至铲斗齿间的水平距离。根据铲斗挖掘的目标位置不同分为最大挖掘半径、站立水平挖掘半径、最大挖掘高度时的挖掘半径。其中，最大挖掘半径 R_{wmax} 是斗柄最大水平伸出时的挖掘半径；站立水平挖掘半径 R_{wz} 是铲斗平放在站立

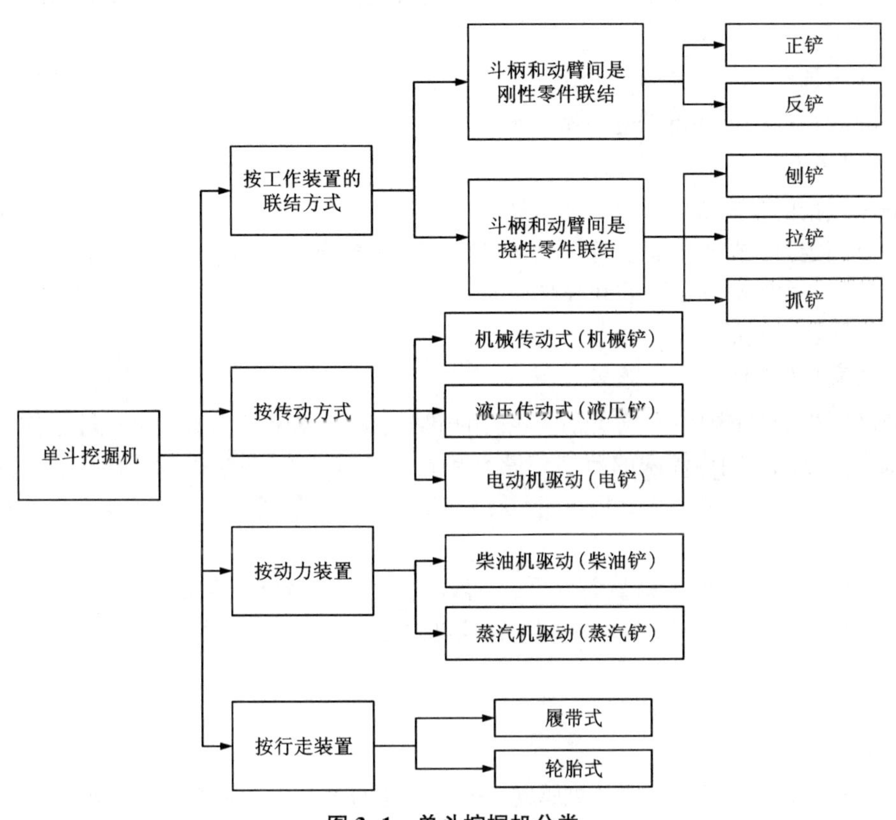

图 3-1　单斗挖掘机分类

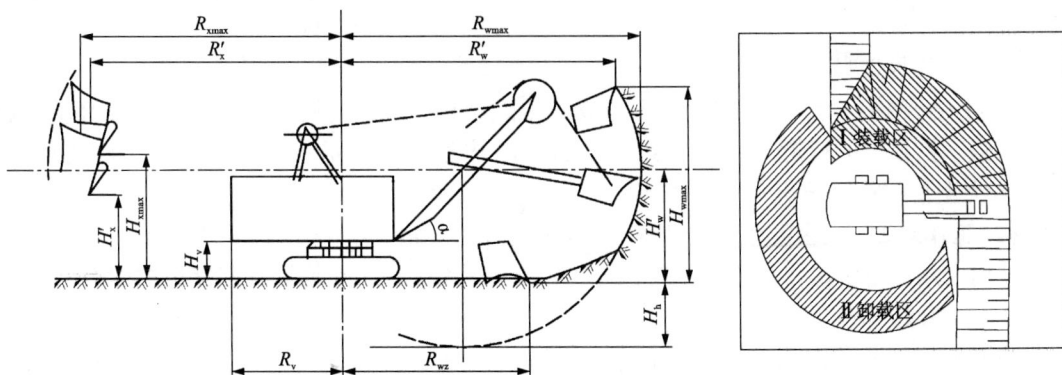

图 3-2　挖掘机工作参数与工作面

水平面的挖掘半径；最大挖掘高度时的挖掘半径 R'_w 是铲斗处于可挖掘的最大高度。

2. 挖掘高度(H_w)

挖掘高度指的是挖掘时铲斗齿尖距站立水平的垂直距离。根据铲斗处于的特定位置，挖掘高度分为最大挖掘高度和最大挖掘半径的挖掘高度。其中，最大挖掘高度 H_{wmax} 是挖掘时铲斗提升到最高位置的垂直高度；最大挖掘半径的挖掘高度 H'_w 为斗柄水平伸出时的挖掘高度。

3. 下挖深度(H_h)

下挖深度指的是铲斗下挖时由站立水平至铲斗齿尖的垂直距离。

4 卸载半径(R_x)

卸载半径指的是卸载时由挖掘机回转中心至铲斗中心的水平距离。该指标表征了挖掘机位于某一点固定时，在水平面上可卸载的范围。最大卸载半径 R_{xmax} 是斗柄最大水平伸出时的卸载半径；最大卸载高度时的卸载半径 R'_x 是斗柄在最高位置且斗门打开的状态下，铲斗中心至挖掘机回转中心的距离。

5. 卸载高度(H_x)

卸载高度指的是铲斗斗门打开后，斗门的下缘距站立水平的垂直距离。综合卸载半径可确定挖掘机在三维空间内卸载的范围。最大卸载高度 H_{xmax} 是斗柄提到最高位置，打开斗门后，斗门的下缘距站立水平的垂直距离；最大卸载半径时的卸载高度 H'_x 是斗柄最大水平伸出时的卸载高度。

工作参数随动臂倾角 α 调整而变更，一般在 30°~50°调整，通常 $\alpha=45°$。增大 α 值时，挖掘高度随之增大，但挖掘半径和卸载半径均随之减小。

3.2.3 电铲

1. 电铲简介

在矿山机械化的进程中，电动机驱动、机械传动的大型单斗挖掘机——电铲成为目前大多数露天矿山采用的采装设备。电铲的结构坚固，效率和可靠性高，主要电力控制设备在司机室内，操作性高于其他装载设备，如图 3-3 所示。电铲重量大，牵引力、提升力和推压力充足，对各种坚硬的岩石都有很好的适应能力。局限性在于电铲的机动性差，受到外部电源条件的限制。

2. 主要结构说明

(1)行走结构：大多采用刚性少支点双履带式结构，这种结构适用于很多工作环境，稳定性能强。挖掘机的行走速度为 0.9~3.7 km/h，当挖掘机重量小于 100 t 时，爬坡能力为 12°；较大型挖掘机爬坡能力小于 7°。

(2)工作装置：大多采用单梁动臂、双梁外斗柄、单滑轮提升、齿轮-齿条推压。采矿型电铲使用专用的正铲工作装置，一般不配可更换的工作装置。平均提升速度根据斗容从小到大取 0.65~1.10 m/s。

(3)回转结构：位于回转平台的前部，采用立式双电机驱动，回转速度根据斗容从大到小取 2.75~4.00 r/min。

(4)动力装置：大多采用交流发电机和柴油机的发电机-电动机系统，以多台直流电动机分别驱动，各结构独立互不影响。此外还有静态直流系统和静态交流系统。与发电机-电动机系统相比较，静态直流系统维修工作量少且无噪声，效率增加 12%~15%，而静态交流系统可减少设备作业的动力费用。

3. 电铲发展趋势

电铲是欧洲进口的贵重设备，备件价格也比国内同类型产品要贵很多，易损备件的国产

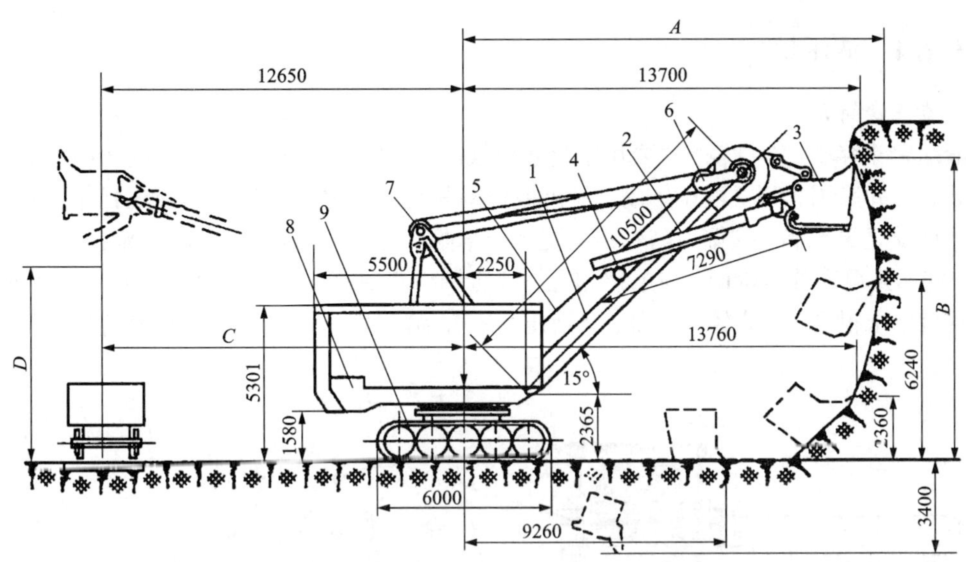

1—大臂；2—斗杆；3—铲斗；4 —齿条推压结构；5—提升钢丝绳；
6—滑轮组；7 —A 形架；8 —回转平台；9 —履带行走装置；
A—最大挖掘半径 14400；B—最大挖掘高度 10100；
C—最大卸载半径 12650；D—最大卸载高度 6300。

图 3-3 WK-4 型电铲(单位：mm)

化是未来电铲更好地服务于国内露天矿山的一个重要方向。国内露天矿需要从使用、维修、保养及管理等方面，结合自身实际情况，优化电铲的作业效率和使用寿命，使矿山得到更加经济化、可持续化的发展，表 3-5 列出了国外部分电铲的主要技术参数。

表 3-5 国外部分电铲的主要技术参数

厂家	型号	斗容/m^3	斗容范围/m^3	电机总功率/kW	工作重量/t	电压/V
布赛路斯-伊利	290-B_1	15.3	11.5~26	597	464	4160/7200
	295-B_1	20.6	15.3~34	932.5	667	4160/7200
	395-B	26	19~45.9	1119	822	4160/7200
马里昂	151-M	7.6	5.4~9.1	336	213	4160
	201-M	15.3	12.2~30.6	4780	578	
	204-M	24.5	15.3~30.6	780	622	
哈尼斯弗格	1900-AL	9.2	7.6~19.1	448	355	2400/4160
	2300	16.8	13.6~30.6	835.5	639	4160/7200
	5700	38.2	38.2~57	20898	1519	14400

3.2.4 液压铲

1. 液压铲简介

液压铲斗容小、重量轻，主要用于装载松软矿岩，如图3-4所示。液压铲在动力装置和工作装置之间采用容积式液压传动，与机械传动相比，应用液压传动的液压铲结构更简单、操纵更便捷且更准确、挖掘力与牵引力更大、作业率更高；与前装机相比，液压铲生产能力更高、能达到更高的台阶面；与电铲相比，液压铲机身更轻、挖掘力更大。但是液压元件制造的精度要求很高，维修较为困难，且液压系统容易漏油、过热，这些问题有待进一步解决。

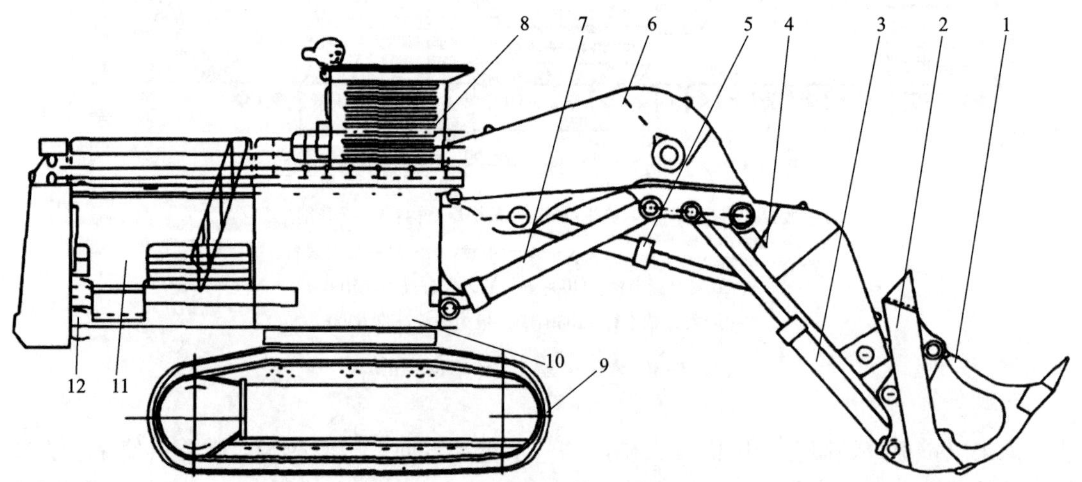

1—铲斗；2—铲斗托架；3—转斗油缸；4—斗臂；5—斗臂油缸；6—大臂；7—大臂油缸；8—司机室；9—履带；10—回转台；11—机棚；12—配重。

图3-4 单斗正铲液压挖掘机结构

2. 液压铲发展前景

国内外液压铲的主要技术参数对比如表3-6所示。由表中可知，美、德、日等国家在巨型矿用液压铲领域有着领先的地位，国外液压铲不仅在最大功率、工作重量还在斗容大小方面领先于国内，产品的数量、质量也优于国内水平。国内挖掘机行业起步较晚，要想赶超国际水平，需要从机电液一体化、全自动控制、机器人化等方面出发，不断优化液压铲的生产水平和产品性能。

表3-6 国内外液压铲主要技术参数表

厂家	型号	驱动方式	最大功率/kW	工作重量/t	斗容/m^3
特雷克斯	RH400	柴油/电力	3360/3200	980	50
	RH340B	柴油	2240	568	34
利勃海尔	R9800	柴油	2984	804	42
	R996B	柴油	2240	676	36

续表3-6

厂家	型号	驱动方式	最大功率/kW	工作重量/t	斗容/m^3
小松	PC8000-6	柴油/电力	3000/2900	710	42
	PC5500-6	柴油/电力	1880/1800	549	29
日立	EX8000-6	柴油	2×1450	780	40
	EX5500-6	柴油	2088	522	29
太原重工	WYD390	电力	1500	390	22
	WYD260	电力	1000	260	15
中联重工	ZE3000E	柴油	1044	298	17
三一重工	SY2000C 型	柴油	746	200	12
四川邦立	CED2200-7	柴油/电力	2×503/2×400	215	13

3.2.5 采掘工作面参数

1. 影响台阶高度的主要因素

(1)采掘设备的工作条件。

采掘设备既要保证安全，又要有利于提高采装效率。

(2)平装车时的台阶高度。

当挖掘不需预先爆破的岩土和坚硬矿岩爆堆时，为保证安全台阶高度一般不大于挖掘机的最大挖掘高度，同时为提高采装效率，不应低于挖掘机推压轴高度的2/3。当爆后矿岩块度不大，无黏结性，且不需要分采时，爆堆高度可为最大挖掘高度的1.2~1.3倍。

(3)上装车时的台阶高度。

为使矿岩有效地装入运输设备，台阶高度以挖掘机最大卸载高度和最大卸载半径来确定。取式(3-7)和式(3-8)中的较小值。

$$h \leqslant H_{xmax} - h_c - e_x \tag{3-7}$$

$$h \leqslant (R_{xmax} - R_{wz} - c)\tan\alpha \tag{3-8}$$

式中：H_{xmax}——最大卸载高度；

h_c——台阶上部平盘至车辆上缘高度，m；

e_x——铲斗卸载时，铲斗下缘至车辆上缘间隙，一般 $e_x \geqslant 0.5$~1.0 m；

R_{xmax}——最大卸载半径；

R_{wz}——站立水平挖掘半径；

c——铁路中心线至台阶坡顶线的间距，m；

α——台阶坡面角，(°)。

(4)矿岩性质与埋藏条件。

一般来说，当矿岩松软时，台阶高度取值较小；当矿岩坚硬时，台阶高度取值较大。在确定台阶高度的具体标高时，应当考虑每个台阶尽可能由同一性质的岩石组成，使之有利于采掘并减少矿石损失贫化。

(5)开采强度。

台阶高度增加时，露天矿台阶水平推进速度与垂直延深速度均有所降低。因此，在矿山基建时期，应采用较小的台阶高度，以加快水平推进速度、缩短新水平准备时间，尽快投入生产。

(6)运输条件。

台阶高度增加时，可减少露天矿台阶总数，简化开拓运输系统。

(7)矿石损失与贫化。

开采矿岩接触带时，在矿体倾角和工作线推进方向一定的情况下，开采宽度随台阶高度的增加而增加，矿石的损失与贫化也随之增大。

2. 采掘带宽度

采掘带宽度是挖掘机侧向装车时垂直采掘带移位一次的最大宽度，根据运输方式的不同，有不同的确定方法。

(1)铁路运输。

合理采掘带宽度应保持挖掘机向里侧的回转角不大于90°，向外侧的回转角不大于45°，其值用式(3-9)计算，且式(3-10)作为边界条件。

$$b_c = (1 \sim 1.7)R_{wz} \tag{3-9}$$

$$b_c \leqslant R_{wz} + fR_{xmax} - c \tag{3-10}$$

式中：R_{wz}——站立水平挖掘半径；

f——斗柄规格利用系数，$f=0.8 \sim 0.9$；

R_{xmax}——最大卸载半径；

c——外侧台阶坡底线或爆堆坡底线至铁路中心线距离，$c=3 \sim 4$ m。

(2)公路运输。

挖掘机工作参数与运输线路之间没有固定联系，采掘带宽度可大可小。汽车位于挖掘机两侧装车。一般要求是，敞通式纵向宽采掘带宽度 $b_w=40 \sim 80$ m；独头式横向窄采掘带根据挖掘半径而定，采掘带宽度 $b_h=0.7 \sim 1.0R_w$。

3. 采区长度

划归一台挖掘机采掘的台阶工作线长度称为采区长度。当公路运输时，由于工艺灵活，采区长度可以缩短，一般不小于150~200 m；当铁路运输时，采区长度一般不得小于列车长度的2~3倍，即不小于400 m。

4. 工作平盘宽度

工作平盘宽度主要取决于爆堆宽度、运输设备规格、动力管线的配置方式以及作业的安全宽度等。仅按布置采掘运输设备和实现正常采装运输作业考虑所需要的工作平盘宽度，称为最小工作平盘宽度(B_{min})，如式(3-11)：

$$B_{min} = b + c + t + d + e \tag{3-11}$$

式中：b——爆堆宽度，m；

c——爆堆坡底线至汽车边缘的距离，m；

t——车辆运行宽度，m；

d——线路外侧至动力电杆的距离，m；

e——动力电杆至台阶稳定边界线的距离，m。

3.2.6 挖掘机生产能力及所需台数计算

1. 挖掘机生产能力

挖掘机的生产能力是单位时间内从工作面采出并装入运输容器或倒入内排土场的实方矿岩体积或重量。技术人员确定了单斗挖掘机的生产能力，进而可以计算露天矿其他主要设备的数量，因此挖掘机的生产能力是露天矿的重要经济技术指标。挖掘机的实际台班生产能力由式(3-6)计算。

各类型挖掘机不同斗容所对应的挖掘相关参数如表 3-7 所示。

表 3-7　斗容对应的挖掘相关参数

指标	挖掘机的斗容/m³										
	采矿型				长臂型			剥离型			
	0~2	3~5	8~12.5	16~20	<2	3~5	6~8	10~20	30~50	80~100	>100
挖掘时间/s	6~8	8~9	9~10	10~12	10~12	13~14	12~18	17~20	20~23	23	23
回转时间/s	14	15~16	19~22	22	14~15	16~19	19~22	28~30	30~32	32	32
挖掘工作循环时间/s	20~22	23~25	28~32	32~34	24~27	29~33	31~40	45~50	50~55	55	55
设备结构的每分钟循环次数	3.0~2.75	2.6~2.4	2.15~1.9	1.9~1.75	2.5~2.2	2.05~1.8	1.9~1.5	1.33~1.2	1.2~1.09	1.09	1.09
岩石可挖性额定值	5~5.2	5.4~6.0	6.2~6.5	6.8~7.0	2.6~4	4.2~4.6	4.8~5.2	5.6~6.0	6.5~7.0	7.5~8.0	8.5~9.0
挖掘机规格影响系数 *K*(挖爆破后岩石)	1.1~1.15	1.0	0.95~0.9	0.9~0.85	1.1~1.05	1.0	0.97~0.92	0.9~0.85	0.75	0.70	0.65

2. 挖掘机台数计算

挖掘机的类型应根据矿山规模、矿岩性质，以及穿爆、运输的配合等因素加以选定。结合当前情况和设备供应的可能性，挖掘机选型的一般原则是：特大型矿山选用 6~20 m³ 挖掘机，大型矿山选用 4~6 m³ 挖掘机，中型矿山选用 2~6 m³ 挖掘机，小型矿山选用 0.2~2 m³ 挖掘机。矿山所需挖掘机台数如式(3-12)：

$$N = A/q_{\mathrm{p}} \tag{3-12}$$

式中：N——露天矿山所需挖掘机台数；

A——设计矿山矿岩采剥总量，m³/a；

q_{p}——挖掘机的平均生产能力，m³/(台·年)。

3. 提高采掘设备生产能力的措施

(1)缩短挖掘机等的工作循环时间。

采用合理的采装方式可以缩短工作循环时间，采用端工作面平装车可提高挖掘机的生产能力。

(2)提高满斗系数

通过组织学习，丰富驾驶员对新设备、新技术的了解，提高驾驶员的操作水平；优化爆破参数，使爆破后块度大小均匀适中，没有根底和伞岩。

(3)提高工作时间的利用系数

加强设备维修，提高出勤率，加强对设备和人员的管理。

3.2.7 索斗铲

1. 索斗铲简介

索斗铲是另一种形式的单斗挖掘机，其工作结构与单斗挖掘机不同，它的铲斗是由一条提升钢绳吊挂在悬臂上，由牵引钢绳和提升钢绳相配合，以控制其铲装和卸载，如图 3-5 所示。索斗铲通常用于挖掘软岩。斗容为 8~10 m^3 或更大的索斗铲，可以挖掘爆破后的小块或中等块度的岩石，但在挖掘爆破后的大块岩石时将导致满斗系数降低，铲斗和牵引钢绳磨损速度较快。

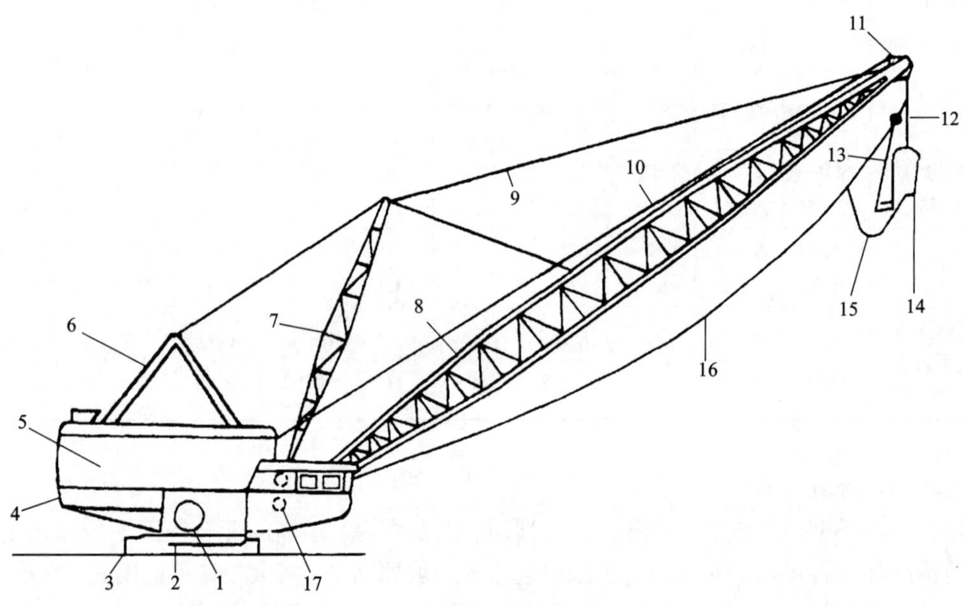

1—迈步偏心轮；2—迈步履板；3—底座；4—回转架；5—机棚；6—A 形架；7—支臂；8—动臂；9—上绷绳；10—提升钢丝绳；11—天轮；12—提升链；13—卸载钢丝绳；14—铲斗；15—拖拽链；16—拖拽钢丝绳；17—引出管。

图 3-5 索斗铲结构

2. 工作参数

由于索斗铲工作结构较为特殊，与一般单斗挖掘机不同，索斗铲有自身特定的工作参数，具体如下：

最大挖掘半径 R_{wmax} 和最大卸载半径 R_{xmax} 由臂架长度及其倾角确定；最大挖掘深度 H_{hmax}，取决于臂架长度和倾角、索斗铲在工作面的位置、岩石的可挖性、钢丝绳的长度和司机的熟练程度等；最大卸载高度 H_{xmax}，由臂架长度与倾角确定。

索斗铲臂架倾角为 20°~25°，可随工作参数的改变而变化。大型索斗铲的行走结构为迈步式，小型索斗铲的行走结构为履带式。爬坡能力小于7°~12°，对地比压为1×10^5~2×10^5 Pa。

3. 生产能力

索斗铲理论生产能力和技术生产能力确定方法与单斗挖掘机相同，主要生产能力计算参数和比较系数分别如表3-8和表3-9所示。

表3-8 索斗铲生产能力计算参数表

指标	索斗铲的斗容/m^3			
	4~6	10~15	20~30	50~100
挖掘时间(满斗)/s	15~18	18	20	20
回转时间(转角135°)/s	30~42	42	45	45
挖掘工作循环时间t_w/s	45~60	60	65	65
结构计算每分钟循环次数/s^{-1}	1.0~1.32	1.0	0.92	0.92
岩石可挖性额定值(W_e)	3.0~3.5	4.0~4.5	4.8~5.2	5.5~6.0
索斗铲规格影响系数/kg	1.0	0.95~0.9	0.85~0.75	0.7~0.6

表3-9 索斗铲生产能力比较系数

挖掘机型号	生产能力系数			
	软岩		破碎岩石	
	压实的	未压实的	$d_p\leqslant0.4E^{1/3}$	$d_p>0.4E^{1/3}$
单斗挖掘机	1.00	1.00	1.00	1.00
索斗铲	0.82	0.80	0.77	0.64

3.3 前装机、铲运机和推土机采装

3.3.1 前装机采装工艺

前装机是作为采装、采运或辅助设备使用于露天矿的。它和其他采挖设备比较，具有机动灵活、操作简便、设备可靠、单位机体重量的生产能力较大、不受电源限制等优点，缺点是挖掘块度较大的坚硬岩块时较困难。国外大型轮胎式前装机部分取代了中、小型机械铲，与汽车联合使用于中小型露天矿采装作业中。

1. 前装机类别简介

矿用前装机的行走结构有履带式和轮胎式。履带式前装机适用于需要高稳定性、低对地比压的作业地点，在单纯的挖掘作业中也可作为挖掘机使用；轮胎式前装机在中小型矿山已作为主要装载设备，如图3-6所示，在大型露天矿配合电铲作业，兼顾清理工作面、清理边坡、运输重型零部件等辅助工作。轮胎式前装机具有机动灵活、设备投资少等优点，因此，

其用途的广泛性远远超过其他采装机械，近年来它越来越多地被露天矿山使用。

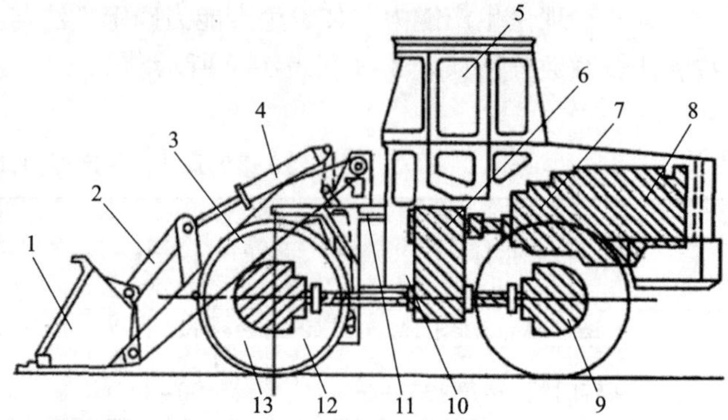

1—铲斗；2—连杆；3—动臂；4—转斗油缸；5—驾驶室；6—变速箱；7—液力变矩器；8—发动机；9—后桥；10—车架；11—转向铰接装置；12—前桥；13—车轮。

图 3-6　QJ 系列轮式前装机结构示意图

与单斗挖掘机相比较，轮胎式前装机具有以下主要优点：

(1)质量轻，制造成本低。

(2)行走速度快，最大运行速度可达 35 km/h。因此，在一定的运距范围内，可用它直接进行装载和运输。

(3)尺寸小、机动灵活，可在挖掘机不能运行的复杂条件下进行工作；对采装地点分散和复杂矿床的分采适应性强。

(4)作业效率不受台阶(或爆堆)低的影响。

(5)爬坡能力大，可在 20°左右的坡道上运行。

(6)除完成主要采运作业外，还可更换各种工作结构，完成露天矿的各项辅助作业，如堆垒爆堆、清雪、修路、运送零件及电缆。

与单斗挖掘机比较，轮胎式前装机的主要缺点包括：

(1)对矿岩块度适应性差，使生产能力受影响。

(2)工作规格较小，适应的台阶高度有限，一般不超过 10 m。

(3)轮胎磨损较快，使用寿命短。因此，在挖掘坚硬矿岩时，应采取措施减少轮胎的磨损，如经常清理工作面的矿岩，尽量避免轮胎打滑，在轮胎上加装保护链或采用履带垫轮胎等。

卸载方式分前卸、后卸和侧卸(单侧或双侧)三种；卸载时铲斗的旋转情况可分为不转动的、半转动的和全转动的。以前主要使用后卸履带式，现在广泛采用不转动的前卸轮胎式前装机。

其他常见的分类方式还有：按传动系统分为机械传动、电传动和液压传动；按驱动功率分为小功率的(<75 kW)、中等功率的(75~150 kW)、大功率的(150~220 kW)，和特大功率的(>525 kW)；按操纵系统分为钢绳滑轮式和液压式。

2. 装载方式

前装机采掘岩块是靠推压力、铲斗的旋转和臂架的提升来完成的。挖掘方式分为分别挖掘、兼并挖掘、铲动挖掘以及分层挖掘。

以分别挖掘为例分析，分别挖掘用于从爆堆中挖掘松散岩石。挖掘时要完成三个连续动作：首先以 0.6~1.1 m/s 的速度作直线运动，铲斗沿工作面底部插入岩石、装满铲斗，然后铲斗后仰，前装机退出工作面，最后在运输过程中将装满的铲斗提起 0.3~0.4 m。

3. 工作方式

前装机工作面为端工作面或纵向工作面，作为采掘设备时，其在装满一铲斗之后就退出工作面，把铲斗提升至卸载高度，向自卸汽车卸载。在工作面，前装机具有多种作业方式。

(1)前装机与汽车斜交。如图 3-7(a)所示，汽车与工作面布置成 30°~45°角，前装机与汽车相互斜交。当前装机向工作面前进和驶往汽车卸载时，都必须转向才能达到目的。这种布置方案在国外露天矿采用比较广泛。

(2)前装机与汽车直交。如图 3-7(b)所示，使待装汽车平行于工作面前进和后退。这种方案的作业循环时间较长，主要适用于带刚性车架结构的轮胎式前装机或履带式前装机，以及工作面狭窄或前装机不可能转向的作业场所。

(3)前装机与汽车平行。如图 3-7(c)所示，前装机挖掘方向与汽车行驶方向平行，汽车可以布置在干线上。这种方案增加了前装机工作过程的运行距离，但避免了汽车在不好的工作面上运行。有些矿山(黏土矿)的工作面条件恶劣，难于行车，多采用这种方案。

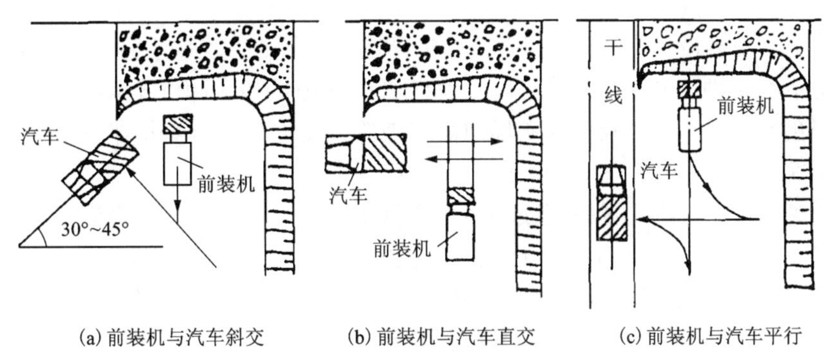

(a) 前装机与汽车斜交　(b) 前装机与汽车直交　(c) 前装机与汽车平行

图 3-7　前装机与汽车配合作业时的装载工作布置

4. 工作参数

前装机工作面高度分为低工作面(小于 2 m)，正常工作面(2~5 m)和高工作面(大于 5 m)。当采用斗容大于 5 m^3 的前装机采掘时，台阶高度大于 6~8 m，其生产能力实际上不受影响。最普遍的台阶高度为 5~15 m。

前装机的最小采掘带宽度计算如式(3-13)：

$$b_{\min} = B_c + c \tag{3-13}$$

式中：B_c——前装机铲斗的宽度，m；

c——前装机与爆堆或台阶坡底线之间的最小距离，c=0.4~0.6 m。

对于大型前装机 B_c=4 m，此时，$b_{\min}$=4.5~5 m。当采掘带宽度 b_w 为 12~15 m 时，前装

机的生产能力可达到最大。

5. 生产能力

前装机与单斗挖掘机的台班实际生产能力计算公式相同，如式(3-6)。

前装机的理论生产能力参数如表3-10所示。

表3-10　前装机理论生产能力参数

指标	前装机斗容/m^3			
	2~3	4~6	7.5~12.5	15~28
挖掘时间/s	10~12	10~12	10~12	10~12
最小运距往返时间/s	26~36	30~42	36~48	40~56
工作循环时间/s	50~52	54~56	57~62	66~70
岩石可挖性额定值(W_e)	4.9~5.1	5.2~5.4	5.5~5.7	5.8~6.0
前装机规格影响系数/kg	1.1~1.05	1.0	0.95~0.9	0.9~0.85

6. 应用情况

前装机在国内外大型露天矿中，主要作为辅助设备，而在中、小型露天矿，尤其是一些非金属露天矿中，一般常用于进行装载作业。轮胎式前装机在露天矿可有以下几种使用情况：

(1)作为主要采装设备直接向自卸汽车、铁路车辆、移动式胶带运输机的受矿漏斗装载。

(2)当运距不大时，作为主要采装运输设备取代挖掘机和自卸汽车，将矿石直接运往溜井、铁路车辆的转载平台，以及从储矿场向固定破碎设备运矿或从爆堆中采装矿石运至移动式或半固定式破碎设备。

(3)当剥离工作面距排土场较近或剥离工作量不大时，可用前装机将岩石直接运到排土场。在大型露天矿中，可作高台阶排土场的倒运设备。

(4)在大型露天矿可用作辅助设备。如代替推土机堆集爆破后飞散的矿岩，从工作面将不合格的大块运往二次破碎地点，修建和维护道路，平整排土场，向挖掘机和钻机运送燃料、润滑材料和重型零件，清除积雪等。

(5)在大型露天矿和多金属矿体、多工作面开采时，可用前装机与挖掘机配合工作，以减少装载时间和降低采装成本。例如，用前装机采装爆堆高度小的部分；用前装机将爆破后飞散的矿岩堆集起来并装入汽车，为大型挖掘机创造良好的工作条件。

(6)用前装机代替挖掘机和自卸汽车掘进露天堑沟，可减少堑沟宽度和掘沟工程量，提高掘沟速度。

(7)在电铲移动过程中，可以参加辅助作业，移动电缆，移动电杆。在铁路运输的矿山可以用于移道等辅助作业。

3.3.2 铲运机采装工艺

铲运机不论在地下矿山还是露天矿山，都能发挥回采、运输等功能，是矿山机械化、智能化时代的重要标志。

1. 铲运机类别简介

铲运机可按其结构、斗容、卸载和控制方式、驱动轴数量等进行分类。

按斗容划分为小型铲运机(斗容小于 5 m^3)、中型铲运机(斗容为 6~15 m^3)和大型铲运机(斗容为 15~40 m^3)。当斗容小于 15 m^3 时，可采用强制卸载或自由卸载方式，即使铲斗向前或向后倾倒 60°~65°或铲斗往复卸载，卸载结构为机械传动，工作结构利用钢丝绳控制。

按传动动力分为液压、机械或电力传动(大型铲运机)。由烟台兴业机械设备有限公司研发的 XYWJD-1 电动铲运机整车结构更为合理、铲取力更大；采用先导-液控系统，使操作更灵敏、简单，工作系统更有效。XYWJD-1 电动铲运机工作参数如表 3-11 所示。

表 3-11 XYWJD-1 电动铲运机工作参数

额定斗容/m^3	1	行驶速度/($km\cdot h^{-1}$)	0~8(双向)
额定载重量/t	2	离地间隙/mm	200
最大铲取力/kN	45	离去角/(°)	15
最大牵引力/kN	52	最大转向角/(°)	±38
最大卸载高度/mm	1050	机架摆动角/(°)	±8
最大爬坡能力/(°)	20	电缆有效长度/m	100 m
最小卸载距离/mm	867	轮胎规格	10~20
最小转弯半径/mm	外侧 4260 内侧 2540	轴距/mm	2200
电动机	45 kW 300 V 50 Hz	整机重量/t	6.8
外形尺寸/mm	长 6090，宽 1300，高 2000		

2. 铲运机生产能力计算

铲运机的台班生产能力计算公式如式(3-14)，所需台数可用年物料装运量除以台班生产能力 Q，如式(3-14)：

$$Q=\frac{480V_mK_mK_1}{TK_s} \tag{3-14}$$

式中：V_m——铲运机的斗容，m^3；

K_m——满斗系数，如表 3-12 所示；

K_s——岩石松散系数，如表 3-12 所示；

K_1——工作时间利用系数，两班取 0.35，三班取 0.7；

T——工作循环所需时间，min。

表 3-12 铲运机作业满斗系数及松散系数

土壤类别	岩土容重 /(t·m^{-3})	不同作业坡度的满斗系数 K_m			松散系数
		-10%	0	5%	
干砂、软碎岩	1.5~1.6	0.6	0.65	0.7	1.1~1.15
湿砂(湿度 12%~15%)	1.6~1.7	0.75	0.9	0.9	1.15~1.2
砂土和黏性土(湿度 12%~15%)	1.6~1.8	1.2	1.1	—	1.2~1.4
干黏土、铝矾土	1.7~1.8	1.1	1.0	—	1.2~1.3

3. 露天矿铲运机的优缺点

优点:

(1)对于内燃铲运机来说，通风条件好造成的空气污染更小。

(2)升运式铲运机可以铲运多种矿岩，并能够自行装载。

(3)铲运机的装载工作费用比其他设备都要低。

(4)驾驶视野开阔、方便操控、机动性强。

(5)可完成一些修路、清理工作面等辅助工作。

(6)能在陡坡上作业。

(7)在一些露天转地下开采的矿山中能持续使用。

缺点:

(1)作业的有效性指标受气候影响较大。

(2)只能铲松软的和含水量不大的土岩。

(3)运输距离受到一定限制。

3.3.3 推土机采装工艺

推土机是装有犁板的履带式或轮胎式行走设备，与铲运机一样，可以进行采掘、移运和堆排岩石以及养护道路等作业，是露天矿重要的辅助设备之一。

推土机分为履带式和轮胎式，近年来在国外发展迅速的轮胎式推土机具有机动性强、操作方便等优点，但是在陡坡上不适用；履带式推土机对地比压小、牵引力大，可用于陡坡短距离作业，但是机动性较差，如图 3-8 所示。

推土机作业时先将刮刀放下，推土机慢速前进，刮刀切入并铲刮物料，在刮刀前的物料达到一定容积后，将物料推运至卸载地点并按要求将物料铺开。大部分推土机的刮刀仅能垂直升降，但也有能作水平侧向转动，将物料推向旁侧的。

选择推土机时，需要考虑矿山环境条件、工作方案等因素，如果矿山有窄工作面、高温、湿地等情况，需要根据不同的情况选择不同型号的推土机。推土机的数量跟穿孔设备及电铲工作台数有关，需根据工作量需求购置推土机。

推土机不仅用于矿山，还广泛用于我国许多路桥、土建等施工现场，因此推土机是发展较快的设备之一。近年来推土机正向着数字化、模块化、智能化、舒适化、节能化以及绿色化发展。随着我国液压零部件技术的逐步成熟，静压传动将成为推土机未来发展方向，未来几年或将出现新能源驱动的推土机。在5G时代，利用互联网、物联网可实现大型智能化、无人化机群的高效集中操控。

图3-8　履带式推土机

课后习题

1. 单斗挖掘机采掘带宽度如何确定?
2. 简述单斗挖掘机的工作参数。
3. 单斗挖掘机如何进行选择和参数计算?
4. 简述单斗挖掘机的几种主要型式。
5. 分析前装机、铲运机及推土机的共同点及区别之处。
6. 作单斗挖掘机采装作业的平面图，分析单斗挖掘机的作业工艺。

第 4 章　露天运输工艺

4.1　概述

PPT

运输是露天矿的主要生产工序之一，其主要任务是将采场采出的矿石运送到选矿厂、破碎站或贮矿场，把剥离岩土运到排土场，并将生产过程中所需要的人员、机具设备和材料运送到作业地点。

根据运输的作用和范围，露天矿运输可以分为内部运输和外部运输。露天矿内部运输系统是指将矿岩移运到受料地点，将辅助物料运往露天采场，例如采场运输，采场至地面的堑沟运输和地面运输(指工业场地、排土场、破碎厂或选厂之间的运输)。而露天矿外部运输系统是指从选矿厂或贮矿场将矿石移运给用户。

露天矿运输有以下九大特点：

(1)基本物料运量大部分集中于单一方向，矿石废石运输方向均是从采场向外运输。

(2)线路或道路运输强度大，线路车辆周转快。

(3)矿岩具有较大密度，较高的强度和磨蚀性，块度不一，装卸时有冲击作用。

(4)露天矿其他工艺和运输的可靠性紧密相连。

(5)机车车辆运输周期中的技术停歇时间(装载、卸载、列车入换、检查等)占有很大比重。

(6)矿岩的装载点和剥离物的卸载点不固定，采场与排土场台阶上的运输网路要经常移动。

(7)从露天采场提升(或下放)矿岩的坡度陡。

(8)岩石需分采和配矿时，运输组织十分复杂。

(9)露天矿运输网路的位置与矿体构造因素有关，线路场地狭窄。

露天矿运输必须满足以下基本要求：

(1)运距尤其是剥离岩石的运距应尽可能短。

(2)开采期间整个运输网路及个别区段应尽可能固定不动，力争所需移动设备量最小。

(3)采用简单的运输方式和较少的运输设备类型，以便管理和维修组织工作。

(4)运输设备容积和强度与采装和卸载设备以及矿岩运输性质相适应。

(5)运输方式要保证工作可靠，主要设备停歇时间最少，移运过程尽可能地保证有较大的连续性。

(6)运输方式要保证工作安全，采矿成本最低。

露天矿运输方式主要包括自卸汽车运输、铁路运输、带式运输机运输、提升机运输、重力运输以及联合式运输等。其中物料连续运行的称为连续运输，否则为间断运输。在特殊的矿山条件下，露天运输系统也可采用架空索道运输、溜井溜槽运输等，如图 4-1 所示。

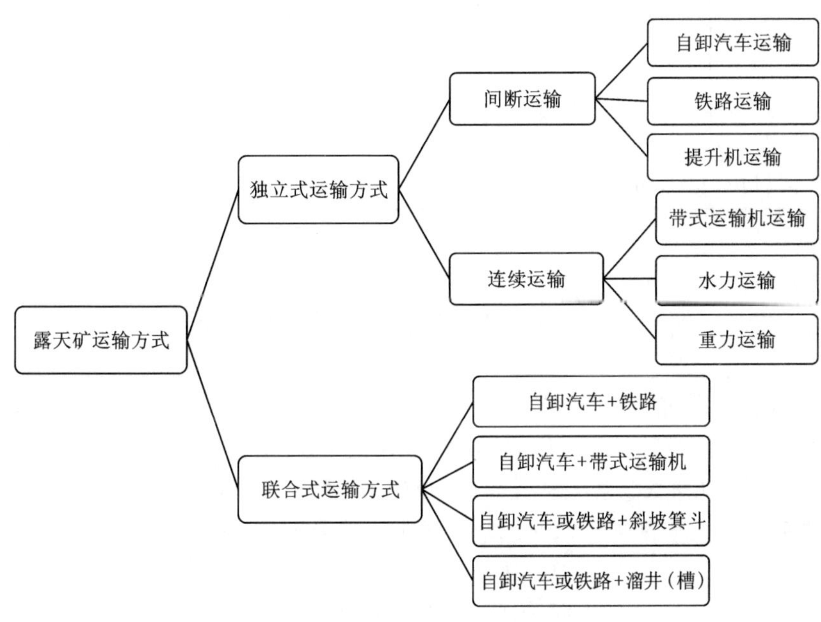

图 4-1 露天矿运输方式分类

铁路运输曾是我国露天矿最主要的运输方式，但由于其局限性，在新兴的矿山已经很少使用。自卸汽车运输作业机动灵活，能简化开采工艺和减少基建工程量等。汽车运输的广泛应用，得益于数十年来汽车制造业的发展。美国、加拿大、澳大利亚等国自卸卡车在露天采矿中的应用比重在 90%左右。目前，我国绝大多数建材和约 30%产量的铁矿石、有色金属矿石(露天开采)都采用自卸汽车运输。我国主要的大型露天煤矿，也都采用自卸汽车运输。各种运输方式的使用条件如表 4-1 所示。

表 4-1 各种运输方式的使用条件

运输方式		年运量 /$\times 10^6$ t	运距/km	采深/m	线路坡度 /%	矿场尺寸	机动性
铁路	电力机车	10~100	2~3	<150	1.5~3	受限	差
	牵引机组		2~3	<200	6~8	中等	
汽车	载重量≤80 t	10~100	2~3	80~120	6~10	不受限	好
	载重量>80 t		4~5	100~150	6~10	不受限	
带式运输机		20~30	>3	不限	25~30	中等	差
推土机			<0.1	近水平矿床	15	不受限	好
铲运机			0.15~1.5		10~15		较好

续表4-1

运输方式		年运量/×10^6 t	运距/km	采深/m	线路坡度/%	矿场尺寸	机动性
联合运输	溜井	<20	受限于地面转运设备	>120		不受限	较好
	箕斗	<5		>50~120		不受限	
	胶带	>5		不限		不受限	
	汽车铁道	<70		100~150		中等	

4.2 汽车运输

汽车运输以各种载重汽车为运输设备，以公路为运输网络，将矿山物料运送到指定的地点，也称为公路运输。自卸汽车运输是20世纪40年代发展起来的，被国外露天矿广泛应用的运输方式，美国、加拿大、澳大利亚等国90%的露天矿都采用汽车运输。目前，我国绝大多数建材、铁矿石露天矿都采用汽车运输，新建的露天煤矿也采用汽车运输。自卸汽车运输由于作业机动灵活、开采工艺简单、基建工程量小等优点，在露天矿具有广泛应用前景，并将成为主要运输方式之一。随着露天矿开采规模的不断增大，矿用汽车载重也不断增大，早期的露天矿用汽车载重为20~68 t，逐渐发展到108~154 t，进入21世纪后汽车载重逐渐达到230~320 t。

20世纪50年代以来，自卸汽车运输在露天开采中得到越来越多的应用，尤其是我国新建的露天矿山，基本都采用汽车运输。它既可作为单一运输方式，又可与其他运输设备组成联合运输方式。与铁路运输比较，汽车运输具有如下显著的优点：

(1)机动灵活，调运方便，适应复杂地形、地质条件。

(2)在爬坡能力强、转弯半径小、高度相同的条件下，可缩短运距，基建工程量小，基建速度快。

(3)运输组织简单，可简化开采工艺，提高采掘效率。

(4)便于采用近距离分散排土场或高段排土场，减少排土场用地，提高排土效率。

(5)道路修筑和养护简单。

汽车运输的缺点主要如下：

(1)每吨千米运费高，自卸汽车的维修和保养工作量大，经济不合理；且运距较短，一般不大于3 km。

(2)受气候影响较大，在雨季、大雾和冰雪条件下行车困难，运输效率降低。

(3)深凹露天矿内汽车尾气和扬尘会造成采坑内的空气污染。

4.2.1 公路分类及其技术等级

露天矿山的道路与一般道路比较，具有断面形状复杂、线路坡度大、转弯多、运量大、曲率半径小、车辆载重大等特点。因此，要求道路结构复杂，在一定服务期间内应保持相当的坚固性和耐磨性。露天矿山道路按用途可分为生产型和辅助型两类，前者主要用于运送矿石、岩土，后者属于一般辅助公路(联络公路)。

矿用公路按性质和所在位置的不同，可分为三类：

(1)运输干线，从露天采场到排土场的公路。

(2)运输支线，各开采水平与采场运输干线相连接的道路和各排土水平与通往排土场的运输干线相连接的道路。

(3)辅助线路，通往分散布置的辅助性设施(如炸药库、变电站、水源地、检修站尾矿坝等)，行驶一般载重汽车的道路。

按服务年限，矿用公路又可分为三类：

(1)固定公路，指采场出入沟及地表永久性公路，服务年限在3年以上。

(2)半固定公路，通往采场工作面和排土场作业线的公路，服务年限为1~3年。

(3)临时性公路，指采掘工作面和排土线的公路，它随采掘工作线和排土线的推进而不断地移动，因此又称为移动公路。这种线路一般不修筑路面，只需适当整平、压实即可。

矿用运输公路按年运输量、行车密度和速度可划分为三个技术等级，如表4-2所示。

表4-2　各种等级运输公路的适用条件

公路等级	矿山规模与公路性质	运输量/(万 t·年$^{-1}$)	行车密度/(辆·h^{-1})	设计行车速度/(km·h^{-1})
Ⅰ	大型露天矿固定干线	>1300	>85	40
Ⅱ	大型露天矿固定干线	240~1300	25~85	30
Ⅲ	中小型露天矿固定干线	<240	<25	20

4.2.2　公路路基与路面结构

4.2.2.1　路基

露天矿山道路质量在很大程度上取决于路基的稳定性。影响路基稳定性的因素除地质条件、施工方法外，对地面积水和地表水的拦截和引导也十分重要。路基的施工根据地形而异，按其断面形式可分为填方路基、挖方路基和半填半挖方路基三种，如图4-2所示。路基横断面主要参数有路基宽、路面、路肩横坡、路基边坡和排水纵坡等。

4.2.2.2　影响公路路基稳定性的因素

路基在公路工程中是基础的工程，在进行施工时需要有效地考虑地形因素，其对路基的稳定性会产生直接影响。而露天矿多样的地形，使得公路路基工程受到不同的影响，特别是一些多年冻土地区，长时间受到水文和温度的影响，使得冻土层发生融化现象，引发路基出现沉降的问题，对工程质量产生严重影响。

当公路工程路基施工时，有关人员和施工现场的管理会对路基的稳定性产生直接影响。施工单位现场管理不严，不能严格地按照要求进行施工操作，将直接影响矿山公路工程质量。施工过程专业技术水平存在不足，不能够严格按照要求进行施工，并且施工单位没有做好科学指导工作，从而使得整个施工过程具有很大的随意性，直接影响到路基的稳定性。

自然因素会对路基的稳定性产生很大的影响，而环境因素属于自然因素中的一种，主要包括降雨、风化以及地震等。降雨会直接影响到路基质量，雨水很容易使得土壤发生软化现

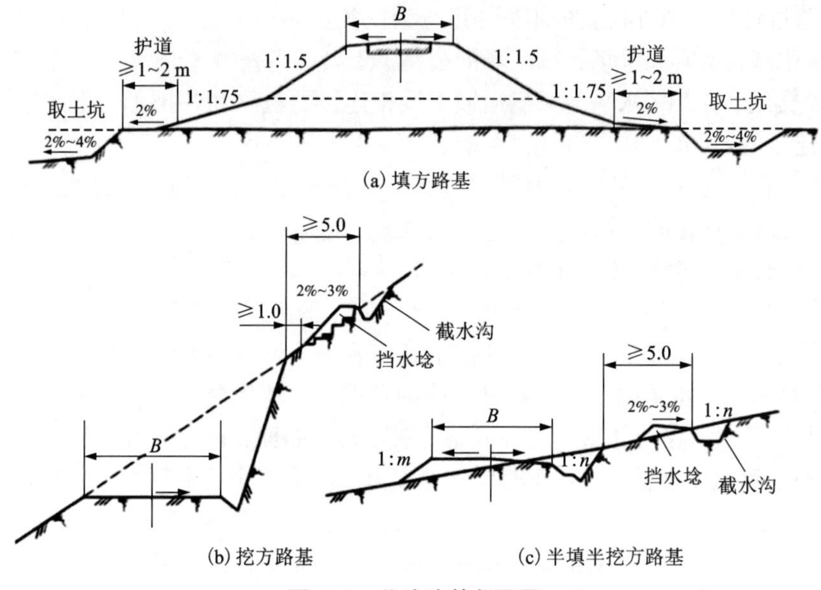

(a) 填方路基

(b) 挖方路基　　(c) 半填半挖方路基

图 4-2　公路路基断面图

象，路基强度降低，同时增加地表的孔隙度，进一步降低路基整体的稳定性，特别严重的是暴雨时，很容易出现路基崩塌的情况。风化是一个比较缓慢的过程，当地表没有植被时很容易出现地表的侵蚀，因此做好地表植被的保护非常关键。另外，地震会直接影响到路基整体的稳定性能，严重时会使地质构造受到影响，对整体的工程质量产生影响。

地下水也会对地质产生很大的影响，这是因为水压作用于垂直裂缝，从而产生很大的水平推力向下推动，同时浮力作用也会进一步降低路基整体的稳定性，使岩质和土质产生变化。

影响露天矿公路路基稳定性的最主要因素有地面水和地下水的拦截与排除、地质条件以及施工方法的选择。

4.2.2.3　路基横断面主要参数

路基宽度 B 由路面和路肩两部分宽度组成，路面宽度(行车宽度)与自卸汽车外形尺寸、行车数目和行车速度有关，车速越高越难保证汽车沿路面中线行驶，此时车辆只是沿着路面中心线上在某一摆幅内前进，会车时两车间应保持一定安全距离。单车道和双车道路基宽度的计算公式分别如式(4-1)和式(4-2)：

$$B_1 = b_1 + 2y + c \tag{4-1}$$

$$B_2 = 2b_1 + x + 2y \tag{4-2}$$

式中：b_1——汽车两后轮外缘的间距，m；

y——汽车后轮外缘至路面边缘的距离，m；

x——两车间安全距离，m，$x=0.17+0.016(v_1+v_2)$（v 为两车车速，km/h）；

c——汽车摆动宽度，m。

各级公路的路面宽度和路肩宽度，可根据不同规格的自卸汽车外形尺寸从有关资料(设计手册)选取。

路面横断面形状分为镰刀形、槽形和半槽形，如图 4-3 所式。镰刀形中厚边薄，用于低级路面，材料用量大。多数公路采用槽形，仅铺筑道路的形成部分用料较省，质量较高，但易受路肩泥土污染。半槽形断面行车部分以高质量材料筑成槽体，露天部分则用廉价材料铺成薄层。

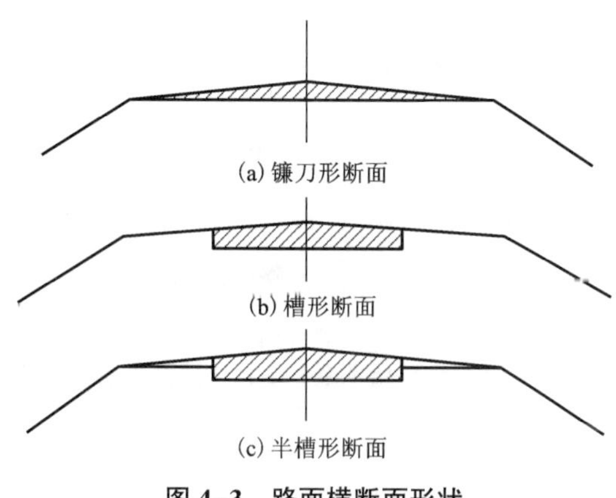

图 4-3　路面横断面形状

路面通常形成路拱，即路面中心线部分最高，向两侧低斜，使路面具有横向坡度以利于排出路面雨水，但坡度应适当以利于行车的稳定性。

路面横坡值因路面类型不同而异，如水泥路面为 1%～1.5%，碎石路面为 1.5%～4%，降水量大的地区采用上限值。路肩横坡一般比路面横坡大 1%～2%，在降水量小的地区可减至 0.5%，甚至与路面横坡相同。

路基边坡根据当地地质、水文条件、筑路材料和施工方法确定。一般地，路基边坡为 1∶1.5～1∶1.25，路堑边坡为 1∶0.5～1∶1.5，具体值可从有关资料查到。

路基排水应根据地形、地质及线路、桥涵布置等条件结合农田水利规划综合考虑。排水设施一般采用边沟、截水沟、排水沟和盲沟等。上述各种沟道的纵坡不应小于 0.2%。

4.2.2.4　路面结构

路面结构分为柔性路面和刚性路面。柔性路面包括沥青碎石路面、碎石与土结合的粒料路面、块料铺砌路面和各种加工土路面，容易产生剩余变形，且荷载作用次数越多，变形总量越大，未破坏前发生剩余变形小，路面强度可用强度理论来计算。刚性路面，路面级别较高，通常为水泥混凝土路面，其抗磨强度较高，受荷载作用破坏前发生的剩余变形很小。

露天矿公路路面分为四个等级：高级路面，如水泥混凝土路面、整齐的块石和条石路面；次高级路面，如黑色碎石路面、沥青贯入碎石路面和沥青表面处理路面；中级路面，如碎石路面；低级路面，如粒料加固土路面。

根据路面铺设材料层数不同，路面结构分为单层和多层两种。单层路面是在路基上仅铺一层面层。多层结构则铺有面层、基层和垫层三层，如图 4-4 所示；各层材料的形变模量值，一般自上而下逐层减少，而其厚度则应自上而下逐层加厚。

每种路面下车辆的行车速度、燃料以及轮胎消耗量有显著差异，这直接影响露天矿运输的效率和运输成本，如表 4-3 所示，因此合理地选择路面类型对于露天矿生产具有重要的意义。

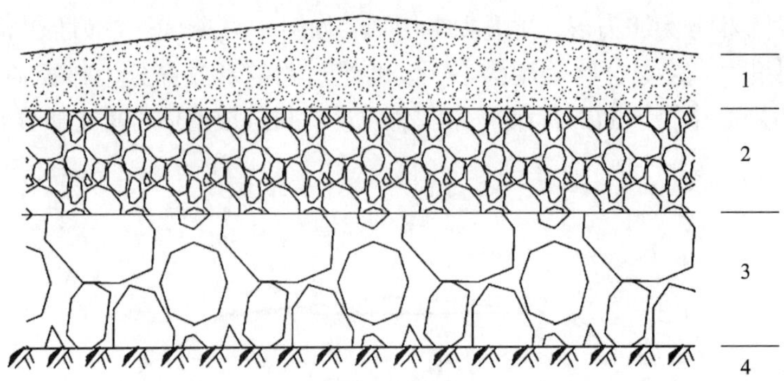

1—沥青砂磨耗层 15~20 mm；2—碎石沥青贯入层 100~150 mm；3—垫层 250~300 mm；4—基础地层。

图 4-4　多层路面结构

表 4-3　汽车运营技术经济指标与路面类型关系表

路面类型	滚动阻力系数	相对指标($i=0$)				
		技术速度	燃料与润滑材料消耗	轮胎损耗	技术管理与维修费	运营费
高级路面	0.02	1.3	0.85	0.75	0.8	0.65~0.75
中级路面	0.03	1.0	1.00	1.00	1.0	1.0
低级路面	0.06	0.8	1.30	1.50	1.2	1.8~2.2

注：本表以中级路面值为 1 对比。

4.2.3　公路的平面要素

公路由直线段和曲线段组成。公路平面要素如图 4-5 所示，包括：公路曲线半径 R、切线长度 T、曲线长度 L、外矢距 E、曲线段超高、曲线段路面加宽、线路连接、视距、回头曲线等。

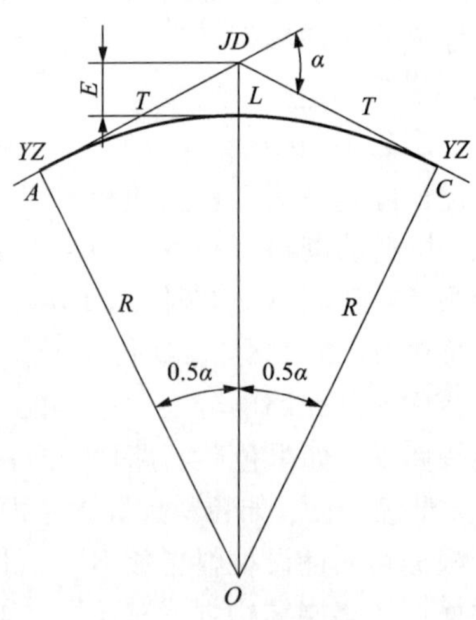

图 4-5　公路平面要素

4.2.3.1　公路的平面要素

(1)公路曲线半径。

公路的曲线半径是根据汽车结构特征而定的，公路最小曲线半径应大于汽车的最小转弯半径，根据汽车轴距、路面横坡和汽车正常运行速度来确定。按照曲线段汽车运行产生的倾覆离心力和曲线段超高引起的下滑力平衡的原理导出 $R_{\min}$ 的计算式：

$$R_{\min} = \frac{v^2}{3.6^2 g(\mu + i_{\mathrm{H}})} \tag{4-3}$$

式中：$R_{\min}$——公路最小曲线半径，m；

v——汽车运行速度，km/h；

μ——轮胎与路面间横向黏着系数，其值为 0.06~0.22，冰冻期较长或多雨地区取小值，干燥地区取大值；

i_H——超高横坡，一般 2%～6%。

(2)切线长度。

切线长度是公路转角交点 *JD* 至曲线与直线连接点的切线的长度，如式(4-4)：

$$T = R\tan\frac{\alpha}{2} \tag{4-4}$$

式中：α——转折角(平曲线半径之夹角)，(°)。

(3)曲线长度。

曲线长度计算如式(4-5)：

$$L = \frac{\pi R\alpha}{180°} \tag{4-5}$$

(4)外矢距。

转角交点至圆曲线中心的距离，如式(4-6)：

$$E = R\left(\sec\frac{\alpha}{2} - 1\right) \tag{4-6}$$

(5)曲线段超高。

汽车行驶在曲线段上受离心力的作用，使汽车向曲线外侧滑或倾斜，为此通常将外侧路面加高，这称为曲线外侧超高，如图 4-6 所示，计算如式(4-7)：

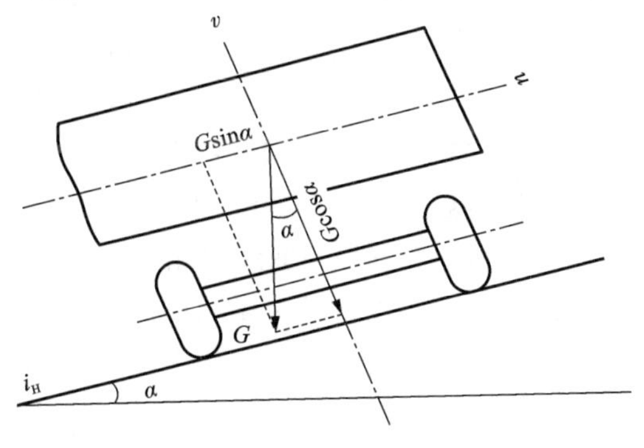

图 4-6　曲线段超高

$$i_H = \frac{v^2}{gR} - \mu \tag{4-7}$$

平直线段路面的横断面常常是双向倾斜，当其与曲线段相接时，横断面由双倾斜逐渐过渡到单向倾斜，这一过渡路段称为缓和曲线段，其外侧逐渐超高。向转弯内侧倾斜的单向坡面与路面的水平产生的夹角的正切值称为超高横坡。超高横坡一般为 2%～6%，最大不超过 10%。具体值根据道路车速、平曲线半径、路面类型和气候条件等因素来确定。不同车速与平曲线半径的超高横坡值不同，如表 4-4 所示。

表 4-4　平曲线超高横坡值

超高横坡 i_H/%	平曲线半径/m		
	车速 40 km·h^{-1}	车速 30 km·h^{-1}	车速 20 km·h^{-1}
2	250～100	150～55	75～25
3	85～100	50～55	20～25
4	75～85	45～50	—
5	65～75	40～45	15～20
6	55～65	40～250	—

(6)曲线段路面加宽。

汽车在曲线段上行驶时，各车轮所处的位置不同，轮胎运行的曲线半径也不同，后轴内侧车轮的转弯半径最小，前轴外侧车轮的转弯半径最大。因此，行车路面的宽度需加大(一般在内侧加宽)，增宽部分称为曲线段加宽。加宽应从直线段末或缓和曲线段开始，逐渐加宽至圆曲线部分。若公路两侧路肩各为 2 m，且路面加宽不到 1 m 时，路基可不加宽；若路面加宽大于 1 m 时，路基加宽应按内侧路肩宽度不小于 1 m 计算。

双车道曲线段加宽值计算如式(4-8)：

$$B_i = \frac{L_z^2}{R} + \frac{0.1v}{\sqrt{R}} \tag{4-8}$$

式中：B_i——双车道曲线段几何加宽值，m；

L_z——汽车后轴至前保险杠的距离，m。

双车道曲线段车道总宽度如式(4-9)：

$$B_z = B_0 + B_i \tag{4-9}$$

式中：B_z——双车道曲线段车道总宽度，m。

(7)线路连接。

线路连接包括直线段与曲线段相连接和相邻两平曲线相连接两种。

①直线路段与曲线路段的连接。为使运输汽车平衡通过曲线路段，在直线路段与曲线路线之间应设置缓和曲线路段，连接段长度如式(4-10)：

$$l_q = \frac{0.035v^3}{R} \tag{4-10}$$

②相邻两平曲线路段连接。相邻两同向平曲线路段不设超高横坡或所设超高横坡相同时，可以直接连通；当路段超高横坡不同时，中间需要按两相邻超高横坡之差设置超高缓和线段。相邻两反向平曲线路段不设超高时，中间设不小于自卸汽车长的直线段，条件困难情况下可不设置直线段，但必须减速运行；两相邻反向平曲线段均设超高时，中间应有不小于两超高缓和段长度的直线段。

(8)视距。

视距是司机在行车时能看到前方路面、车辆或道路上障碍物的最短距离，可分为停车视距(如图 4-7 所示)和会车视距。

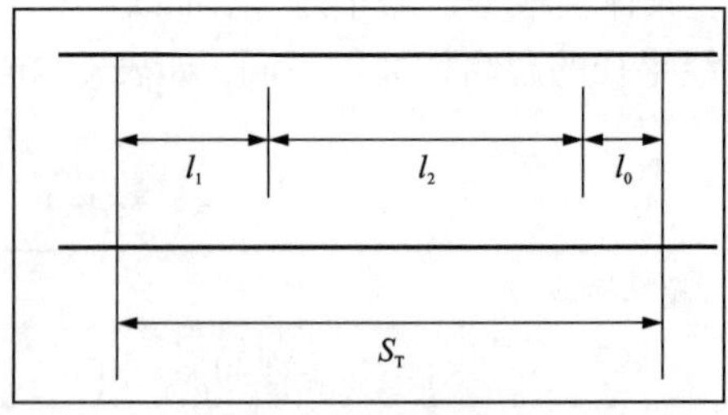

图 4-7　停车视距

停车视距计算式如式(4-11)~式(4-13)：

$$S_T = l_1 + l_2 + l_0 \tag{4-11}$$

$$l_1 = vt/3.6 \tag{4-12}$$

$$l_2 = \frac{1.05v^2}{254}(\varphi_j + \omega_G \pm i) \tag{4-13}$$

式中：l_1——司机观察反应时间内行驶的距离，m；

l_2——汽车开始制动到完全停止行驶的距离，m；

l_0——为防止汽车万一不能停住驶进障碍物而考虑的安全距离，一般取 3~5 m；

t——司机反应时间，1.5~2 s；

φ_j——计算黏着系数，$\varphi_j=(0.5\sim0.6)\varphi$；

ω_G——滚动阻力系数；

i——道路坡度，%，上坡为正。

不同级别公路的停车视距不相同，Ⅰ级公路停车视距为 50 m，会车视距为 100 m；Ⅱ级公路停车视距为 30 m，会车视距为 60 m；Ⅲ级公路停车视距为 20 m，会车视距为 40 m。弯道内侧的建筑物、树木、路基边坡或其他障碍物应尽可能清除，保证车辆行车安全。

(9)回头曲线。

有时受地形和采场长度限制，需迂回修筑公路，用锐角转折，即弯道布置在夹角之外，这种弯道称为回头曲线。回头曲线又有对称与非对称回头曲线之分，分别如图 4-8 和图 4-9 所示。

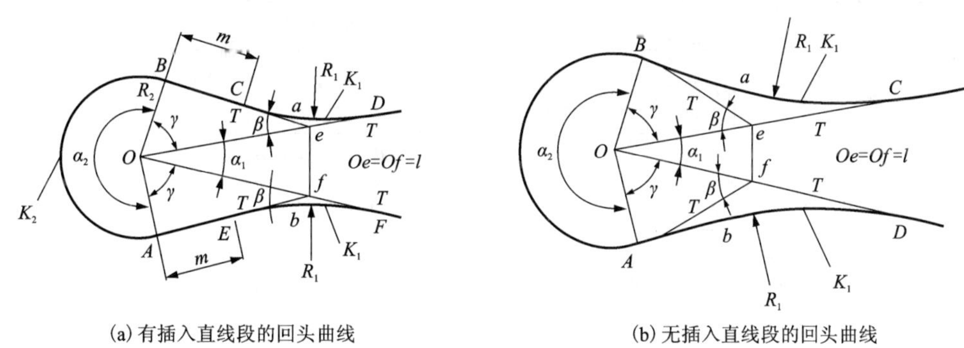

(a) 有插入直线段的回头曲线　　(b) 无插入直线段的回头曲线

图 4-8　对称回头曲线平面图

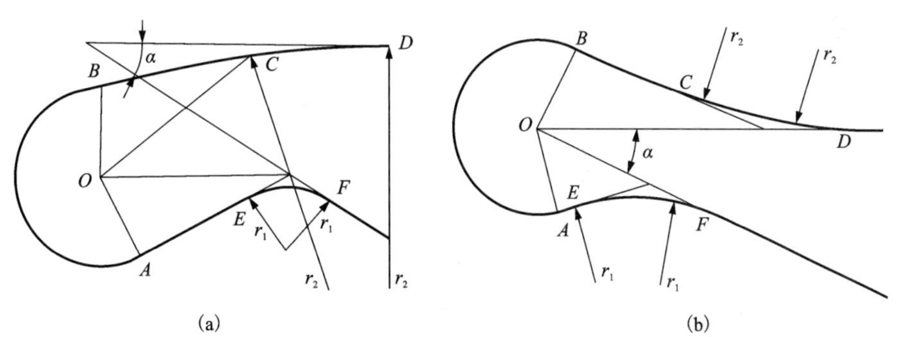

(a)　　(b)

图 4-9　非对称回头曲线平面图

根据有无插入直线段可分为有插入直线段和无插入直线段的回头曲线。有插入直线段的对称回头曲线由主曲线 K_2、辅助曲线 K_1 和插入直线段 m 组成。对称回头曲线的平面要素计算式如表 4-5 所示。

表 4-5 对称回头曲线的主要技术参数

<table>
<tr><th rowspan="2">参数名称</th><th rowspan="2">符号</th><th colspan="2">计算公式</th></tr>
<tr><th>有插入直线段</th><th>无插入直线段</th></tr>
<tr><td>辅助曲线的总偏角</td><td>β</td><td>$\tan\beta = R_2/(m+T)$
$\tan\frac{\beta}{2} = \frac{-m \pm \sqrt{m^2 + R_2(2R_1 + R_2)}}{2R_1 + R_2}$</td><td>$\cos\beta = R_1/(R_1 + R_2)$</td></tr>
<tr><td>辅助曲线切线长度</td><td>T</td><td colspan="2">$T = R_1\tan\frac{\beta}{2}$</td></tr>
<tr><td>辅助曲线长度</td><td>K_1</td><td colspan="2">$K_1 = \pi R_1\beta/180°$</td></tr>
<tr><td>切线对应角(夹角)</td><td>γ</td><td colspan="2">$\gamma = 90° - \beta$</td></tr>
<tr><td>线段 $Of = Oe$</td><td>l</td><td>$l = (m+T)/\cos\beta$ 或
$l = R_2/\sin\beta$</td><td>$l = T/\cos\beta$ 或
$l = R_2/\sin\beta$</td></tr>
<tr><td>主曲线的总偏角</td><td>α_2</td><td colspan="2">$\alpha_2 = 360° - (2\gamma + \alpha_1)$</td></tr>
<tr><td>主曲线长度</td><td>K_2</td><td colspan="2">$K_2 = \pi R_2\alpha_2/180°$</td></tr>
<tr><td>回头曲线长度</td><td>$\sum K$</td><td>$\sum K = 2K_1 + K_2 + 2m$</td><td>$\sum K = 2K_1 + K_2$</td></tr>
<tr><td>两线路间最窄处距离</td><td>L</td><td>$L = 2\left[l\sin\frac{\alpha_1}{2} + R_1\left(\sec\frac{\beta}{2} - 1\right)\right]$</td><td>$L = 2\left[l\sin\frac{\alpha_1}{2} + R_1\left(\sec\frac{\alpha_1}{2} - 1\right)\right]$</td></tr>
</table>

回头曲线路基要求两分支最窄部分的宽度 $L_1 \leqslant L$，否则不能布置回头曲线。

$$L_1 = B + C + D = B + C + (B + C)/(i - i_0) \tag{4-14}$$

式中：B——线路路基宽度，m；

C——水沟上部宽度，m；

D——水沟一边至上一路基边缘的水平距离，m；

i——路基边坡值，%；

i_0——地形自然坡度，%。

4.2.3.2 公路线路平面表示法

公路线路平面表示法如图 4-10 所示。

(1)直线段在路段中以分数式表示。分子为直线段长度，以 m 为单位，准确度为小数点后两位；分母为方向角，用象限角表示(NE，SW 等)，角度精确到分。

(2)曲线段首先标出交角点序号，即图 4-10 中的 JD_9、JD_{10}、JD_{11} 以及交角点的坐标(x，y)，进一步标出平曲线要素 α、R、T、L、E 及曲线段的起点 ZY 和终点 YZ；然后用百米标来表示全线的平面长度及桥涵等重要构筑物的里程位置；最后标出沿线路带状地形。

4.2.4 线路断面要素

线路的纵断面是计算线路的填挖方量及线路在垂直方向上合理衔接的基础，线路纵断面由水平线、倾斜线、凹竖曲线、凸竖曲线及不同坡度的连接线组成。纵断面要素有最大允许

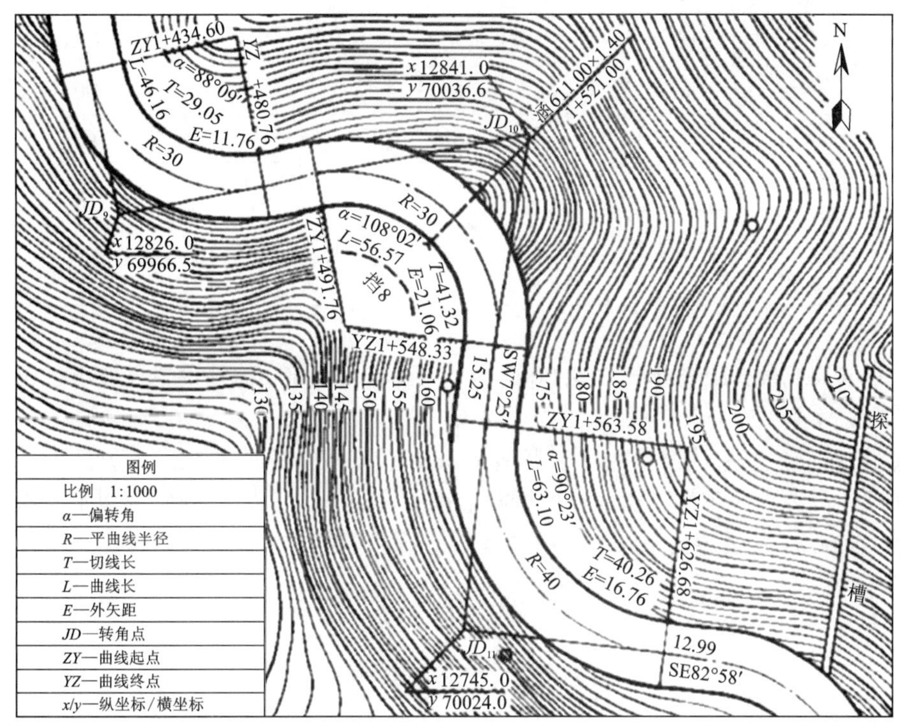

图 4-10 公路线路平面表示法

纵坡、限制坡长、纵坡折减、竖曲线、线路纵断面标示法。

两相邻不同坡度线的相交点称为变坡点，变坡点应分别设置凸形或凹形竖曲线以缓和坡度。

(1)最大允许纵坡。如果纵坡过大，汽车上坡时长久使用低速挡，水箱里的水温度升高甚至沸腾，油管易于“气阻”而产生发动机熄火，卡车机械损耗加剧；汽车下坡时，重车制动困难，制动器急剧升温，刹车次数多使轮鼓发热、制动失效而引发安全事故。如果纵坡过小，则会使线路增长、土方工程量增加、基建费用增多。各级公路的最大允许纵坡为：Ⅰ级 6%，Ⅱ级 8%，Ⅲ级 10%。

(2)限制坡长。为防止汽车在长陡坡段上运行时发动机和制动器过热而发生故障，根据生产现场对道路设计坡段长度作出限制。当纵坡坡度 i 为 $5\%<i\leqslant 6\%$ 时，限制坡长 L 不大于 800 m。当增加时，限制长度按换算系数折算为限制坡长 L_H。

$$L_H = \lambda_1 L_1 + \lambda_2 L_2 + \cdots + \lambda_n L_n \tag{4-15}$$

式中：λ_1，λ_2，…，λ_n——坡长换算系数，如表 4-6 所示；

L_1，L_2，…，L_n——各坡段的长度，m。

表 4-6 限制坡长与换算系数

纵坡坡度 i/%	限制坡长 L_H/m	换算系数 λ
$5<i\leq6$	≤800	1.00
$6<i\leq7$	≤500	1.60
$7<i\leq8$	≤350	2.30
$8<i\leq9$	≤250	3.20
$9<i\leq10$	≤150	5.30

当限制坡长或换算限制坡长 L_H>800 m 时，应在不大于 800 m 处设置纵坡小于 3%的缓和坡段，其长度为 40~50 m。

(3)纵坡折减。当平曲线半径小于等于 50 m 时，该平曲线的最大纵坡应予以折减速，如表 4-7 所示。高原地区各级公路的纵坡折减值视海拔而异，海拔为 5000 m 以上时减 3%；海拔为 4000~5000 m 时减 2%；海拔为 3000~4000 m 时减 1%，最大纵坡折减后，其值小于 4%时，仍取用 4%。

表 4-7 平曲线纵坡折减

平曲线半径/m	15	20	25	30	35	40	45	50
纵坡折减/%	4.0	3.5	3.0	2.5	2.0	1.5	1.0	0.5

(4)竖曲线。车辆在两相邻曲线段由下坡转为上坡时，需在变坡点设置凹形竖曲线；由上坡转向下坡时，需在变坡点设置凸形竖曲线。竖曲线的作用有：确保道路纵向行车视距；缓和纵向变坡处行车动量变化而产生的冲击作用。将竖曲线与平曲线恰当组合，有利于路面排水和改善行车的视线诱导和舒适感。其竖曲线半径选用如表 4-8 所示。

表 4-8 竖曲线最小半径

竖曲线类型	公路等级		
	Ⅰ	Ⅱ	Ⅲ
凹形/m	250	200	100
凸形/m	750	500	250

(5)线路纵断面标示法。在原地形纵断面上标出地形面标高、公路设计标高、水平距离、纵向坡度、里程标、百米标、桥涵位置、竖曲线位置和要素、填方和挖方高度，在线路平面栏内标示出线路各地段的长度、方向角以及曲线段等各要素，如图 4-11 所示。纵断面的纵横坐标比例不同，横向比例常用 1∶5000、1∶2000、1∶1000 和 1∶500；纵向比例常用 1∶500、1∶200、1∶100 和 1∶50。比例的大小应根据线路复杂程度和设计深度而定。

露天矿道路的布置应根据矿山地形地质、开采境界、开采推进方向，各开采台阶标高以及卸矿点和排土场位置而定，并密切配合采矿工艺。全面考虑开采要求合理布置线路，应做到平面顺适、纵坡均衡、道路横面合理。

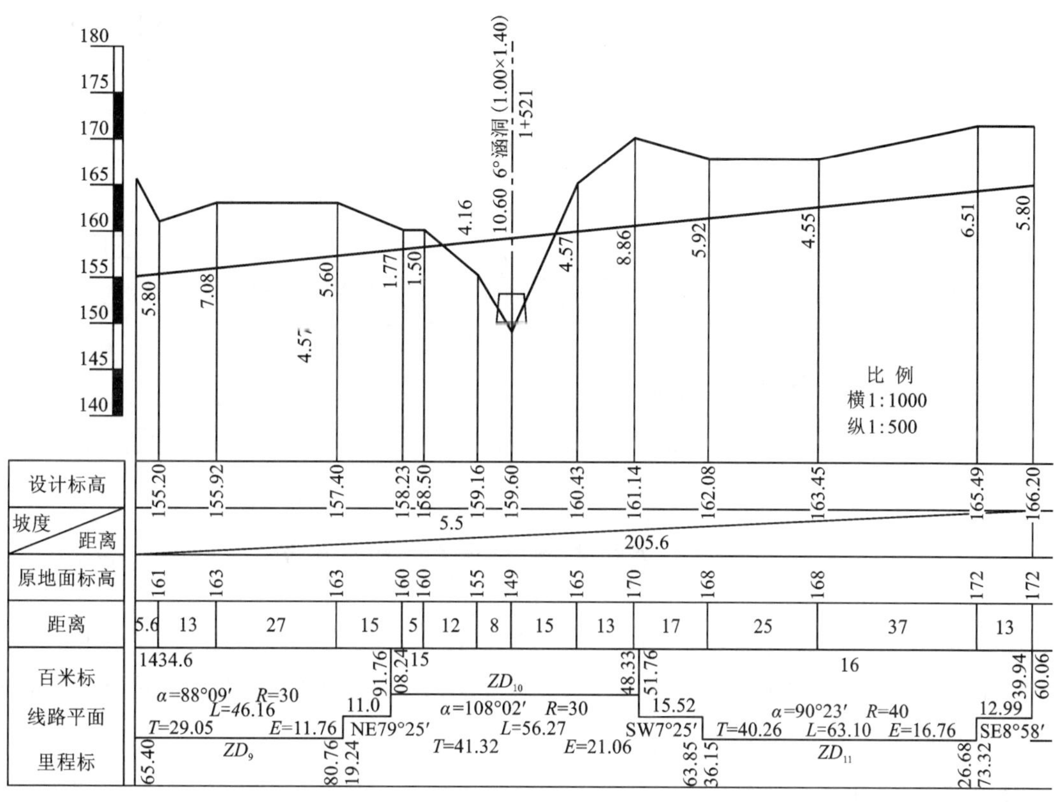

图 4-11 线路的纵断面图(单位：m)

4.2.5 道路定线及施工

在道路设计中，首先要根据作业现场进行定线，按设计的线路参数施工，施工技术应保证曲线段外侧超高，内侧加宽，合理确定线路连接与视距等。

露天矿山采区内拟定线路要考虑开采境界、边坡稳定。露天矿采场出入沟口的位置与标高是一个重要控制点，其标高应与矿岩卸载点标高和地形相适应。优化线路系统可有多个方案，经比较后选择最佳方案，然后具体确定线路，主要控制道路纵坡。在深凹露天矿中，确定线位自上而下进行，根据开采设计提供的台阶高度、运输平台宽度、台阶开采终了坡面角和道路纵坡等数据逐段进行计算与设计。线路密集区段必须综合考虑道路群的平、纵关系及排水、护坡。

道路定线方法一般采用“零点法”，即按照拟定的线路和走向，采用一定的纵坡，沿地形等高线或采区内台阶等高线找出道路中心线的填挖高度等于零的点，再将各零点连成一线，调整此线的平纵断面，确定出线位。由于露天矿山道路路基大部分处于挖方地段，“零点法”往往就在路基边缘线，而不是道路中心线，要把边坡的稳定情况考虑进去，该法只能作为确定线位的参考。

4.2.6 工作面汽车入换

入换，即重载车驶离和空载车驶入工作面的运输作业。运输卡车在采装工作面的入换方式主要有以下几种：同向右驶运行、同向左驶运行、回返运行、折返运行，如图 4-12 所示。这四种入换方式中，由于同向运行有很大的局限性，很少在现场中使用。与此同时，在顺线和叉线的回返运行中，由于空车直接进入装车位置，电铲的利用率因卡车入换和装车角度大而生产率较低。

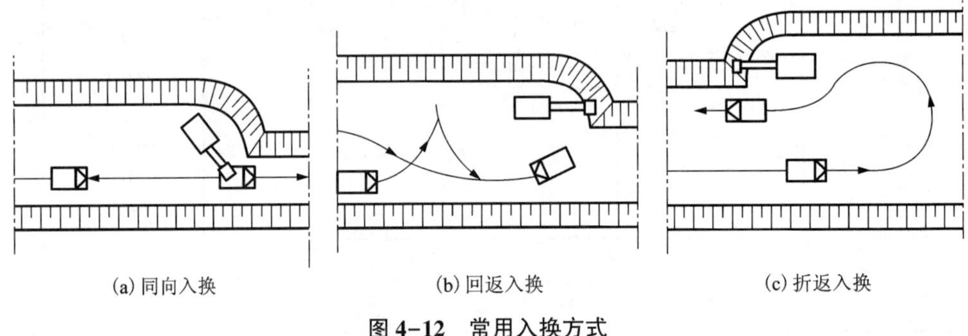

图 4-12 常用入换方式

结合现场的实际情况，根据卡车司机室与挖掘机的相对位置，将折返入换又分为正向折返和反向折返。汽车在工作面的位置和入换，应当力求减小挖掘机采装时的回转角并尽量缩短入换时间。

4.2.7 矿用汽车选型

4.2.7.1 汽车形式

露天矿汽车运输通常采用后卸式汽车、拖拉牵引的半拖车和拖车。后卸式汽车适宜在不同条件下运输各种物料，特点是牵引功率大，爬坡能力强和机动灵活。拖车和半拖车载重量较大，其特点与后卸式相反，适宜在坡度小而运距大的条件下采用。

按车身结构形式可分为整体式和铰接式。与整体式汽车相比，铰接式汽车的转弯半径小重心较低，而且各车独之间可以有一定的相对扭曲，适合在多山地区或道路条件很旧的矿山和开发初期的矿山使用。

4.2.7.2 汽车载重

近年来，矿用自卸汽车不断向大型化的方向发展。20 世纪 70 年代已有 350 t 级的大型载重汽车。但是，大型载重汽车的传动系统、制动系统和轮胎等技术尚未完全过关，轮胎费高昂，且由于载重量增大、设备台数减少、设备故障对生产的影响极大，尚较少使用。目前，广泛应用的矿用自卸汽车载重 27~320 t。

矿用自卸汽车载重量与挖掘机斗容应该保持一定的比例关系。当运距在 1.0~1.5 km 时，车厢与铲斗的合理容积比为(4~6)∶1。自卸汽车载重量与斗容的匹配关系如表 4-9 所示。

表 4-9　自卸汽车载重量与斗容的匹配关系

自卸汽车载重/t	斗容/m^3	自卸汽车载重/t	斗容/m^3
7~12	1	65~85	6.1~8.4
12~20	2	100~120	9.2~11.5
32	3~4	150~170	12.5~15.2
45~60	4~6	200	16.7~19

20 世纪 70 年代后，矿用汽车朝着大型化方向发展，目前世界上大型露天矿山普遍使用载重量为 100~200 t 的电动轮汽车，载重量 400 t 级的电动轮汽车也已经投入使用。随着载重量的增加，汽车单位载重所需的发动机功率会下降，这也是大载重量汽车的显著优势。

据国内外矿山的使用对比，154 t 汽车的运输能力比 108 t 汽车的运输能力高出 30%~50%，运输成本降低 20%~50%。有资料表明，3 台 218 t 汽车代替 6 台 108 t 汽车，在不到 7 个月的时间里即可收回两者投资上的差额。虽然大型汽车初期投资较高，但其显著的使用效益促使设备制造公司向矿山推出更大载重量的汽车，合理的自卸汽车吨级与运输量关系如表 4-10 所示。

表 4-10　自卸汽车吨级与运输量的匹配关系

年运输量/万 t	120~600	250~1200	800~2500	1500~4500	>5000
汽车吨级/t	20	30	70	100	360

4.2.7.3　传动

自卸汽车的传动方式有机械传动、液压传动和电力传动。机械传动系统：柴油发动机-变速结构-汽车行走部分；液压传动系统：柴油发动机-液压系统-行走部分；电力传动系统：柴油发动机-发电机(交流)-交流变直流(整流)-直流电动机行走部分。

载重量小于 30 t 的自卸汽车，轮高不足以在轮内安装电机，只能采用机械传动。载重量 30~130 t 的汽车采用机械传动可以满足功率要求，大于 100 t 的汽车采用电力传动。

电动轮自卸汽车结构特点：传动系统结构简单可靠，制停准确；自动调速，运行操作平稳；设备完好率高，维修工作量小，维修费用低；牵引性能好，爬坡能力强；运输效率高，成本低，经济效益好。缺点是电动轮汽车自重大，且涉水高度小。

基于上述电动轮自卸汽车的工作原理及结构特点，其主要优点是：电力传动系统的结构简单可靠，制停准确，自行调速，运行操作平稳，设备完好率高，维修工作量小，维修费用低，牵引性能好，爬坡能力强，运输效率高，成本低，技术经济效果好。其缺点是自重大，涉水高度小。

矿用自卸汽车的结构要求：

(1)车体和底盘结构应具有足够的坚固性，并有减振性能良好的悬挂装置。

(2)运输硬岩的车体必须采用耐磨而坚固的金属结构；卸载时应机械化，而且动作迅速。

(3)驾驶室顶棚上应有保护板，对于含有害矿尘的矿山，司机室要封闭，最好能够强制通风。

(4)制动装置要可靠，起步加速性能和通过性能应良好。

(5)司机劳动条件要好，驾驶操纵轻便，视野开阔。

4.2.8 汽车运行周期计算

露天矿汽车作业是周期性的，其作业过程由工作面装载、重车运行、卸载、空车运行及在装卸点的等待与调车组成。汽车的运行周期和实际转载量决定汽车的运输作业效率，汽车运行周期时间由装载时间 t_z、卸载时间 t_x、运行时间 t_y、调车时间 t_{d1}、等进时间 t_{d2} 及其他时间 t_0 组成，如式(4-16)：

$$t = t_z + t_x + t_y + t_{d1} + t_{d2} + t_0 \tag{4-16}$$

(1)装载时间 t_z 主要与装载设备的斗容和汽车车厢容积以及挖掘机作业效率和挖掘物料性质有关。通过计算机模拟结果和多年实测，一般挖掘机装满一车用3~5斗为宜，装车时间一般为2~8 min，实际计算时应现场实测统计。

(2)卸载时间 t_x 与车型、岩性和卸载条件有关，一般为1 min左右。

(3)运行时间 t_y 包括空车运行时间、重车运行时间，一般情况露天矿汽车重车速度为20~30 km/h，空车速度为30~40 km/h，主要取决于汽车的性能，道路情况(坡度、转弯半径、路面等级)，运输的安全性、车流密度等因素。

运行时间取决于运距和汽车运行速度，如式(4-17)：

$$t_y = 60\sum_{i=1}^{n}\frac{l_i}{v_i} \tag{4-17}$$

式中：l_i——各纵断面单元上道路长度，m；

v_i——运行速度，km/h。

可将线路按坡度、转弯半径、路面等级等划分成若干段，每段道路长度为 l_i，汽车在各单元上的运行速度可按以下方法确定：

①按统计资料和经验值确定。自卸汽车在各种条件下的平均运行速度可参见有关手册。

②按汽车在不同纵坡上的运行阻力和动力因素，由特性曲线确定。当缺乏动力因素特性曲线时，可按式(4-18)近似计算理论均衡速度：

$$v_c = \frac{270\eta N}{Q(\omega_0 + i)} \tag{4-18}$$

式中：v_c——理论均衡速度，km/h；

η——传动效率，取0.78~0.85；

N——发动机功率，马力；

Q——自卸汽车总质量，t；

ω_0——单位滚动阻力，N/t；

i——道路坡度，‰。

平均速度等于均衡速度乘以速度系数，与前后纵坡单元的运行状况有关，速度系数选取如表4-11所示。

表 4-11 速度系数

纵断面单元长度/m	汽车启动时	汽车驶入该纵断面时	短距离水平运输总距离 150~300 m
0~100	0.25~0.50	0.50~0.70	0.20
100~230	0.35~0.60	0.60~0.75	0.30
230~460	0.50~0.65	0.70~0.80	0.40
460~760	0.60~0.70	0.75~0.80	
760~1100	0.65~0.75	0.80~0.85	
>1100	0.70~0.85	0.80~0.90	

(4)调车时间 t_{d1} 指汽车在转载工作面、卸载点的调车时间，与调车速度以及调车方式有关，一般取 1 min，调车速度一般小于 8 km/h。

(5)等进时间 t_{d2} 指汽车等装、等卸、中途修车时间。其值与道路系统、车铲比等因素有关。

以上各种时间组成可根据实测分析或计算机计算确定。

4.2.9 运输能力计算

运输能力计算包括自卸汽车运输能力(台班运输能力)和道路通过能力。

4.2.9.1 自卸汽车运输能力

自卸汽车运输能力是指单位时间内汽车完成的运输量，与汽车载重量、单趟运行周期及工作时间有关，如式(4-19)：

$$A=\frac{60qT}{t}K_1\eta \tag{4-19}$$

式中：A——自卸汽车台班生产能力，t/台班；

q——自卸汽车的载重量，t；

t——自卸汽车单趟运行周期，min；

T——自卸汽车台班工作时间，h；

K_1——自卸汽车的载重量利用系数，一般取 0.82~1.00；

η——自卸汽车班工作时间利用系数。

对于一个露天矿山而言，其所需的自卸汽车的数量与自卸汽车运输能力、矿山采剥总量以及生产技术条件有关。自卸汽车工作台数 N_G 和在册台数 N_Z 计算如式(4-20)、式(4-21)：

$$N_G=\frac{K_2Q_B}{A} \tag{4-20}$$

$$N_Z=\frac{N_G}{K_3} \tag{4-21}$$

式中：K_2——班运量不均匀系数，取 1.1~1.15；

Q_B——露天矿每班运量，t/班；

K_3——出车率，即工作台数与在册台数之比，取 0.5~0.8。

4.2.9.2 道路通过能力

道路通过能力是指在单位时间内通过某区段的车辆数，它与行车线数量、路面质量、行车速度以及安全行车间距等有关。一般选择车流最集中的区段进行计算，如总出入沟口、平面交叉路口等。道路通过能力的计算如式(4-22)：

$$N_{\mathrm{D}} = \frac{1000vn}{S}K \tag{4-22}$$

式中：v——自卸汽车在计算区段内的平均速度，km/h；

n——车道系数，单车道取 0.5，双车道取 1；

S——停车视距，m；

K——行驶时的不均匀系数，取 0.5~0.7。

4.2.9.3 汽车与挖掘机之间的分配问题

在土石方施工中，有一代表性的施工方式：由挖掘机-自卸汽车组成的机械化施工系统(简称“挖-运”系统)被广泛采用。“挖-运”系统具有机动、灵活、产量高的特点，但十分讲究系统内部性能配置，如果仅仅凭借已有经验和定性认识来进行机械的搭配，而没有对机械资源配置做更深入的定量分析，将导致机械生产效率低下，机械闲置较多，施工成本提高。实际情况是单位土方的机械台班费用随着汽车运距、挖掘机技术参数和数量、汽车技术参数和数量以及挖掘机和汽车在生产过程中的相互作用和相互制约关系而发生变化。

合理的自卸汽车和挖掘机分配需要满足以下条件：

(1)供一定的挖掘机组(货流)用的有限汽车数。

(2)派往单一挖掘机的汽车数不应超过规定的最大允许汽车数。

(3)汽车的分配应保证挖掘机最大均衡地完成班生产计划工作量。

采用智能控制系统对单台机械和系统运行规律作出深刻的描述，运用计算机对系统的运作进行模拟，对一系列经济技术指标进行优化，可得出机械资源配置的最优方案。

4.2.10 道路质量的维护

道路养护是露天矿生产的一项日常业务，特点是工作量大、劳动强度高、采掘工作面和排土场内的道路易受爆破后抛石和重车上散落矿岩的影响。良好的汽车运输道路可以降低汽车燃料消耗和维修费用，减少设备的停顿，提高运行速度、轮胎寿命和作业效率等。道路能否提供经济安全且良好的车辆运行能力，在很大程度上取决于磨损道路路面材料的选择、应用和养护。汽车道路的状态对汽车的运行状况影响较大，道路养护不好，汽车运行条件差，不仅影响汽车正常的运行速度，降低作业效率，而且容易发生故障，影响汽车出动率，还增加汽车的维修费用，从而加大运输成本。因此，应加强道路养护，在经济合理条件下，尽量建设等级较高的路面。

矿山道路日常养护的主要内容是：对路面进行修补、清扫、整平和道路日常保养等作业，人员数量可依据工作量的大小和设备的配备情况来确定。

道路养护与维修按其工作性质、工作量大小及养护频率分为三类：

(1)小修、保养：经常保持道路平整、坚实，并及时修补道路，使之处于完好状态。

(2)大修、中修：对损坏较大的道路进行修理，局部翻新或全部重建。

(3)改建：在采场或排土场内进行道路的移设或改道。

道路养护作业包括路基修筑和路面养护两方面。开采境界内的路基常采用爆破后原岩修筑；路面结构类型简单，路基修筑和路面养护的材料，应选择坚固性系数大于6，抗压强度大于66.9 MPa的石料。以前，我国露天矿山的道路状况较差，据多个露天矿山的统计，好路率约为52%。进入21世纪，随着汽车运输在露天矿应用的增加，路面质量越来越受到露天矿工作人员的重视，设置了专门的道路养护队伍，配置了专门的道路修筑与养护设备，道路养护由原来的被动式养护变为及时主动养护，道路养护已成为露天矿的一项重要工作，“修路即是修车”已被广泛认同。

国内外采用汽车运输的矿山，在搞好道路养护方面积累了许多行之有效的经验，主要如下：

(1)必须根据矿山规模、汽车类型、道路长度和地质自然条件，配备数量足够和类型齐全的养路设备。

(2)必须建立道路养护专业队伍，并辅以行之有效的管理制度。

(3)严格保证穿爆、采装正规作业，以保持道路的良好状态。

(4)用洒水车及时湿润路面，或用有机黏合剂(如乳化沥青)喷洒路面，以有效控制尘土飞扬，并使路面坚实。

(5)大雨后应停止作业，以免损坏路面。

(6)为克服冬季路面冻滑，可在路面上洒盐水，以减轻冰冻程度。国外有的矿山采用防滑轮胎，即在普通越野花纹上增加细沟槽，甚至在细沟槽上再镶上金属钉。

(7)对于采掘和排土工作面道路，应采用三班制养护，确保道路经常处在良好状态。

4.2.11 矿用汽车的发展趋势

矿用汽车的大型化、电动化、智能化和绿色化也是目前主要的发展趋势。各专业生产厂商采用最新科技成果，在大型柴油发动机、大型轮胎、计算机监控、超轻自重矿用汽车制造技术、无人驾驶矿用汽车等方面形成了新一代的制造技术。

4.2.11.1 大型柴油发动机

随着矿用汽车向大型化发展，必然导致发动机进一步大型化。按照发动机额定功率和汽车总质量之比为7.5 kW/0.9 t进行近似计算，载重量为290 t的大型电动轮汽车，在装满系数为40%~50%的情况下，爬10%的坡道，所需功率为2386 kW，这个数字已非常接近世界上最大的车用发动机的级别。实际上，目前最大的矿用汽车载重量已达到了400 t。不难发现，在大型矿用汽车的发展中，大型发动机的研发速度可能成为制约矿用汽车最大载重量提升的瓶颈。为增大车用发动机功率，已成功实施的技术措施主要有增大排量、多汽缸工配置、两台柴油机串联使用、增大空气处理系统能力以及改进燃油喷油系统等。

大型发动机的发展还面临两方面的挑战，一方面是要满足适应高海拔(3000 m以上)矿山的大型矿用汽车的需要；另一方面是要满足不断提高标准的排放法规的要求。

4.2.11.2 大型轮胎

矿用汽车大型化的另一个主要制约因素是轮胎。为适应重达数百吨的汽车载重和自重总质量，轮胎制造中采用了最新轮胎结构设计和最新的制作材料，提高了轮胎的抗磨性、抗热力和抗刺伤等方面的能力。另外，在轮胎内嵌入芯片来监测轮胎的温度、压力及轮胎磨损信息，满足了超大轮胎在采矿运输中提高强度、延长寿命的需求。

4.2.11.3 计算机监控技术

随着计算机技术、通信技术、传感技术的发展及有关元件功能的完善、可靠性的进一步提高，计算机监控技术得到广泛应用。例如，对油气悬架的主动控制，对发电机和牵引电机电流、电话、磁场的调节及温度监控等。监控系统能实时对车辆工况自动检测，提供重要的机器状况和有效负载数据，在异常情况造成重大损坏之前进行识别，简化了故障诊断与排除，减少了停机时间。对车辆运行的遥控管理和运输量的自动记录等，可优化设备管理，增大定期保养程序的有效性，使部件寿命最长化，大型自卸汽车的自动化程度、性能和工作可靠性得到进一步的提高。

洛阳栾川钼业集团股份有限公司为合理调配露天矿运输作业，智能调度管理车辆，实现大数据智能决策分析，以大数据技术为支撑，Java Web 为开发方式，设计了一种云服务模式下的露天矿智能调度系统。该系统采用 GPS、Google Map、RFID 等前沿技术来实现各种生产信息的传输与展现，在监控车辆位置轨迹的基础之上，通过车辆信息反馈，给出调度决策依据，合理动态地调配车辆运行。自动化完成生产的精细化配矿和车辆的计量统计，实现信息化、智能化、自动化的露天矿智能生产。现场结果表明，该系统运行稳定，反应速度快，调度决策准确，数据可视化精确，使设备作业效率提高了 13.29%，品位波动降低了 11.47%，创经济效益约 2.72 亿元，是露天矿智能生产的全新模式。

4.2.11.4 超轻自重矿用汽车制造技术

开发更大载重吨级自卸汽车的另一种思路是降低汽车的自重。汽车业界认为若能达到有效载重与自重之比为 1.75∶1 以上，即成为“超轻型”汽车。而一般 200 t 级矿用汽车的有效载重与自重之比大约为 1.3∶1，很少能达到 1.4∶1。

制造超轻型汽车的基本思路是，现有矿用汽车结构强度余量较大，车架出现裂纹多数是因工艺(特别是焊接)质量差、疲劳损坏造成。若对车架重新布置，使承重部位尽量移到前后悬挂装置上，采用高强度合金钢，多用铸钢件以减少焊缝，或用机械手焊接和先进方法消除焊后应力等，即可大幅度降低矿用汽车自重。

澳大利亚、美国两国合作设计制造试验了一种“新概念汽车”。该车采用了多种降低自重的新技术。汽车外形尺寸与普通汽车基本相同，最大有效载重 220 t，自重只有 128 t，其有效载重与自重之比为 1.72∶1，接近 1.75∶1，比现有汽车高得多。经实践证明，该车的设计是成功的。

4.2.11.5 无人驾驶矿用汽车

矿山运输作业的环境恶劣，采用无人驾驶技术不仅能避免或减少对驾驶人员健康、安全的危害或威胁，而且将大幅提升效率、降低成本，更加经济、节能和环保。

在边远、高海拔地区的矿山，气候异常、空气稀薄，司机需配氧气系统，增大了作业成本；在工业发达国家，矿用汽车作业成本中司机的费用约占 20%；无人驾驶矿用汽车的需求已日渐明显。

随着计算机监控和 GPS 技术的发展和应用，这种需求已成为现实。无人驾驶矿用汽车的主要技术有：利用实时动态 GPS 系统或扫描雷达进行停车点定位，可使停车定位精度达到 50 cm；利用对发动机自动化控制喷油、变速器自动控制换挡等。国外无人驾驶矿用汽车的成功案例是，利用 GPS 和设备管理系统，前进速度为 36 km/h，后退速度为 10 km/h，能在程序预定的路途中停下来，偏离目标不超过 2 m；在停车点停车偏离不超过 0.5 m。无人驾驶矿用汽车的使用情况表明，无人驾驶 85 t 和 55 t 矿用汽车可降低每吨矿石开采成本 15%~18%，汽车作业率可达 90%以上。

株洲电力机车研究所针对矿山运输作业具有计划性、组织性、封闭性的突出特点，提出了矿山运输无人驾驶系统的作业组织模型和外部接口，梳理了系统设计需重点考虑的问题。在此基础上提出了矿山运输无人驾驶系统由地面管理与监控系统、车载自动驾驶系统和数据通信系统三个子系统组成的系统架构，分析了该系统架构下各子系统应具备的功能，并概要描述了矿山运输无人驾驶系统的作业场景。

智能网联汽车是无人驾驶汽车发展的新阶段，如图 4-13 所示。智能网联汽车具备两大重要特征：

(1)多技术交叉、跨产业融合。常规汽车是机电一体化产品，而智能网联汽车是机电信息一体化产品，需要车辆、道路设施、信息通信基础设施(包括 4G/5G、地图与定位、数据平台)等多个产业跨界融合。

(2)区域属性与社会属性增加。智能网联汽车需要区域属性和社会属性叠加，在行驶过程中需要通信、地图、数据平台等本国属性的支撑和安全管理，每个国家都有自己的使用标准规范，因此网联汽车开发和使用具有本地属性。

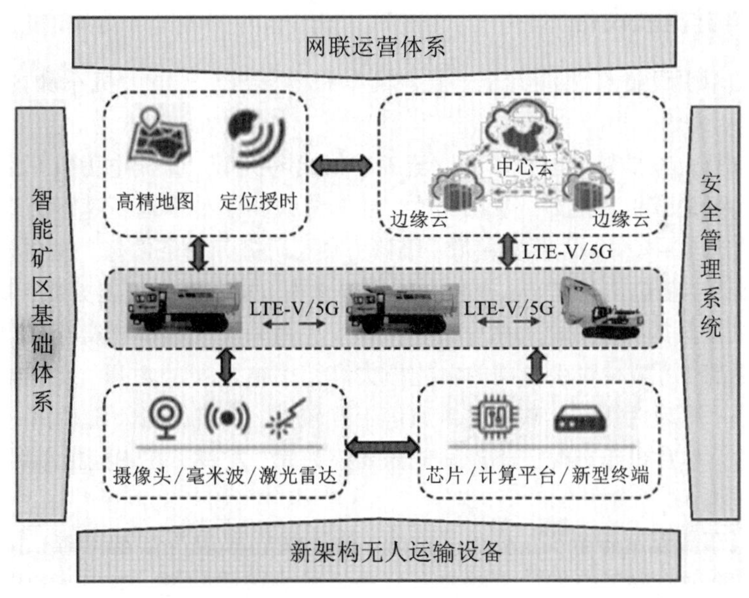

图 4-13　基于宽体车的中国智能网联矿山运输解决方案

4.3　铁路运输

铁路运输曾经是大型露天矿山普遍采用的主要运输方式。随着工业技术的发展，其他各种运输类型在露天矿得到推广应用，使采用铁道运输方式的新建矿山逐渐减少。但是，铁路运输以其运输能力大、运费低及运距长的特点，仍然在国内外的一些大型露天矿山承担着主要运输任务。

4.3.1 铁路运输优缺点

铁路运输适用于储量大、面积广、运距长(超过5~6 km)、地形坡度在30°以下、比高在200 m以下的露天矿和矿山专用线路。20世纪60年代以来，随着大型露天矿逐渐进入深部开采阶段，铁路在采场下部的发展中面临爬坡能力较小，运转周期长、开拓新水平速度慢等困难，以及重型自卸汽车等运输设备的发展，许多矿山进行了运输系统改造，即下部采用汽车运输，上部采用铁路运输的联合运输方式。

铁路运输最理想的适用条件是矿岩外运距离大于4 km的不太深的大型露天矿，矿区的地形条件比较平整，能满足线路平面、纵断面要求。铁路坡度通常为上坡3%，下坡4%。高差越大，坡道线路所占空间就要求越大。例如，一个深度只有100 m的露天矿如果采用3%的坡度，坡道展线长度将超过3 km。

铁路运输的优点是：可利用任何种类能源和机车类型；运输能力大，可达8000万t/年；设备和线路比较坚固耐用；运行作业易于自动控制，运输成本低；对矿岩性质和气候条件的适应性强。缺点是：基建工程量和投资大，建设速度慢；对地形及矿体赋存条件的适应性差；灵活性差，线路爬坡能力小，转弯半径大；线路系统和运输组织工作复杂，受开采深度限制。

4.3.2 牵引机械设备

铁路运输的牵引设备有蒸汽机车、电力机车和内燃机车，电力机车和内燃机车为常用设备。

电力机车分直流工矿架线电机车和交流工矿架线电机车。直流电力机车在我国已得到广泛应用，主要优点是牵引性能好，牵引力大，在同样线路条件下运行速度较蒸汽机车高，爬坡能力大，可达35%~40%，运营费用低，维修方便，司机劳动条件好。主要缺点是：需牵引电网，独立性较差；制造工艺复杂，有色金属需要量大；抗恶劣天气能力弱；基建投资大。

交流电力机车除具有直流电力机车的优点外，还因采用工频单相交流供电系统，电压可达10000 V或更高，可减少牵引电网的电能损失和牵引变电所的数目，并且黏着系数高，启动时电能损失小、制动性能好。缺点是对通信干扰较大，价格昂贵。随着露天矿开采深度和生产能力的增大，单台机车有时已不能适应需要。为此，发展了在主控机车后加1~2台电动自翻车的牵引机组。

架线式电机车需有牵引电网，会给采掘线、排土线的移设等增加困难，且炸药库等场所禁用架线，交流牵引电网的旁架线不够安全。为了解决这些问题，出现了双能源电机车，即在主控机车上增设第二能源。第二能源有蓄电池和柴油发电机两种。采用双能源机车可使牵引电网长度减少30%~40%，不仅可降低投资，而且可扩大电力机车在矿山内的使用范围。

内燃机车的传动方式有机械传动、液压传动和电力传动三种。后两种功率较大，大型露天矿主要采用电力传动内燃机车(又称柴油电力机车)。

同其他类型牵引方式比较，内燃机车牵引的主要优点是：不受外界动力供应的影响，工作独立性强，机动灵活；热效率高，一般可达25%~30%，而蒸汽机车仅为6%~8%，电力机车也不到20%；工人劳动条件好；机车装备设施较蒸汽机车简单。主要缺点是：过载能力差，不适应露天矿长大坡道线路的运行；运输成本高，价格贵，据俄罗斯有关资料介绍，内燃机车在矿山运行的吨·千米费用比电力机车高60%左右。消耗大量液体燃料，且内燃发动机维修保养比较复杂，专用设备多，技术要求高。

4.3.3 线路的技术特征

铁路线路的技术特征包括线路分类及其等级、限界、铁路上部建筑和下部建筑、线路平面和纵断面等要素。

铁路按轨距分为标准轨距和窄轨距两类。标准轨距(即两条钢轨轨头内侧之间的距离)为1435 mm，小于标准轨距的铁路统称窄轨距，一般窄轨距为600 mm、750 mm、762 mm、900 mm。一般情况下，大型露天矿多采用标准轨距，小型露天矿采用窄轨距，中型露天矿视具体情况而定。

根据露天矿生产工艺过程的特点，矿用铁路分为固定铁路、半固定铁路和移动铁路三类。三类铁路的划分依据与公路相同。固定铁路按单线重车方向的年运量划分技术等级，从而确定技术标准。固定铁路一般划分为三级，如表4-12所示，移动线、联络线及其他线不分级。

表4-12 固定铁路线路等级

线路等级	单线重车方向最大年运输量/万 t			
	铁路轨距			
	1435 mm	900 mm	762 mm	600 mm
Ⅰ	≥600	>250	150~200	—
Ⅱ	300~600	150~250	50~150	30~50
Ⅲ	<300	<150	<50	<30

固定铁路，即使用年限大于3年的铁路，如露天矿运输干线、站线、采场非工作帮上线路及外部联络线等。

半固定铁路，即移设周期或使用年限大于1年、小于3年的铁路，如采场移动干线(包括站线)、平盘联络线等。

移动铁路，即移设周期小于等于1年的铁路，如工作面采掘线及排土场翻车线。

限界是铁路设计建设和运营的一项重要技术标准，用于规定机车车辆外廓和各种建筑物接近线路的限定尺寸。限界又分为机车车辆限界和建筑物接近限界。

铁路轨道由上部建筑和下部建筑所组成。上部建筑包括钢轨、轨枕、道床、钢轨扣件、防爬器、道岔等。轨道上部建筑的选型由铁路等级决定。轨道下部建筑包括路基、桥涵、隧道、挡土墙等工程。

线路平面要素包括直线段、曲线段、缓和曲线段和曲线半径。

铁路线路换向时必须用一定半径的圆曲线连接相邻的直线段来实现。圆曲线要素与公路相同。曲线半径的选择是线路平面设计的关键。大曲线半径可提高行车速度、改善行车条件，小曲线半径将增加运行阻力和轮轨磨损。露天矿铁路的行车速度一般不高，特别是受复杂地形限制，大多采用较小的曲线半径，其允许最小直径参见设计手册。

列车在曲线段上行驶时，速度越大，离心力越大。为了使列车不致倾覆，通常外轨必须增高，曲线段的轨距也应加宽。这是因为当机车车轴进入曲线段时，其前轴外轮轮缘紧靠外轨，直至整个车架转向；如果轨距不够，车架就要嵌在轨道中间，导致钢轨与车轮严重磨损甚至破损；轨距加宽过多则易产生车轮掉道。在双车道的曲线段上，线间距也应加宽，因为列车在曲线段上行驶时，转向架随线路的曲度可以转动，但车身是整体结构不能随之弯曲，所以车辆两端突出于曲线外轨，中间偏向曲线内侧，使相邻的曲线段上的车辆之间净空减少。

曲线段外轨增高，轨距加宽，而直线段则没有，因此，在直线段与曲线段之间必须设置缓和线段以便过渡并相连接。曲线段与曲线段连接时，中间应设置插入直线段以保证列车平稳运行。

线路的纵断面由平道和坡道组成。坡度是一个坡道两端点的标高差与其水平距离之比，以千分数表示。

在一定牵引重量下，列车以最低计算速度所能爬过的最大坡度，称为限制坡度(限坡)。超过限坡时，重车上坡用单机牵引是不可能的。露天矿的列车重量就是根据限制坡度来确定的。一般来说，限制坡度越大，建设费用越低，运营费用越高。因此，在确定限坡值时，需要进行技术经济比较。

纵坡断面设计应尽量采用较长的坡段。准轨铁路最小坡段长度一般为140~200 m，窄轨铁路的坡段长一般大于最大列车长。

纵断面坡段的连接十分重要。当列车通过变坡点时，由于附加力和惯性力的作用，车钩内产生附加应力，相邻车厢的车钩要上下错动甚至断钩。为此，变坡点必须设置竖曲线，即相邻线段的垂直面内以竖曲线相连接。露天铁矿线路的竖曲线半径一般为固定线大于2000 m，半固定和移动线大于1000 m。相邻坡度的代数差不得大于重车方向的限制坡度。当坡度差大于4%时，应以平道分坡。

4.3.4 铁路线路的定线

铁路线路的定线指在地面上或在地形平面图上标出线路中心线的合理空间位置，且符合下列原则：

(1)满足开采要求，同总平面布置协调一致。

(2)平纵断面设计符合规范与规程规定。

(3)矿岩运距短，避免反向运输。

(4)车站分布合理。

(5)土石方工程量小。

(6)综合经济效益高。

4.3.4.1 凹陷采场定线

凹陷采场定线是线路沿出入沟通往各开采水平或隔水平的会让站，然后进入工作面，不受地形影响。定线方法与步骤如下：

(1)由初步采场终了平面图，输出采场底平面位置及各台阶的坡底线位置。

(2)按排土场位置和排土方向确定采场出口，从出口自上而下确定线路大致位置，考虑干线数、干线与采掘线连接方式、车站与站场位置等因素。

(3)按照安全平台、清扫平台、运输平台的水平投影宽度及其空间排列次序，在平面图上自上而下调整铁路中心线位置、各台阶终了位置，最后形成采场终了境界。

4.3.4.2 山坡采场及地面干线定线

山坡采场定线除与凹陷采场定线相同外，运输干线与各台阶的联络线还与地形密切相关。地形平均坡度小于限制坡度的地段，称为自由导线地段，主要绕避平面障碍。地形的平均地面坡度大于限制坡度的地段，称为紧坡导线地段，主要为高程障碍。

4.3.5 列车运输能力

列车运输能力是指列车在单位时间内运送的矿岩量，可按式(4-23)计算：

$$A = \frac{1440Knq}{T_Z} \tag{4-23}$$

式中：A——列车每昼夜的矿岩运输能力，t/d；

K——工作时间利用系数，0.85；

n——机车牵引的矿车数，台；

q——矿车的实际载重量，t；

T_Z——列车运行周期时间，min，由装车时间、列车往返运行时间、卸载时间、列检时间和入换停车时间组成。

完成矿山生产能力所需同时工作的列车数计算如式(4-24)和式(4-25)：

$$N_L = \frac{Q}{A} \tag{4-24}$$

$$Q = \frac{K_B A_n}{m} \tag{4-25}$$

式中：N_L——同时工作的列车数，列；

Q——每昼夜的运输量，t/d；

K_B——运输生产不均衡系数，1.1~1.25；

A_n——年运输总量，t/a；

m——列车每年工作日数，一般300~330 d/a。

如果矿岩的运输不是使用同一线路，则运矿、运岩的列车数分别计算，两者之和即为工作列车数。

4.3.6 线路通过能力

露天矿线路通过能力是线路(区间和车站)在单位时间内所能通过的最大列车数，一般以“列/昼夜”表示，包括区间通过能力和车站通过能力。

4.3.6.1 区间通过能力

长度最大、坡度最陡、线路数目最少且要求通过的列车数最多的区间，称为限制区间，区间通过能力就是按限制区间来确定的通过能力。它取决于连接分界点的线路数目和每一列车占用区间的时间，区间的长度、平面、纵断面及机车车辆和列车车载重量等因素。

单线区间通过能力如式(4-26)：

$$N_D = \frac{nT}{t_1 + t_2 + 2\tau} \tag{4-26}$$

式中：n——每天工作班数；

T——每班工作时间，min；

t_1——空车运行时间，min；

t_2——重车运行时间，min；

τ——列车间隔时间，min。

双线区间通过能力(采用电话或半自动闭塞系统时)如式(4-27)：

$$N_S = \frac{nT}{t_y + \tau} \tag{4-27}$$

双线区间通过能力(采用自动闭塞系统时)如式(4-28)：

$$N_S = \frac{nT}{t_0} \tag{4-28}$$

式中：t_y——列车在区间运行的时间，min；

τ——准备进路和开路信号时间，电控 0.3 min，人工搬运 2.0 min；

t_0——自动闭塞区段列车间隔时间，min。

4.3.6.2　车站通过能力

车站通过能力是指单位时间通过车站的列车数(或列车对数)。因为咽喉道岔是车站的总出入口，所以车站的通过能力往往是指咽喉道岔的通过能力。咽喉道岔通过能力是指车站两端的咽喉中最繁忙的那组道岔的通过能力，一般车站的每一咽喉有一组(付)咽喉道岔。

咽喉道岔的通过能力 N_Z(对/d)如式(4-29)：

$$N_Z = \frac{1440\eta_y - \sum t_j}{\sum N_i t_i} \tag{4-29}$$

式中：η_y——咽喉道岔的时间利用系数；

$\sum t_j$——站内影响咽喉道岔发车作业所占用时间，如站内调车，min；

N_i——通过咽喉道岔的到、发列车数，列；

t_i——通过咽喉道岔的到、发列车，调车和单机占用咽喉道岔的时间，min/次。

4.3.7　铁路运输调度管理

与公路运输不同，露天矿铁路运输受到区间、车站通过能力等方面的限制，对组织管理有更高的要求。据我国一些大型露天矿的铁路运输统计，在列车运行周期内，用于等待线路等非作业时间可占到列车运行周期时间的16%～36%。由此可见，通过调度管理来改善运输组织，提高运输效率和保障行车安全具有重要意义。

运输调度工作包括：合理制订当班调车作业计划，优化解体调车作业，编组列车车流的优化，加强交汇站的调度指挥，与其他单位衔接作业的优化等。归纳起来，露天矿铁路运输调度主要是解决运输需求和行驶路径两方面的决策问题。

运输需求的决策侧重于考虑生产任务的完成情况、装载点(如采矿、剥离工作面)和卸载点(如卸矿站和排土线)的位置和数目、矿石品位的控制情况等，以保证原矿产品的数量和质量均达到预期要求。其中，在装载和卸载点之间列车分配的要求是：完成开采和剥离作业的工班计划量；供给选矿厂的原矿实际品位与计划值的偏差应在允许范围内；保证全部挖掘机都能均匀地完成工班计划。

行驶路径的决策则侧重于从提高运输效率的角度来选择合理的行驶路径。考察对象主要是铁路运输系统的各主要实体，包括列车、线路分布、站场位置、各站股道数目、各站场与站场的联系等。这些实体的状态随生产进行处于不断变化中，决策时需获悉可用的股道数目中哪些股道已被占用以及被占用股道的占用时间等信息。运输调度决策的实现，则要依靠铁路运输系统中的信号设备，其应具有以下三种功能：

(1)信号。主要通过色灯信号机对有关行车和调车人员发出指示。

(2)联锁。通过集中控制装置使车站范围内道岔和信号的作用一致。保证行车安全和运输效率。

(3)闭塞。防止向已被占用区间或闭塞分区发入列车，保证区间内行车的安全。

实现以上三种功能的设备又被统称为“信、集、闭”设备。

国内外一些大、中型露天矿的主要铁路站所，初期都是采用简易的联锁设备，各车站、区间的行车作业，均有各自的车站值班员办理。

随着露天矿铁路系统自动化的发展，基于计算机网络技术的调度监督系统得到了广泛应用。典型的铁路调度监督系统是以信息处理为核心，采用计算机、网络及多媒体技术构成的分布式实时监督和管理信息处理系统。它与各车站的微机联锁相结合，将各车站的股道占用、信号显示、进路排列、列车运行等重要信息及时准确地提供给调度指挥人员，为合理安排列车会让、及时调整运行方案、科学指挥行车提供了可靠依据，进一步发挥了行车设备的整体性能。

4.4 胶带运输机运输

胶带运输机(带式运输机)运输是一种连续运输方式，多与轮斗挖掘机组成连续开采工艺，或通过破碎机转载站配合运送有用矿物。这种运输方式适用条件较严格，要求物料不坚硬，块度均匀且小，如图4-14所示。

胶带运输机为连续作业式设备，它具有以下优点：

(1)可以保证挖掘机连续作业。与间断作业式设备相比，挖掘机能力可能提高10%~35%。

(2)运输能力大。带宽为1.8~2.0 m的带式运输机，其运输能力和标准轨铁路运输相当；带宽1.2~1.4 m的运输机，能力和900 mm轨距的铁路运输相当。

图4-14 胶带运输机作业示意图

(3)爬坡能力大。最大可达17°~18°，有时可达22°，而铁路运输一般为20‰~60‰，汽车运输为10%左右。

(4)易于实现自动控制，提高劳动生产率。

(5)运输成本低，经济效益好。一般胶带运输机的运输成本为汽车运输的50%~60%。

胶带运输机的缺点如下：

(1)胶带运输系统投资高。

(2)对运送物料要求严格。一般胶带适合于运送物料松软，或爆破效果良好的中硬矿岩，且不含研磨性物料和含水率较高的黏性物料。

(3)受气候影响大，特别是严寒地区和日照较多地区，胶带易损坏。

近年来，胶带运输机在类型、规格和性能方面均得到迅速发展。例如，带宽达3.2 m、带速为5.2 m/s、每小时运输能力达30000 t的大型运输机已在国外褐煤露天矿应用，单机运距可达到15 km，胶带槽角已增至30°~45°，出现了适应特殊需要的可弯曲的、可运送大块硬岩的或高倾角的运输机，在自动化和克服气候影响方面也取得了引人注目的成就。

由于上述胶带运输机技术的发展，胶带运输机在采掘松软物料的露天矿得到广泛应用。近年来，随着露天矿深度的增加和规模的日趋加大，胶带运输机在采场内常作为联合运输的一部分，与汽车运输组成间断连续运输工艺系统(电铲-自卸汽车-半固定破碎机-胶带运输机)。世界上已有几十个露天矿采用这种工艺系统，我国近几年也重视了这方面的设计研究工作，司家营铁矿、大孤山铁矿、东鞍山铁矿以及石人沟铁矿均使用了胶带运输机运输。

4.4.1 胶带运输机的主要类型

国产胶带运输机主要有TD75型、DTil型、DX型等。传统煤矿胶带运输机从SDJ、SSJ、STJ、DT等系列发展到大倾角胶带运输机成套设备、高产高效工作面顺槽可伸缩胶带运输机，大倾角、长运距胶带运输机等多功能新型产品，此外，我国一些厂商应用了动态分析、智能化控制技术等前沿理论，成功研制了多种软起动和制动装置以及可编程电控装置。目前，我国胶带运输机机型仍较小，带速多在4 m/s以下，静态设计法运用多，运行可靠性不足，成本偏高，其性能有待进一步优化。

矿用胶带运输机主要有普通胶带运输机(包括夹钢绳芯胶带运输机)、钢绳牵引胶带运输机、移动式胶带运输机、胶轮驱动胶带运输机、直线摩擦驱动胶带运输机等多种类型。露天矿胶带机运输系统通常由若干胶带机串联组成。

在该系统中，胶带机按其工作地点和任务分为固定式、移动式(又称移置式)、半固定式三种。固定式胶带机通常是设置在固定运输干线上，承担较长距离和主要提升运输的胶带机；移动式胶带机在连续或半连续生产工艺中作为采场、排土场工作面的输送设备；半固定式胶带机通常用于移动式胶带机和固定式胶带机之间的联系，完成矿岩的转载与集载任务。

普通胶带运输机主要由胶带、托辊和支架、驱动装置和拉紧装置等部分组成，其组成与工作原理如图4-15所示。钢绳牵引胶带运输机是由两条牵引钢绳、承载胶带、托辊与支架以及驱动、拉紧、装载、卸载等各种装置组成，其工作原理是借助承载胶带与两条牵引钢绳的摩擦力拖动胶带运行。

4.4.2 胶带运输机参数与选型

胶带运输机的计算，应具有下列原始数据：①物料名称及输送量；②物料性质，包括最大块度和粒度组成情况、松散容重γ、动堆积角$\rho_{动}$、温度、湿度、磨损性、黏性及其他性能；③输送距离，提升或下运高度、倾角等；④卸料方式和卸料装置形式、工作环境、工作制度等。

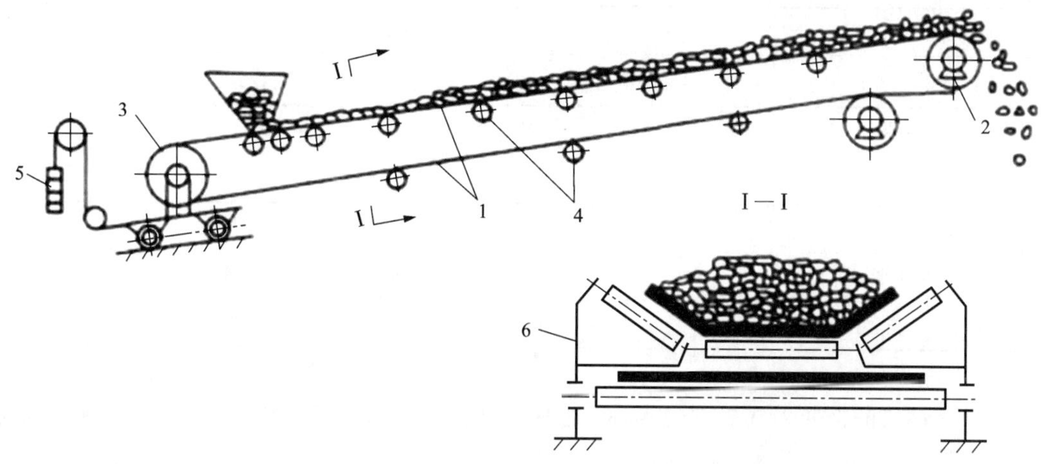

1—胶带；2—驱动滚筒；3—改向滚筒；4—托辊；5—重锤。

图 4-15 胶带运输机工作原理图

露天矿山采用的胶带运输机带宽在 600~3200 mm，具体取决于所需的运输能力、所用带速和运送物料的块度。不同物料下胶带宽度与矿岩块度间的关系如表 4-13 所示。

表 4-13 胶带宽度与矿岩块度的关系

物料种类	带宽与大块尺寸之比	托辊倾角/(°)	不同带宽下的矿岩最大块度/mm				
			600 mm	900 mm	1200 mm	1500 mm	1800 mm
一般物料(大块不超过 1%)	2.25	20~30	275	400	525	675	800
一般物料(大块在 50%以下)	3	35~45	200	300	400	500	600
破碎后物料	35	任意	175	250	350	425	525
破碎物料连同筛分破碎	4	任意	150	225	300	375	450
筛分物料	4.5	任意	125	200	275	325	400

固定式胶带运输机的带宽计算如式(4-30)：

$$B_d = \sqrt{\frac{Q_x}{K_j K_d v \rho}} \tag{4-30}$$

式中：B_d——胶带宽度，m；

Q_x——生产所需物料的运输量，t/h；

K_j——倾斜系数，取值如表 4-14 所示；

K_d——断面系数，与胶带断面和物料自然安息角有关，如表 4-15 所示；

v——胶带运输速度，一般取 1~2 m/s，最大取 5~6 m/s；

ρ——松散矿岩体密度，t/m^3。

表 4-14 倾斜系数

胶带机倾角/(°)	0~7	8~15	16~20
K_j	1.00	0.95~0.90	0.90~0.80

表 4-15 断面系数

自然安息角/(°)		10	20	25	30	35
K_d	平胶带	316	385	422	458	466
	槽型带	67	135	172	209	247

胶带运输机的带速为 0.7~7.2 m/s。带速的选择应考虑运送物料的特性、带宽和转载点的设备条件等。

(1)较长的水平运输机可选择高带速；倾斜运输时倾角愈大，带速应愈低，下运时尤甚。

(2)输送粉尘大的物料，带速应小于 1 m/s。

(3)采用电动卸料时，带速不宜超过 3.15 m/s，物料块度大时宜取小值。

(4)采用犁式卸料器时，带速不宜超过 2 m/s。

(5)排岩机卸料臂的带速一般取较大值，以利于减轻结构框架重量。

胶带运输机的倾角取决于所运物料的性质。移动式胶带运输机的最大上倾角可达 20°~22°。在运送爆破和破碎后的矿岩时倾角降到 16°~18°，在运送近圆形物料(如砾岩等)时，倾角仅为 13°~15°。物料向下运送时，倾角一般较向上运送时小 2°~3°。

表 4-16 允许带速

单位：m/s

物料种类	不同胶带宽度下的允许带速						
	500~650 mm	800 mm	1000 mm	1200 mm	1400 mm	1600 mm	1800 mm
砂或砂砾岩	2.5	3.15	4	4	4	5	6.3
煤或砂砾岩	2	2.5	3.15	3.15	3.15	4	5
块度小于 100 mm 硬岩		2	2~2.5	2.5	2.5	3.15	3.15~4
块度大于 100 mm 硬岩		1.6	1.6~2	2	2	2.5	3.15

胶带运输机的技术生产能力取决于胶带宽度、物料断面形状、胶带运行速度、物料运输难度、装载均匀程度等，如式(4-31)：

$$Q_j = B_d^2 v K_d K_j K_s \tag{4-31}$$

式中：Q_j——胶带运输机技术生产能力；m^3/h；

K_s——速度系数，如表 4-17 所示。

表 4-17 速度系数

胶带机速度/(m·s⁻¹)	≤1.6	1.6~2.5	2.5~3.15	3.15~4
K_s	1.00	0.95~0.98	0.90~0.94	0.80~0.84

忽略次要因素，驱动滚筒轴功率 N_0 计算如式(4-32)：

$$N_0 = (K_1L_hv + K_2L_hQ \pm 0.00273QH)K_3K_4 \tag{4-32}$$

式中：K_1——空载运行功率系数，要根据运输机型号查表获得；

L_h——运输机水平投影长度，m；

K_2——物料水平运行功率系数，如表 4-18 所示；

H——输送垂直提升高度，上运取正，下运取负，m；

K_3——附加功率系数，如表 4-19 所示；

K_4——卸料车功率系数，一般取 1.11~1.16，无卸料车时取 1。

电动机功率 N(kW)计算如下式：

$$N = KN_0 \tag{4-33}$$

式中：K——功率系数，它与驱动类型、减速器效率和电压降系数等因素有关，单机驱动 K=1.1~1.3，多机驱动 K=1.25~1.4。

表 4-18 物料水平运行功率系数 K_2

托辊阻力系数 ω	0.02	0.025	0.03	0.04
K_2	5.45×10^{-5}	6.82×10^{-5}	8.17×10^{-5}	10.89×10^{-5}

表 4-19 附加功率系数 K_3

β/(°)	L_h/m					
	50	100	150	200	300	>300
0	1.60	1.55	1.50	1.40	1.30	1.20
6	1.25	1.25	1.20	1.20	1.15	1.15
12	1.20	1.20	1.15	1.15	1.14	1.14
30	1.15	1.15	1.13	1.10	1.10	1.10

驱动形式有两种，一种是鼠笼型电动机配液力联轴器，适用于正功率的中型胶带运输机，其优点是电控简单，改善了启动特性，且多机驱动时能达到功率平衡；另一种是绕线型异步电动机，通过转子回路串电阻来改变机械特性以满足启动、制动及功率分配平衡的要求，适于各种类型的胶带运输机。

为了适应深凹露天矿的运输需要，国内外相关单位纷纷开展了大倾角运输机的研制工作。目前已有许多大型深凹露天矿应用大倾角运输机输送矿岩，其中影响较大的是压带式 HAC(high angle conveyor)。大倾角胶带运输机主要用于露天矿的提升，特别是在深凹露天矿应用很有前途。大倾角运输机的倾角可达35°~40°，最大可达60°，因此，这种运输机在露天矿可直接布置在边坡上，从而大大缩短了运输线路长度，减少了开拓工程量。

大倾角胶带运输机是在普通胶带运输机的基础上，采用下述两种方法之一来增大倾角的。一是使胶带工作面上具有花纹棱槽或每隔一定距离安置横挡料板，如图4-16所示，以阻止货载在大倾角运输时从胶带上向下滑落；二是在普通胶带运输机上面设货载夹持结构，将矿石夹在夹持结构与载荷胶带之间，从而增加矿石与胶带间的摩擦力，使货载在大倾角下运输不致滑落。货载夹持结构由金属带和辅助胶带组成。金属带是由许多环形链条彼此连接而成，其上段安放在辅助胶带的上段，而下段自由下垂地压在货载上，并与载荷胶带做同步运行，金属带的运行是由辅助胶带带动的，而辅助胶带具有独立的驱动装置。

图4-16　大倾角胶带运输机

运输机所用胶带类型有普通的、合成纤维的、夹钢芯的及钢绳牵引的等。当运量小、运距短(如300 m以下)时，可采用普通胶带或合成纤维胶带，钢绳牵引胶带适用于长距离(运距在1.5 km以上)和中等运量(运量一般在1500 m^3/h以下)的固定运输机；在运量大、运距长和物料坚硬等条件下，一般使用夹钢芯胶带。

4.4.3　胶带运输机的设置原则和分流设备

在露天矿内设置运输机时应注意以下原则：

(1)胶带运输机在纵断面上尽可能布置成直线形，应避免有过大的凸弧或深凹弧的布置形式，以利于正常运行，如图4-17所示。当矿场形状不规整时，边界部分常用辅助设备采掘。

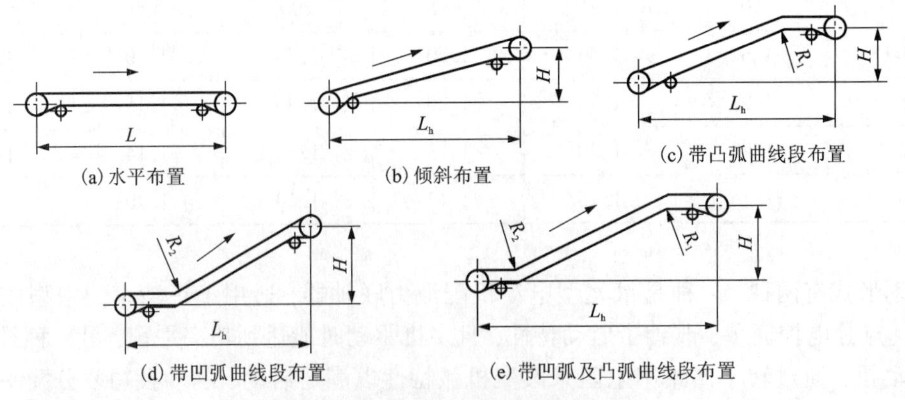

图4-17　TD75型运输机整机布置形式

(2)运输机设备购置费用较高，应尽量减少采场与排土场的运输水平数。

(3)尽量增大工作面胶带机的移设步距，以提高工艺系统各环节设备的利用率。

(4)选择单台长度较长的运输机，尽量避免同一运输水平有多台运输机串联作业。

(5)工作面运输机与端帮运输机或固定运输机间的交角应不呈锐角，而以直角为最优。

(6)当矿体走向变化较大，工作线做直线布置有困难时，折线段应尽量少。

(7)驱动装置应尽量布置在卸载端，以利于减小输送带的最大张力值。而拉紧装置一般应布置在输送带的张力最小处。

(8)当双滚筒驱动时，为提高输送带寿命和不降低输送带与滚筒表面间的摩擦系数，不用S形布置。

(9)多滚筒驱动的功率配比应采用等驱动功率单元法分配。输送带在驱动滚筒上的围包角应满足等驱动功率单元法的圆周力分配要求，并考虑布置的可能性。

胶带运输机是连续运输设备，当从矿岩混杂的工作面运出物料或需调节各运输机间的运量时，需设置分流设备，设置分流设备的场地及分流设备称为分流站。

按分流设备的布置方式，分流站可分为分散式与集中式两类。分散分流站一般设在每一开采水平对应的干线胶带的位置上，多采用悬臂回转式分流设备，适用于运量小、赋存浅的露天矿。集中分流站一般设在出入沟干线胶带的某水平，宜尽量接近内排重心，以减小内排运距。集中分流站多采用滚筒台车作为分流设备，用于运量大、开采水平多的深露天矿。两种分流站对比情况如表4-20所示。

表4-20 两种分流站对比

项目	分散分流站	集中分流站
建设时间	逐步建成	需一次建成
总装机功率	大	小
移设	转入内排时需经常改设	不需改设，或在改建时迁移
高程损失	无	内排时有高程损失
人员	多	少

4.4.4 工作面胶带运输机的移设

工作面胶带运输机随采掘工作线的推进需定期移设。运输机一般按整机方式移动，不做拆卸，移设运输机用的移设机如图4-18所示。移设过程如下：先将胶带放松，用移设机的夹轨器夹住胶带机机架底座的钢轨轨头，借助于油缸的动作使夹轨器升高15~20 cm，移设机回转某一角度使轨道向移动方向凸出0.5~1.5 m，即为一个移动步距，而后移设机沿轨道做直线行驶，迫使

图4-18 胶带运输机移设机

钢轨带着下面的枕木朝移设机一侧移动。如此移完一个移动步距后，移设机按上述方法做第二个移动步距的移设，直至移设到所需位置。胶带运输机移设前的位置与移设后的位置之间的水平距离称为工作面胶带运输机移设步距。胶带运输机的移设步距由若干个移动步距(0.5~1.5 m)组成，一般等于一个或两个采掘带宽度(排土场为排土带宽度)。

胶带运输机的机头，需与胶带机同步移动，移动方式视机头构造而定。装在滑橇上的无自备动力的驱动机头，利用移设机拖动。质量大的驱动机头，可安装在履带式、迈步式或轨道式的行走装置上，依靠自备动力移动。国外已制造出一种称为履带车的装置，可以用油缸把整个驱动机头托在一个圆盘上面做长距离行走，同时也可用于移动其他重型设备。

4.4.5 移动破碎机

在矿岩较坚硬的露天矿，需用单斗铲进行采掘。这时，若仍采用胶带运输机运输，需在单斗铲后增加移动破碎机，使矿岩经过粗破碎后用运输机运送。

20 世纪 60 年代初，移动破碎机首先在石灰石露天矿获得应用。近年来，它在各类露天矿的应用渐渐增加。目前，国内外常用的移动破碎机的能力为 400~1100 t/h，最大的已达 3900 t/h。

移动式破碎机一般由装载矿仓、给矿机、破碎机、胶带运输机及行走结构等部件组成。装载矿仓的作用，是暂存矿岩，用于解决单斗挖掘机不均匀供矿和破碎机连续工作之间的矛盾。矿仓容积一般为挖掘机斗容的 2~3 倍以上。给矿多采用板式给矿机。破碎机有颚式、锤式、反击式及旋回式等多种类型。移动破碎机的行走结构有履带式、迈步式、轮胎式、轨道式等多种类型。

对已投入露天煤矿生产的移动破碎机统计分析表明，在移动破碎机组中，破碎机功率约占 70%，行走部分和辅助设备各占 15%；破碎机的功率与破碎机生产能力、破碎比有关，可按照经验公式(4-34)和式(4-35)计算：

$$y = 225 + 0.09x \tag{4-34}$$

$$y = 42.3 + 1.35x \tag{4-35}$$

式中：x——破碎机生产能力，t/h；

y——破碎机功率，kW。

式(4-34)适用于粗碎(破碎比小于 1 : 10)，式(4-35)适用于中碎和细碎(破碎比大于 1 : 10)。

4.5 联合运输

联合运输是指通过两种或两种以上的运输方式分别完成各区段的运输(串联式联合运输)，如汽车-铁路联合运输、汽车-胶带运输机联合运输、汽车溜井铁路联合运输等。联合运输还包括一些不能独立完成运输任务的运输方式，如平硐溜井运输、斜坡提升机运输等。

联合运输的主要优点是可以根据矿床赋存特点、地形条件、开采深度等因素，采用不同的运输组合方式，充分发挥各种运输方式的优势，获得更大的经济效益。联合运输的缺点是增加了运输环节，使运输工艺复杂化。由于露天矿开采深度的不断增加和开采条件的日趋复杂，联合运输方式的使用比重逐年上升。按联合方式可分为以下三种：

(1)串联联合运输：由一种运输方式将物料运送到指定地点，转载至另一种运输设备将物料运送到最终地点的运输方式。其特点是在由采掘工作面到卸载点的整个运输过程中，由两种或两种以上的运输方式分别完成各区段的运输，各区段之间需要转载设备。例如，坑内用汽车运输，地面用铁路运输的汽车-铁路联合运输；坑内用汽车运输，地面用胶带运输机运输的汽车-胶带运输机联合运输；采掘工作面用汽车运输，配合溜井，地面用铁路运输的汽车-溜井-铁路联合运输。

(2)并联联合运输：一部分物料用一种运输方式，另一部分物料用另一种运输方式。其特点是在全部矿岩运输过程中，部分物料用某一种单一运输方式，部分物料采用另一种单一运输方式，这样由几种单一运输方式来联合完成全矿的运输。例如，矿石运输用汽车，剥离废石运输用铁路；矿石运输用胶带，剥离废石运输用汽车等。

(3)混合联合运输：串联方式和并联方式并存的一种运输方式。例如，铁路-自卸卡车-胶带运输机联合运输，铁路用于上部剥离，自卸卡车用于坑内运输矿石，胶带运输机用于地面运输矿石。

4.5.1　平硐溜井(槽)运输

溜井运输主要用于山坡露天矿溜放矿石，废石则从采场直接运至附近山坡排弃，只有不能在山坡排弃时，才用溜井溜放废石。溜井运输具有运距短、运输成本低、对环境影响小等优点，是适宜矿山首选的运输方式。在采矿场内，用汽车或其他运输设备将矿石运至卸矿平台，向溜井翻卸；在下部通过漏斗装车，经平硐运往地面卸载点。平硐内的运输方式根据运输量的大小和至卸载点的运距，可选用汽车运输、胶带运输机运输或铁路运输等。

为了减少溜井的掘进工程量，溜井上部尽可能采用溜槽，如图 4-19 所示。溜井下端常用贮仓式底部结构。矿仓贮存的矿石既可以作为缓冲层，又可以调节矿石产量。

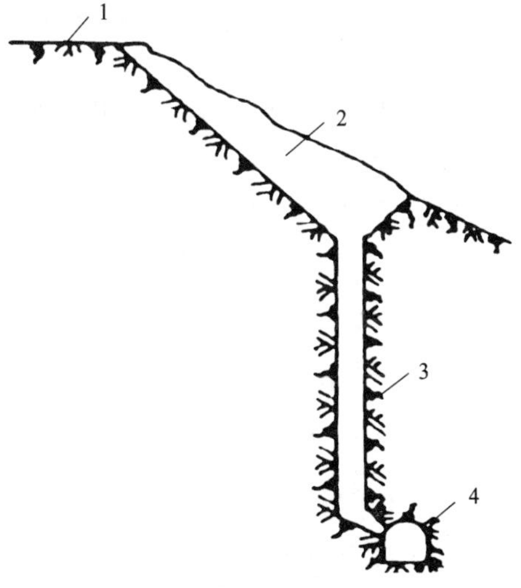

1—卸矿平台；2—溜槽；3—溜井；4—平硐。

图 4-19　设有溜槽的平硐溜井示意图

(1)溜井的结构要素。溜井的结构要素包括倾角、深度和断面形状及尺寸。

溜井的倾角：溜井按其倾角不同分为垂直溜井和斜溜井。一般应选择垂直溜井，以减小井壁磨损、减小井筒开凿量和防止堵塞。为了避开软弱岩层可采用斜溜井，其倾角应不小于60°。溜槽的倾角为 42°~55°。溜槽的倾角过大，矿石易蹦出槽外；过小易导致溜放不畅甚至堵塞。

溜井深度：溜井深度主要取决于所溜放矿岩的性质、溜井的使用和施工方法。通过式溜井的深度一般不超过 300 m，贮矿式单段溜井的最大深度可达 600 m。溜槽长度和落差不宜过大，落差一般不超过 200 m。

溜井(槽)断面形状及尺寸：溜槽横断面的形状为上宽下窄的梯形，其最小底宽应为矿石最大块度的 3 倍，并不得小于 2 m。溜槽起始点的槽深不小于 2.5 m，溜槽每延长 12~30 m，溜槽加深 1 m。垂直溜井的断面通常为圆形，斜溜井一般采用拱形或矩形断面。溜井的直径和最小边长应大于矿石最大块度的 4~6 倍。贮矿仓断面为圆形或带圆角的矩形，其直径或最小边长应大于矿石最大块度的 8 倍。溜口形式较多，一般为圆形断面和矩形断面。溜口设有闸门，用来控制溜井向地面运输设备溜放矿石。闸门有指状、链式和板式等种类。指状闸门投资少、结构简单、应用较广，后两种闸门控制放矿更为可靠。

合理地确定上述溜井结构要素，对于保证溜井正常工作，防止事故的发生具有重要意义。对于粉矿多、黏性大的矿石，溜井及溜槽的倾角和断面尺寸宜大些，而深度或长度宜小些，以防堵塞。

(2)确定溜井位置时，应保证溜井穿过的岩层稳固，避免穿过软岩层、大断层、破碎带以及裂隙极发育区。在工程水文地质复杂的地段，要预先进行工程勘探，防止因过分磨损导致塌落造成溜井报废。溜井内含有一定的泥水量并具有一定的黏结性矿石时，容易发生堵塞现象，含泥水过多时，还易造成跑矿事故。故溜井不应穿过大的含水层，避免将溜槽设在自然山沟内，以免增大汇水面积。

根据溜井与露天开采境界的相对位置，可将溜井分为内部溜井和外部溜井。内部溜井是指将溜井设在采矿场内的布置形式，具有采场运输距离小，可减少汽车数量、基建投资、运输经营费用及生产人员等优点，我国大多数高山露天矿都将溜井设在采矿场内。内部溜井的井口随开采水平的下降而逐台阶下移的过程称为降段。

内部溜井位置选择应考虑以下原则：

①应根据矿床埋藏特点，以采场运输功最小，平硐口距选厂距离最短为原则，溜井应布置在稳固的岩层中；平硐顶板至采场的最终底部标高应保持最小安全距离，一般不小于 20 m。

②当采场采用汽车运输时，溜井应尽量设在接近矿(岩)量的重心位置，使运距最短，并实现采场内平坡运行。

③当设在采矿场内时，矿石溜井应布置在矿体中，以利于降段和避免矿石贫化。岩石溜井则可布置在岩石中。

(3)平硐溜井系统的生产能力。在正常生产情况下，平硐溜井系统的生产能力取决于溜井(槽)上口的卸矿能力，以及溜口的放矿能力和平硐运输通过能力等。

①溜井(槽)上口的卸矿能力 P 依据工作面的运输方式确定。汽车运输时 P 用式(4-36)计算：

$$P = \frac{3600T}{t}K_1qN \tag{4-36}$$

式中：T——卸矿平台每班工作时间，h/班；

t——汽车调车及卸车时间，s；

K_1——卸矿平台利用系数，0.5~0.6；

q——汽车有效载重量，t；

N——同时卸车数，台。

②溜口放矿能力 R 由式(4-37)计算：

$$R = \frac{60Sv\gamma}{K_2} \tag{4-37}$$

式中：S——溜口横断面积，m^2；

v——矿石溜放速度，一般取 0.2~0.4 m/s；

γ——矿石密度，t/m^3；

K_2——矿石松散系数，取 1.5~1.6。

③平硐运输通过能力 Q(t/班)与地面运输方式有关，以铁路机车为例，如式(4-38)：

$$Q = \frac{3600TK_3}{n(t_1 + t_2) + t_3} \cdot nq \tag{4-38}$$

式中：T——溜口装车每班工作时间，一般与卸矿平台每班工作时间相同，h/班；

K_3——溜口装车工作系数，取 0.7~0.9；

n——平硐内机车牵引的矿车数，台；

t_1——溜口放矿装一辆矿车的时间，s；

t_2——装满一辆矿车的移动时间，s；

t_3——入换时间，s；

q——矿车有效载重量，t。

平硐溜井运输的生产能力很大，一条溜井的年运输量可达 400 万~600 万 t。

4.5.2 斜坡提升机运输

露天矿的矿岩运输可以采用斜坡提升机，牵引的装载容器可以是串车或箕斗，该运输方式可克服地形高差大的问题，常与其他运输方式配合，构成联合运输系统，不过需在采场与地面之间开掘较大的固定斜坡道。

当矿岩性质不允许采用溜井溜放时，可采用斜坡提升机将矿石下放至地面，也可用于开采深度超过 150~200 m、开采面积小、矿岩坚硬的凹陷露天矿。

4.5.2.1 窄轨铁路与斜坡串车联合运输

斜坡串车运输是在角度小于 30°的沟道内直接提升和下放矿车组，提升机道上下水平两侧设置甩车道。在采场内用机车将重载矿车牵引至甩车道，然后由提升机提升或下放至地面甩车道，再用机车牵引至卸载点。斜坡串车运输线路的布置形式如图 4-20 所示。

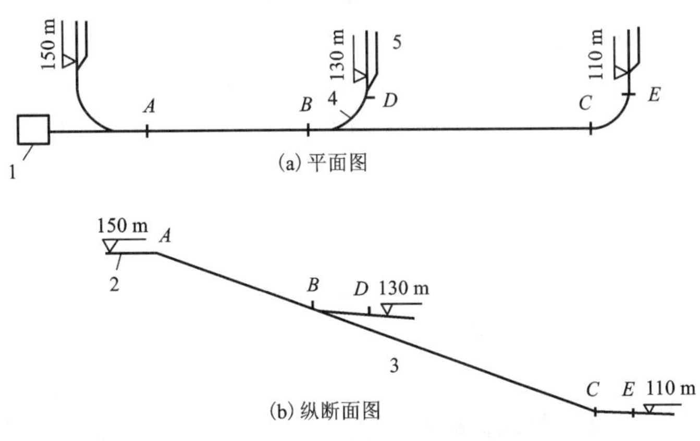

1—卷扬机房；2—上部平台；3—斜坡干线；4—甩车道；5—调车平台。

图 4-20 斜坡串车运输线路

4.5.2.2 汽车(铁路)与斜坡箕斗联合运输

斜坡箕斗运输是用专门的提升容器箕斗进行矿岩转运。采用斜坡箕斗运输的露天矿，工作面运输常用汽车，也可用机车，地面运输多为铁路或胶带运输机，这种运输系统示意图如图 4-21 所示。

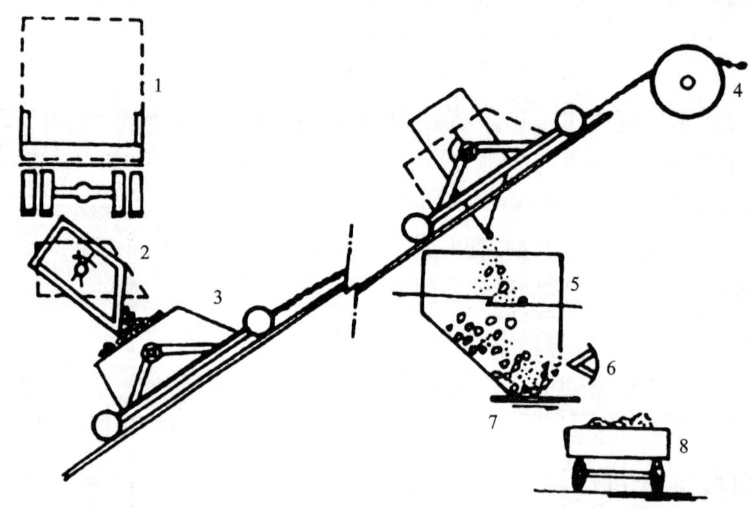

1—自卸汽车；2—转载仓斗；3—箕斗；4—天轮；5—地面矿仓；6—闸门；7—板式给矿机；8—铁路车辆。

图 4-21 箕斗联合运输系统示意图

工作面运输设备向箕斗转载的方式有直接转载和矿仓转载两种。当直接转载时，箕斗载重应为自卸汽车载重的整数倍，矿岩通过漏斗直接卸入箕斗。这种转载方式的优点是栈桥结构简单，可节省投资；缺点是汽车与箕斗要互相等待，且大块矿岩容易砸坏箕斗。当矿仓转载时，自卸汽车先将矿岩卸入转载矿仓，然后由矿仓闸门控制溜入箕斗。矿仓容量一般为箕斗容量的 1~3 倍。地面转载站应设置中间贮仓，贮仓贮矿量为 20~30 min 的运输量。斜坡箕斗运输的主要优点是能克服较大的高差，设备简易，经营费较低，投资少，建设快；但缺点较多，如机动灵活性差，运输环节互相制约，管理工作复杂，需要定期移设转载站等。因此，这种运输方式比较适合中小型矿山。

近年来，在斜坡提升机运输方面，许多单位正在开发研制大吨位电动轮汽车的整车提升运输方式，以解决深凹露天矿的矿岩上向运输困难问题和提高斜坡提升方式的运输能力。

课后习题

1. 露天矿运输的基本任务是什么？有哪些基本特点？
2. 确定露天矿运输方案时主要考虑因素有哪些？
3. 露天矿运输主要方式有哪些？
4. 对比公路运输和铁路运输的优缺点。
5. 简述胶带运输的优缺点。
6. 简述胶带运输机的布置原则。

第5章　排岩作业工艺

5.1　概述

5.1.1　基本概念

露天开采会剥离覆盖在矿床上部及其周围的表土和岩石，产生大量废弃物，需要将其运至专设的场地排弃。排土场是接受并存放露天开采过程中因剥离而被排弃的岩土的场地，也称作排土场(图5-1)。在排土场用一定的方式对剥离的岩土进行堆放的工作称为排岩工作(又称为排土工作)。

排土工作是露天矿主要工艺环节之一，在露天矿工艺系统中是最后一个环节，起保证生产的作用。如果一个露天矿没有足够的排土场，或者是排土设备生产能力不足，不能满足排土生产的要求，就会产生因排弃物料无法及时排弃而影响生产现象。在实践生产中，露天矿由于不能及时购地用于排土的现象时有发生，极大地影响露天矿的正常生产，甚至导致停产。

图5-1　排土场

排土工作在露天矿极为重要，但是实际工作中往往存在忽视排土工作问题。排土工作在露天矿需要有超前性，特别是外排土场购地，一定要从时间上提前规划、及时购地，在排土环节生产能力应留有一定的富余系数，以保证排土环节不影响生产。排土工作的重要性具体体现在以下方面：

(1)排土工作是露天矿生产工艺的最后一个环节，起保证作用。

(2)排土工作影响运输周期，影响采掘、运输设备效率。

(3)排土工作关系到露天矿剥离工程能否正常发展。

(4)排土费用影响露天矿生产成本和经济效益。

排土工作在露天矿与其他工作同样重要，是按一定的作业参数和规格，并按一定的推进方向而不断发展的，其土石方工程量大，排土工作有以下特点：

(1)排土工作与采装工作有相似之处，其工作线和工作面都随着时间而不断推移，具有移动性；但两者发展方向相反。采装工作分布在采场工作帮上的各个平盘，其开采顺序是自上而下逐渐形成各个采掘平盘从而形成采场工作帮和矿坑。而排土场的排土作业是自下而上逐个形成排土平盘从而形成排土工作帮。

(2)排土工作面与采掘工作面都具有一定的作业参数，如排土台阶高度、平盘宽度、排土带宽度、坡面角、排土工作帮帮坡角等，但排土工作面可采用较大的作业参数，如高排土台阶，一般排土场排土台阶可设置为剥离台阶高度的2~3倍，甚至更大。

(3)排弃物料为松散物料，排土设备作业效率高。因此，露天矿排土设备数量一般不多(与采掘设备比较而言)，往往一套排土设备可配合几套采掘设备作业。

(4)排土场物料松散，排土台阶稳定性差，因此，排土场排土台阶的坡面角、排土工作帮帮坡角、排土场最终边坡角等都比采场相应各坡角要小。

(5)排土工作是由下而上逐渐占用排土空间的。其作业程序是建设排土场运输线路系统后，先在最下一个排土台阶进行排土逐渐形成排土平盘，再在第二个台阶上排土形成第二个排土平盘，依次逐渐形成上面的排土平盘。

5.1.2 排土场规划及分类

露天矿岩土剥离量一般为矿石开采量的1.5~4.5倍，排土场一般占矿山总用地面积的39%~55%，是露天采坑面积的2~3倍。为有效利用资源，有时将贫矿和难选矿物堆放到专设的排土场贮存便于以后利用。排土场的建设不仅关系到矿山企业生产能力和效益(征地面积很大，费用高，基本农田不允许征收)，还涉及对农业生产的影响和土地资源环境保护问题。因此，排土场的位置、排岩方法和工艺的选择有着重要的经济意义。

根据排土场与露天矿场的相对位置，可将其分为内部排土场和外部排土场，把位于露天开采境界以外的排土场叫外部排土场，位于露天矿采空区内的叫内部排土场。

内部排土场是指将剥离的废石直接排弃到露天采场内的采空区。由于不需要另外征用排土场地，而且采场内部运输距离较短，运输费用低，故内部排岩是最为经济的排岩方案；同时，内部排岩减少了排岩占地面积，有利于采空区的回填与复垦。但内部排土场的应用是有条件限制的，一般适用于开采水平矿体或者倾角小于12°、厚度不大的缓倾斜矿体，此时可一次采掘矿体的全厚，随着采剥工作线的推进，将废石排到采空区。

对于急倾斜矿床，因其开采深度一般也较大，很难按上述采剥顺序及时形成采空区排岩，故需要设置外部排土场排弃废石。只有当露天开采境界内有两个及以上不同开采深度的露天坑，或露天开采境界平面范围足够大，且可以分期、分区开采，同时在保证安全的前提下，可以将开采结束早的区段作为内部排土场。否则应根据采场和剥离废石的分布情况，在采场周边设置一个或多个外部排土场，集中或者分散排弃废石。

目前，露天矿山排岩工艺及排土场管理的主要发展趋势包括以下四个方面：

(1)大力开发露天矿山的废石综合利用技术，一方面可充分开发利用矿产资源，变废为宝；另一方面，减少了废石的排弃量，大大降低了排土场的环保和安全压力。如很多露天矿山已建立骨料生产线，将废石加工成建筑骨料。

(2)优化排土场的堆排工艺和堆排参数，提高排土场土地面积利用系数和排岩效率，同时加强排土场的安全监测，确保排土场安全。

(3)合理选择排岩设备，降低排岩工作的成本。

(4)预先编制排土场复垦计划，及时进行排土场的复垦，降低排土场的环境、生态危害。

5.1.3 排土场的选址原则

排土场位置的选择是一个复杂的系统工作，需要综合考虑排土场的地形地质条件、环境条件、排土场容积、矿床分布、废石排弃运距，以及废石的回收利用、生态环境保护、排土场复垦治理等因素。

排土场规划、排土场位置选择总的原则是在安全和环保的基础上，使露天开采的整个时期内，折算到单位矿石成本中的废弃岩土运输与排弃、排土场的复垦与污染防治等费用的贴现值最小。具体如下：

(1)尽量不占或少占农田，尽可能利用山谷、洼地、海滨。

(2)在山谷设置排土场时，要充分考虑到山洪的影响，避免滑坡、泥石流等危险。

(3)尽可能靠近露天采场并在重点剥离区一侧以缩短岩土运距。

(4)优先考虑内部排土场的可行性，减少占地面积。

(5)一般不宜将排土场设在将要扩大的露天开采境界范围之内。

(6)应考虑可能利用的岩石今后回收装运的可能性。

(7)排土场应位于工业场地、居民区和水源的下游和下风侧，防止环境污染。

(8)设置排土场必须考虑复垦的可能性，制定复垦规划。

(9)排土场的总容量应与露天开采设计的总剥离量相适应。

5.1.4 排土场堆置要素

5.1.4.1 堆置高度

排土场是分层、分台阶堆置的，排土台阶坡顶线至坡底线之间的垂直距离，称为排土场的台阶高度，而排土场的堆置高度，是指排土场各个排土台阶的高度总和。

排土台阶高度和排土场堆置高度主要取决于排土场的地形、水文地质条件、工程地质条件、气候条件、排弃岩土的物理力学性质(如粒度分布、矿物成分、介质强度、重度等)、排岩工艺设备、排岩管理方式、废石运输方式等，但排土场极限堆置高度主要受散体岩石强度及地基软弱层强度的控制，排土场设计优化过程中还要通过排土场稳定性分析加以验证。

从排土效率和成本看，排土台阶高度越大越好，但从排土场的稳定性出发，则排土台阶不应过高，否则会造成排土场稳定性差，甚至造成大幅下沉和滑坡等事故。高台阶排土工艺适合排弃坚硬岩石和地形高差较大的陡峭山岭地形，其优点是单位排土作业线长度的排弃容积大，线路稳定，但往往其排土场下沉量大、稳定性较差，排土线路维护量大。低台阶排土工艺则与高台阶排土相反，具有下沉量小、稳定性较好等优点，但其单位排土作业线长度的排弃容积较小，排土线路需经常移动。一般硬岩排弃台阶高度可达 30 m，而软岩和土质层应在 10~15 m，甚至小于 10 m。

排土场地基岩性较好，地基稳定时一般采用覆盖式排土方式，其上部台阶直接坐落在下部台阶之上，此时排土场极限高度主要与松散岩体的岩性有关，可直接利用极限平衡法求取。而软弱地基排土场极限堆置高度主要受地基软岩强度、厚度、产状等地质条件影响。

当多台阶分层排土时，第一层排土台阶的高度与排土场土地基的固结条件和承载能力有密切关系，如遇到软弱地基需进行加固处理，同时应降低第一层排土台阶的高度，避免因为沉降不均匀或局部地基破坏导致排土场滑坡事故。

大容量排土场可采取分区排弃和多台阶同时作业的管理工艺措施，以提高排岩工作能力，降低排岩成本。

5.1.4.2 台阶平盘宽度

排土场堆置台阶的工作平台最小宽度，主要取决于上一阶段的高度、运输排弃设备和运输线路的布置、移道步距等条件，其最低要求是使上下相邻排岩台阶的排岩工作不相互影响且能保证安全。

5.1.4.3 排土场容量

设计的排土场总容积应与露天矿的总剥离量相适应。经过排土场选择与规划，根据排弃岩土的物理力学性质与排土工艺参数，分析计算排土场有效容积和设计总容积。

按剥离量所需的排土场有效容量计算如式(5-1)：

$$V_r = \frac{V_{sh}K_s}{K_c} \tag{5-1}$$

式中：V_r——排土场有效容量，m^3；

V_{sh}——剥离岩土排弃的实方量，m^3；

K_s——岩土松散系数，取 1.3~1.6，如表 5-1 所示；

K_c——废石沉降系数，如表 5-2 所示。

表 5-1 岩土松散系数参考值

种类	砂	砂质黏土	黏土	带夹石黏土	块度不大岩石	大块岩石
岩土类别	Ⅰ	Ⅱ	Ⅲ	Ⅳ	Ⅴ	Ⅵ
初始松散系数	1.1~1.2	1.2~1.3	1.24~1.3	1.35~1.45	1.4~1.6	1.45~1.8
终止松散系数	1.01~1.03	1.03~1.04	1.04~1.07	1.1~1.2	1.2~1.3	1.25~1.35

排土场设计总容积如式(5-2)：

$$V = K_1 V_r \tag{5-2}$$

式中：V——排土场的设计总容积，m^3；

K_1——容积的富余系数，取 1.02~1.05。

表 5-2 废石沉降系数参考值

岩土种类	沉降系数	岩土种类	沉降系数
砂土	1.07~1.09	硬黏土	1.24~1.28
砂质黏土	1.11~1.15	泥夹石	1.21~1.25
黏质土	1.13~1.15	亚黏土	1.18~1.21
黏土夹石	1.16~1.19	砂和砾石	1.09~1.13
小块岩石	1.17~1.18	软岩	1.10~1.12
大块岩石	1.10~1.20	硬岩	1.05~1.07

5.2 排岩工艺

露天矿的排岩工艺按照排岩过程可分为资料收集、规范设计、工程建设和复垦工作四个阶段，如图 5-2 所示。按运输方式和设备的不同可分为汽车运输-推土机排岩、铁路运输-挖掘机排岩、前装机排岩、排岩犁排岩、胶带运输机排岩、索斗铲倒堆排岩、前装机排岩、水力排岩等排岩工艺。

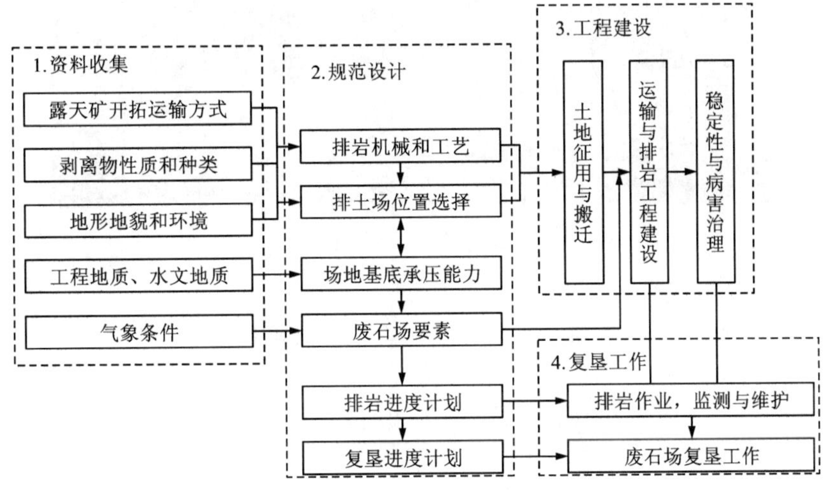

图 5-2 露天矿排岩工艺流程

采用汽车运输的露天矿大多采用推土机排岩。采用铁路运输的排岩方法有挖掘机排岩、排岩犁排岩、前装机排岩等。当露天矿采用胶带运输机运输时，为充分发挥运输机的效率，需配合连续作业的高效率的胶带排岩机排岩。

内部排土场的排岩工艺方式可分为两大类：一类是倒堆排岩，即当矿床厚度和所剥离的岩层厚度不大时，剥离废石可以使用大型机械铲和索斗铲直接将废石倒入采空区内完成排岩过程；另一类排岩和外部排土场相同，当矿体厚度较大，无法实现倒堆剥离时，必须使用一定的运输方式把废石运输到采空区中进行内部排岩，此时排岩工艺和外部排土场是完全相同的，差异在于内部排岩可避免或者大量降低上向运输量。

排土场按地形和排土堆置顺序可分为山坡型和平原型排土场、单台阶堆置、水平分层覆盖式堆置、倾斜分层压坡脚式堆置等类型。

5.2.1 汽车运输-推土机排土

5.2.1.1 作业方式分类

汽车运输露天矿采用推土机排土时，推土机作业方式根据排弃物料性质和排土场稳定性，可采用边缘排土和场地排土两种作业方式。

1. 边缘排土

汽车作业方式：汽车以后退方式驶近排土台阶坡顶线翻卸土岩。要求在保证安全情况下，尽量使翻卸土岩翻入边坡上，使作业平台上少剩或不剩土岩，以减少推土机推土工作量，如图 5-3 所示。

图 5-3 边缘排土

为了保证安全，防止汽车掉下去，在排土台阶坡顶线附近应设车挡。车挡是在排土台阶坡顶线处用剥离物设置一条具有一定高度和宽度的挡墙，以防汽车掉入台阶下面。同时，排土台阶平盘设置一不小于 2%的反向坡度(向内倾斜)。一般情况车挡高度为 0.6~1.0 m，车挡宽度(指底宽)为 1.0~2.0 m。

边缘排土作业特点：推土机推土工作量小，汽车需后退式翻卸；汽车作业不安全，易掉下去，特别是在夜间和雨季。其适用于排土岩石较坚硬，排土台阶较稳定条件。

2. 场地排土

汽车作业方式：汽车将土岩翻卸到排土台阶平盘中间，然后由推土机将土岩推到坡下。

场地排土作业特点：不需要设车挡，汽车作业安全；推土机推土工作量大，需较宽的排土台阶宽度。其适用于物料松散，排土台阶稳定性差，以及夜间作业时。

5.2.1.2 作业程序

1. 汽车翻卸岩土

汽车沿排土场运输公路进入排岩平台，经排岩平台内公路到达卸土带，进行调车，使汽车后退停于卸车带边缘，背向排岩台阶坡面翻卸岩土，如图 5-3 所示。为保证运输安全，调车带占地宽度要大于汽车最小转弯半径，一般可取 5~6 m；卸土带宽度取决于岩土性质和翻卸条件，一般取 3 ~ 5 m。在确保安全的前提下，汽车应尽量靠近边沿翻卸岩土。由于新堆弃的岩土密实性小，孔隙大，经压实后排岩台阶顶面下沉，为保证卸载安全和充分利用排土场容积，堆弃岩土时应考虑下沉系数。为保证卸载安全和防止雨水冲刷坡面，要使排岩台阶顶面保持 2%的反向坡；在汽车后退翻卸时，为保证安全，应设置专门的调车员进行指挥。汽车运输-推土机排土场地布置如图 5-4 所示，图中 A 为公路宽度，即行车带宽度；B 为调车入换部分的宽度，即调车带宽度；C 为汽车翻卸后留在平台上的土堆宽度，即卸土带宽度。

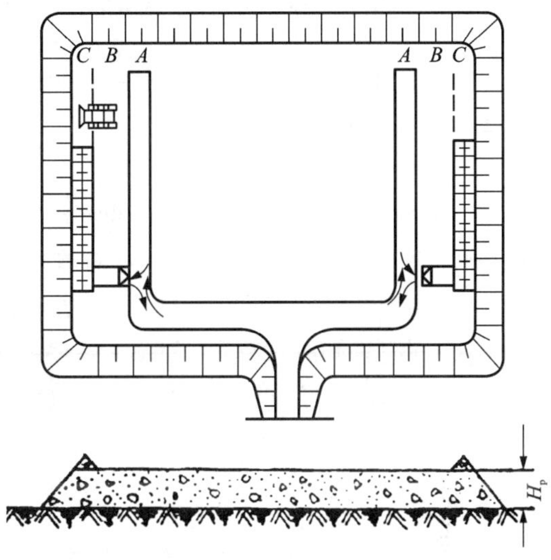

图 5-4　汽车运输-推土机排土场地布置示意图

2. 推土机推排

当汽车在卸土带翻卸岩土后，由推土机进行推排。推土机的推土工作量包括两部分：一是推排汽车翻卸残留在平台上的岩土；二是排土场下沉塌落需整平的岩土量，推排工作量一般占总排岩量的 20%~40%，其比例和卸载汽车的结构、卸载时汽车后轮距离坡顶线距离、排弃季节、司机作业素质等因素有关，应根据推土量选用能力适宜的推土机，目前我国露天矿山主要采用 5.8×10^4~7.3×10^4 W 的推土机进行推排作业。

根据统计资料显示，当汽车后轮距坡顶线 1~1.5 m 时，残留在平台上的土岩量只占翻卸量的 5%~10%；当汽车后轮距坡顶线 1.5~2.0 m 时，残留量为 15%~20%；当汽车后轮距坡顶线 3 m 时，残留量为 35%左右；当汽车后轮距坡顶线大于 5 m 时，则卸下的土岩全部留在平台上。

3. 推土机平整场地和整修排土场公路

推土机的第二项工作是对排岩平台的整平和道路的整修。由于排土场的沉陷塌落，使排岩平台凹凸不平，影响排岩运输作业的效率和安全，需用推土机进行整平。排岩台阶内的运输线路和排土场内的运输线路，随着排岩作业线的推进和排岩平台的提高，需要不断地改变和拓展，也需要使用推土机整修推平。

推土工作量占排土量的比例，与卸载汽车结构、卸载时汽车后轮距坡顶线距离以及排弃物性质和排弃时季节等有关。

5.2.1.3　排土场堆置参数选择

采用汽车运输-推土机排岩工艺排土场的堆置参数包括排岩台阶高度、排岩工作平盘宽度、排岩工作线长度等。

汽车推土机排岩台阶高度主要取决于土岩性质和地形条件，一般要比铁路运输时的排土场高度大。如弓长岭露天矿的排土场台阶高度都在 100 m 以上，德兴露天铜矿最高排岩台阶高度达 170 m，尚能够安全作业。如果设备和安全条件许可，一般汽车推土机排土场只设一个排岩台阶。

在特殊情况下，需要多层排岩时，排岩平台宽度应该能够保证汽车顺利掉头卸车，并留有足够的安全距离，其最小台阶平盘宽度 b_{min} 可据公式(5-3)确定，但一般不宜小于 25 cm。

$$b_{min} = b_2 + 2(R + l_c) + c \tag{5-3}$$

式中：b_{min}——超前上阶段的宽度(若上下阶段互不干扰时取 0)，m；

R——汽车回转半径，m；

l_c——汽车长度，m；

c——外侧线路中心至平台眉线的最小距离，m。

排岩作业线长度 L 与排岩作业强度有直接关系，如式(5-4)：

$$L = n_x b_q \tag{5-4}$$

式中：n_x——同时翻卸的汽车数，如式(5-5)和式(5-6)；

b_q——相邻汽车正常作业的间距，一般取 25~30 m。

$$n_x = N\frac{t_{dx}}{T_z} \tag{5-5}$$

$$t_{dx} = t_d + t_x + \frac{(3 \sim 6)R}{v_r} \tag{5-6}$$

式中：N——出勤汽车总数；

t_{dx}——每辆车调车和翻卸时间，min；

T_z——汽车运行周期，min；

t_d——调车对位时间，min；

t_x——汽车卸载时间，min；

v_r——调车时汽车运行速度，m/min；

考虑到备用和维护，排土线实际总长度计算如式(5-7)。

$$L = (2.5 \sim 3)L_{min} \tag{5-7}$$

5.2.1.4 排岩设备计算

推土机的生产能力与推土距离、土岩性质以及推土机的型号有关，推土机的选型应和汽车载重和作业量等参数结合，具体型号选择如表 5-3 所示。

表 5-3 推土机推排能力与功率关系

汽车载重/t	推土机功率/×735.499 W	小时能力/m³
≤20	100~200	100~120
30~40	140~160	140~160
60	≥220	260~320
100	≥320	450~550

所需推土机数量可按式(5-8)确定：

$$N_t = \frac{V_s K_s}{Q_r} \cdot K_j \tag{5-8}$$

式中：N_t——推土机数量，台；

V_s——需要推土机推送的岩土实方体积，m^3/班；

K_s——岩土松散系数，取1.3~1.5；

K_j——设备检修系数，取1.2~1.25；

Q_r——推土机生产能力(松方)，m^3/班。

当排土场分散且相距较远时，由于推土机难以相互调用，各排土场用量应根据各自情况分别计算，一般应保证每个排土场最少配有1台推土机。结合汽车载重、卸载残留量(40%~60%)和推土机功率计算生产能力的配比，一般当推土机推排距离为12~15 m时，1台推土机可与4~6辆自卸汽车配合作业。

5.2.1.5　汽车运输-推土机排岩工艺评价

汽车运输-推土机排岩工艺具有一系列优点：

(1)汽车运输爬坡能力强，可适应情况复杂的排土场地作业。

(2)汽车运输-推土机排岩台阶高度远比铁路运输时大，即使在岩性较差的情况下台阶高度也比铁路运输较容易实现高台阶排岩。

(3)汽车运输-推土机排岩工艺符合露天矿运输设备发展方向，国内外金属露天矿广泛采用汽车运输，并且向大型化发展，与之相配合的推土机也随之向大功率发展。

(4)当排土场内运输距离较小时，排岩运输线路建设快、投资少，易于维护。

汽车运输-推土机排岩工艺的主要缺点是排岩运输费用相对较高，特别是当排岩运距较大时，排岩费效比显著增加。

5.2.2　铁路运输的排岩方法

铁路运输排岩工艺是早期建设露天矿中常见的排岩工艺，主要由铁路机车牵引车辆将剥离的废石运至排土场，翻卸到指定地点再应用其他移动设备完成废石的转排工作。可选用的转排设备有排岩犁、挖掘机、推土机、前装机、索斗铲等，目前我国常用的转排设备以挖掘机和前装机为主，排岩犁次之，其他设备很少使用。辅助设备包括移道机、吊车等。

按照排岩设备的不同，可把铁路运输排岩工艺分为单斗挖掘机排岩、前装机排岩、排岩犁排岩三类。按照轨道型制不同，铁路运输排岩工艺也可分为准轨铁路运输排岩和窄轨铁路运输排岩，由于窄轨和准轨铁路排岩工艺类似，且已经很少使用，故本节只介绍准轨铁路排岩。

5.2.2.1　铁路运输-挖掘机排岩

挖掘机排岩能力大，可以加大线路的移设步距，提高排土线的利用率，加之设备通用性好，我国采用铁路运输的大型金属露天矿广泛使用铁路运输-挖掘机排岩工艺。一般排岩设备采用3~4 m^3挖掘机，其主要工序包括列车翻土、挖掘机堆垒和线路移设。挖掘机排岩工艺工作面布置如图5-5所示，排岩台阶分成上下两个分台阶，挖掘机设在下部台阶的平盘上，车辆位于上部台阶的线路上，将岩土翻入受岩坑，由挖掘机挖掘并堆垒。在堆垒过程中，挖掘机沿排岩工作线移动。

挖掘机排岩工序：列车翻卸岩土、挖掘机堆垒、线路移设。

(1)列车翻卸岩土：列车进入排岩线路后，逐辆对位将岩土翻卸到受岩坑内。受岩坑的长度不应小于一辆自翻车的长度，为防止大块岩石滚落直接冲撞挖掘机，坑底标高比挖掘机行走平台应低 1~1.5 m。为保证排土线路基的稳固，受岩坑靠路基一侧的坡面角应小于 60°，其台阶坡顶线距线路枕木端部不小于 0.3 m。

列车翻卸岩土有两种翻卸方式：一种是前进式翻卸，即自排土线入口处向终端进行翻卸。该翻卸方式由于从排土线入口开始，挖掘机也相应是采用前进式堆垒方式，故列车经过的排土线较短，单斗挖掘机排岩工作面布置量较小，列车是在已经堆垒很宽的线路上运行，路基踏实，质量较好，可以相对提高行车速度，松软岩土的排土场在雨季适用此方法。其最大缺点是线路移设不能与挖掘机同时作业。另一种是后退式翻卸，即从排土线的终端开始向入口处方向翻卸，挖掘机也是后退式堆垒。

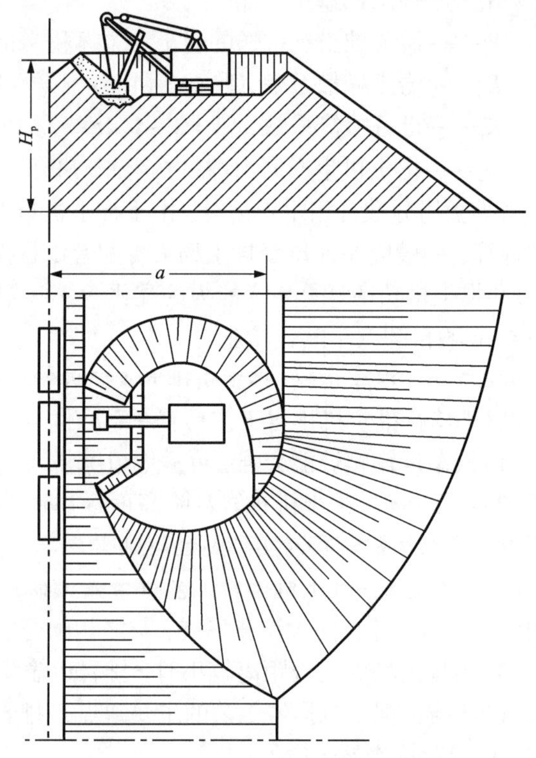

图 5-5　单斗挖掘机排岩工作面布置

(2)挖掘机堆垒：随着列车翻卸岩土，挖掘机从受岩坑内取岩土，分上、下两个台阶堆垒。向前及侧面堆垒下部分台阶，是给挖掘机本身修筑可靠的行走道路，向后方堆垒上部分台阶，则为新设排岩线路修筑路基。上部分台阶的高度受挖掘机最大卸载高度的控制，一般为$(0.9\sim0.95)H_{xmax}$。下部分台阶的高度则根据岩土的软硬及稳定性确定，一般为 10~30 m。上、下分台阶高度之和为排岩台阶的总高度。挖掘机站在上部分台阶的底部平台将岩土向前方、旁侧及后方排弃和堆垒，直至排满规定的排岩台阶总高度。

为提高排岩效果，应使排岩带宽度达到最大，而排岩带宽度取决于挖掘机的工作规格，包括最大挖掘半径 R_{wmax} 和最大卸载半径 R_{xmax}。为保证挖掘机的挖掘效率，挖掘机回转中心线距受岩坑边坡的最大距离一般为 $0.8R$。在卸载时，挖掘机可以采用最大卸载半径，并借助回转离心力将岩土抛出。故排岩带宽度可按式(5-8)确定：

$$b_p = f(R_{wmax} + R_{xmax}) \tag{5-8}$$

式中：f——铲斗利用系数，一般取 0.8~0.9。

在生产实践中挖掘机有分层堆垒、一次堆垒和分区堆垒三种堆垒方法。

①分层堆垒：挖掘机先从排土线的起点开始，以前进式先堆完下部分台阶，然后从排土线的终端以后退式堆完上部分台阶，挖掘机往返完成一个移动布局的排岩量。这种堆垒方法电缆可以始终在挖掘机的后侧，没有被压埋的危险。同时，在以后退方式堆垒上部分台阶时，线路可以从终端开始逐段向排土线位置移设，使移道和排岩工作平行作业；当挖掘机在排土线全长上完成堆垒排土线全高后，新排土线也随之移设完毕，其后挖掘机再从起点开始按上述顺序堆垒新的排岩带。该方法的缺点是挖掘机堆垒一条排岩带需要多走一倍的路程，增加耗电量，且挖掘机工作效率不均衡，一般在堆垒下部分台阶时效率较高，而堆垒上部分

台阶时效率较低。

②一次堆垒：挖掘机在一个排岩行程中，对上、下两部分台阶同时堆垒，挖掘机相对于一条排岩带始终沿着一个方向移动(前进式或后退式)。如果第一条排岩带采取前进式，则第二条排岩带采取后退式，如此交替进行，使挖掘机的移动量最小。当挖掘机采取前进式堆垒时，线路的移设工作只有在挖掘机移动到终端堆垒完成一条排岩带后才能进行，因此挖掘机需要停歇一段时间。当采取后退式堆垒时，排岩和移道则可以同时进行。该堆垒方法挖掘机行程最短，但需经常前后移动电缆。

③分区堆垒：把排土线分成几个区段，每个区段长度通常采用电缆长度的2倍，即50~150 m。每个分区的堆垒按分层堆垒方式进行，一个分区堆垒完毕，再进行下一个分区的堆垒。分区堆垒是上述两种堆垒方式的结合，具有前两者的优点，特别是当排土线很长时，效果最为明显。

(3)线路移设：当挖掘机按设计的排岩台阶高度和排岩带宽度堆垒完毕后，便进行线路移设。线路的移道步距 a_b 等于排岩带宽度 b_p。对于4 m^3 挖掘机，移道步距可以达到23~25 m。由于挖掘机排岩移道步距较大，一般均采用吊车移道。其移设方法与采场内采掘线路的设置相同，如图5-6所示。挖掘机排岩的移道工作量 L_y 如式(5-9)：

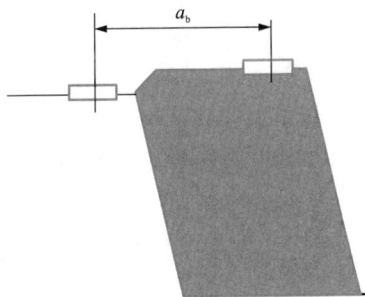

$$L_y = \frac{Q_x K_s}{h_p K_c a_b} \cdot K_y N_p \tag{5-9}$$

图5-6　移道步距示意图

式中：Q_x——每条排土线平均收容能力(实方)，m^3/班；

K_s——岩土松散系数，查表5-1获得，一般取1.3~1.6；

h_p——排岩台阶高度，m；

K_c——废石沉降系数，查表5-2获得，一般取1.05~1.28；

K_y——移道系数，取1.2；

N_p——生产线的排土线数，条。

铁路运输挖掘机排岩工艺的堆置参数有受岩坑尺寸、排岩台阶高度、排土线长度及移动步距等。

受岩坑尺寸：受岩坑尺寸应考虑受岩容积和作业安全要求。为缩短列车的待卸载时间，受岩坑一般以能容纳1.0~1.5个列车的土量为宜，长度为车辆长度的1.05~1.25倍，坑底标高比挖掘机的行走平盘低1.0~1.5 m，铁路以下的深度以8 m为宜。为保持路基稳定，受岩坑在路基侧的坡角不大于60°，坡顶线距离线路中心线不小于1.6 m。

排岩台阶高度如式(5-10)：

$$h_p = h_1 + h_2 - \Delta h \tag{5-10}$$

式中：h_1——上分台阶高度，主要取决于受岩坑容积所要求的高度和涨道量 Δh，其最大值受挖掘机最大挖掘高度的限制，m；

h_2——下分台阶高度，主要取决于台阶的稳定性条件，增加 h_2 会相应增加下沉和涨道量，并且降低土坑高度和受岩坑容积，延长列车的翻卸时间，m；

Δh——涨道量，取决于排岩台阶高度和沉降率。

由于新堆弃的岩土未经压实沉降，密实性小，孔隙大，考虑到其沉降因素，需要使上部分台阶的顶面标高高于规定的排土场顶面标高，其高出部分取值取决于岩土的性质。一般排土场计算中采用沉降系数 K。

移道步距 a_b 主要取决于挖掘机的工作规格，可按式(5-11)取值：

$$a_b \leqslant \sqrt{R_{wmax}^2 - (0.5L_f)^2} + R_{xmax} \tag{5-11}$$

式中：L_f——受岩坑上部长度，m。

排土线长度：排土线长度取决于排岩作业费用和挖掘机能否得到充分利用。挖掘机排岩的排土线长度一般不小于 600 m，但也不宜大于 1800 m。

排岩工作平盘最小宽度：对于多阶段排土场，上下台阶应保持一定的距离，使下部台阶能安全正常地进行排岩作业。其最小限值即为排岩工作平盘最小宽度，如式(5-12)：

$$b_{min} = b_1 + b_2 + b_3 + b_4 \tag{5-12}$$

式中：b_1——安全宽度，m；

b_2——对上一平盘的超前宽度，m；

b_3——双线时的线路中心距，m；

b_4——外侧线路中心线至台阶坡顶线的最小距离，准轨一般为 1.6~1.7 m。

排土场生产能力取决于排土线接受能力和同时工作的排土线数。

可根据挖掘机的生产能力计算排土线的接受能力，如式(5-13)：

$$Q_{x1} = \frac{EK_m T_b \eta_b}{tK_s} \tag{5-13}$$

式中：Q_{x1}——根据挖掘机生产能力计算的排土线接受能力(实方)，m^3/班；

E——斗容，m^3；

K_m——满斗系数；

T_b——每班工作时间，min；

η_b——工作时间利用系数；

t——挖掘机工作循环时间，min；

根据运输条件计算排土线的接受能力，如式(5-14)：

$$Q_{x2} = \frac{mnq_z}{K_s} \tag{5-14}$$

式中：Q_{x2}——根据运输条件计算排土线的接受能力(实方)，m^3/班；

m——每班发往排土线的列车数；

n——列车中的自翻车数量；

q_z——自翻车平均装载容积(松方)，m^3。

当 Q_{x1} 和 Q_{x2} 相等时，排土线接受能力达到理想状态，但现实中往往难以实现，故取其小值。

排土线条数按式(5-15)计算：

$$N_x = \frac{1.2Q_c}{Q_x}K_p \tag{5-15}$$

式中：N_x——排土线总条数；

Q_c——排土场要求的平均排岩能力(实方)，m³/班；

Q_x——每条排土线平均收容能力(实方)，m³/班；

K_p——排土线备用系数。

5.2.2.2 铁路运输-排岩犁排岩

排岩犁排岩是露天开采早期广泛应用的一种排岩方式，这种方式设备投资少、作业简单，但由于排岩效率较低，目前这种方式已逐步被其他方式所取代。排岩犁只适用于铁路运输的露天矿，其自身没有动力，需要靠机车牵引工作，如图5-7所示。

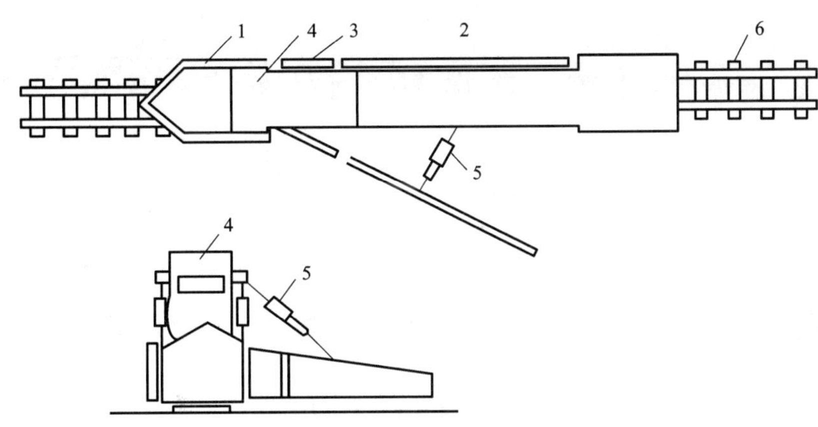

1—前部保护板；2—大犁板；3—小犁板；4—司机室；5—汽缸；6—轨道。

图5-7 排岩犁结构示意图

排岩犁的排岩工序包括列车翻卸岩土、排岩犁排岩、修整平台及边坡、线路移设。其中第一和第二工序在二次线路移设之间交替重复进行。

1. 列车翻卸岩土

在新移设线路上，如图5-8(a)所示，因路基未被压实，为保证行车及排岩作业的安全，机车应以小于5 km/h的速度推顶列车进入排土线。

机车推顶列车自排土线的入口处向终端方向前进翻卸，其目的是使排岩台阶坡面上形成支撑体，增强线路路基稳定性，保证重车安全作业。当排土线全长均翻卸一次岩土后，列车即可改由排土线终端向入口处后退式翻卸岩土，直至填满全线，如图5-8(b)所示。

2. 排岩犁排岩

当排土场沿排土线全长初期容积已经排满且形成石垄时，如图5-8(b)所示，即开始使用排岩犁将高的石垄推掉，使排岩台阶上部形成一个缓坡断面而产生新的受岩空间，如图5-8(c)所示。然后列车继续沿排土线全长翻卸岩土，直到排土线新受岩容积再填满为止，如图5-8(d)所示。

按上述卸土与排岩过程交替进行，直到线路外侧形成的平台宽度超过或等于排岩犁板伸张的最大允许宽度，排岩犁已不能进行排岩作业时为止，如图5-8(e)所示，随后进行平整和线路移设工作。为保证新路基的平整和稳定，最后一列车翻卸时应保证全线翻卸均匀，土堆连续，同时应翻卸稳定性高、透水性好的岩石作为新线路的路基。

排土线每移设一次，通常需要推排 8 次以上，而每推次岩土的排岩犁行走次数为 2～6 次。

3. 修整平台及边坡

排土线移道前必须进行平整工作，考虑到线路下沉和保证线路平直，需要将排岩犁的犁板提起 30～50 cm，使排岩台阶的新坡顶线比旧坡顶线有一个超高，其超高值一般为 100～200 mm，如图 5-8(f)所示。

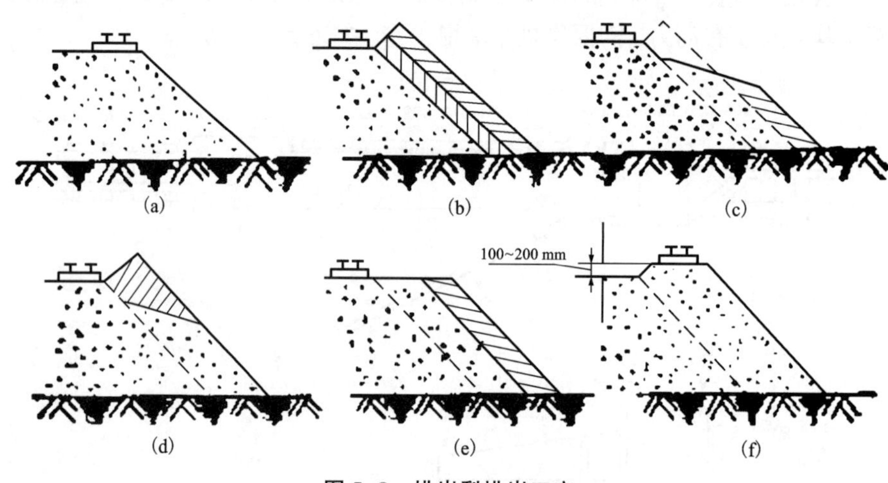

图 5-8　排岩犁排岩工序

4. 线路移设

当排岩犁排岩时，线路移设通常用移道机来完成。移道机工作时，先将卡子抓紧钢轨，开启发动机使小齿轮沿齿条向上移道，此时铁鞋支撑地面，移道机连同轨道被小齿轮带动而向上提起，待提至一定高度时，由于移道机和轨道的重心向一侧偏移而失去平衡，靠其重力向外侧下落，结果使轨道横向移动一个距离。当上述过程结束后，移道机沿线路移行 10～15 m，在新的位置重复上述步骤直至全线都移动到此地。一次移道距离一般为 0. 7～0. 8 m，因此移道机要沿排土线全长往返多次进行移道才能将线路横移到规定的位置。

排岩犁排岩具有如下优点：

(1)价格低，单次排岩作业效率高。每台排岩犁的价格仅为挖掘机价格的 1/3 左右，而排岩效率约为挖掘机的两倍。

(2)设备结构简单，便于维修。

(3)排岩犁适用性强。适用于准轨运输的各种地质条件、各种岩石硬度的内外排土场。

(4)排土后的路基不需要加工便可直接铺设线路。

排岩犁排岩具有如下缺点：

(1)排岩台阶高度受到限制，一般为 10～25 m。

(2)移道步距较小，两次移道间的容土量少，因而需设较多的排岩线。

5.2.2.3　铁路运输-前装机排岩

在铁路运输条件下，采用排岩犁排岩和单斗挖掘机排岩，其移道步距均受到排岩设备规格的限制，排岩线路必须经常移设，这既影响排岩线路的稳定性，又使排土场台阶高度受到限制。特别是在我国南方高温多雨地区的矿山，用前述设备排岩时，铁路路基常常下沉严重，甚至产生垮塌或滑坡事故，因此有的矿山采用前装机实现高台阶作业，减少铁路移设次数，提高排岩效率。

铁路运输前装机排岩就是使用前装机作为转排设备，在排岩台阶上设立转排平台，车辆在台阶上部向平台翻卸岩土，前装机在平台上向外进行转排。由于前装机机动灵活，其转排距离和排岩高度可达很大值。

轮胎式前装机在排岩工作面的作业情况如图 5-9(a)所示。图中的(1)是当工作平台较窄时，前装机慢行做180°转向运行，作业安全可靠，但这种作业方法运距大、效率低；图中的(2)是当工作平台较宽时前装机可就地进行180°转向运行，这种作业方法运距短，效率较高；图中的(3)是当工作平台较宽时前装机做90°转向运行，进行加长工作平台的作业。

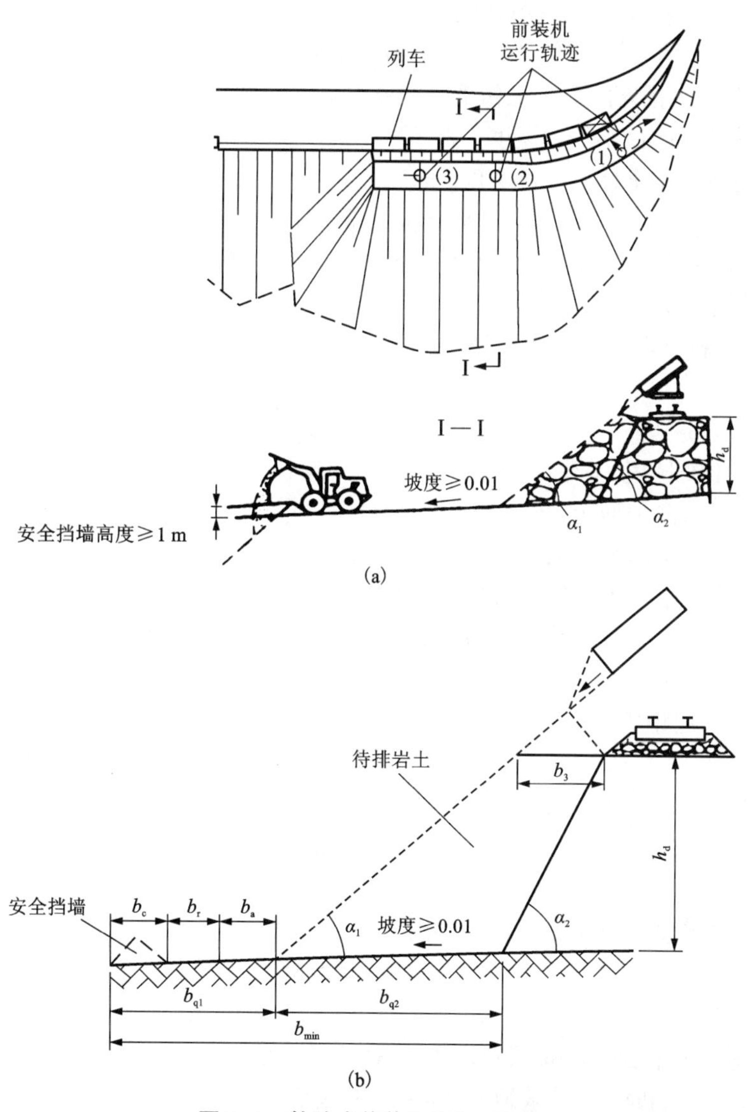

图 5-9　轮胎式前装机作业示意图

采用铁路运输时，轮胎式前装机的排岩要素包括作业线长度、转排台阶高度、排岩工作平盘最小宽度和前装机的排岩能力。

(1)作业线长度。每台前装机控制的作业线长度与勺斗容积有关。为充分发挥前装机的使用效率和减少线路横向移设的频率，作业线长度至少能贮备一昼夜的转排量，并不短于一列车的有效长度。一条较长的作业线可由几台前装机同时排岩。

(2)转排台阶高度。转排高度(上部)主要取决于：①为保证路基稳定和铲装作业安全，转排台阶高度一般不宜超过铲斗挖取的最大举升高度，当岩土块度较小，无特大块时，可稍高于铲斗升举高度；②为提高设备效率，台阶高度取较低值有利于铲斗切进并减轻其提升阻力。但台阶高度过低，又不利于保有一定的排岩贮量，也会影响装机的作业效率。从生产使用情况看，斗容 5 m^3 的前装机，转排台阶高度为 4~8 m。

(3)排岩工作平盘最小宽度。为保证前装机正常进行排岩工作，其工作平盘最小宽度如图 5-9(b)所示，可按式(5-16)进行计算：

$$b_{\min} = b_{q1} + b_{q2} \tag{5-16}$$

式中：$b_{\min}$——前装机排岩的最小工作平盘宽度，m；

b_{q1}——前装机的最小作业宽度，m；

b_{q2}——待排岩土堆体的底部宽度，m。

$$b_{q1} = b_a + b_c + b_r \tag{5-17}$$

式中：b_a——前装机齿尖至后轮轴的距离，条件困难时可取一半，m；

b_c——挡墙宽度，不小于 2 m；

b_r——前装机外轮最小转弯半径，m。

$$b_{q2} = \frac{h_d}{\tan\alpha_1} + \frac{h_d}{\tan\alpha_2} + b_3 \tag{5-18}$$

式中：α_1——岩土安息角，(°)；

α_2——转排台阶坡面角，(°)；

h_d——转排台阶高度，m；

b_3——待排岩土堆体上部在路基水平处的宽度，一般取 2 m。

为便于排水，前装机的工作平盘应具有向外侧倾斜的流水坡度。平盘边缘在前装机卸土时用岩土填筑高于 1 m 的安全挡墙，如图 5-9(b)所示。安全挡墙随排、随填、随拆。雨天时在安全挡墙每隔一定距离留一缺口，便于排泄雨水。

前装机的工作平盘不宜过宽，否则会影响其工作效率，太窄时前装机转向困难。目前我国有些矿山使用 5 m 前装机的平盘宽度为 30~60 m。

(4)前装机的排岩能力。前装机的排岩能力受前装机的生产能力和排土线的接受能力共同制约。

前装机的生产能力可按式(5-19)计算：

$$Q_{qx} = \frac{60T_b E\eta_b K_m}{(t_{q1} + t_{q2} + t_{q3} + t_{q4} + t_{q5})K_s} \tag{5-19}$$

式中：Q_{qx}——前装机台班生产能力(实方)，m^3/班；

t_{q1}——铲斗装满时间，一般取 0.4~0.5 min；

t_{q2}——重载调转时间，一般取 0.1~0.2 min；

t_{q3}——空载调转时间，一般取0.1~0.2 min；

t_{q4}——往返行走时间，min；

t_{q5}——铲斗卸载时间，一般取0.05~0.09 min；

其余符号意义与前文相同，η_b 一般取0.75~0.85。

前装机排岩的接受能力如式(5-20)：

$$Q_q = N_q Q_{qx} \tag{5-20}$$

式中：N_q——可布置的前装机台数，台。

排土线的接受能力可参考挖掘机排岩的计算方法。

前装机排岩有着机动灵活、排岩宽度大、运距长、安全可靠等优点。

5.2.3　胶带排岩机排岩

当露天矿采用胶带运输机运输时，为充分发挥运输机的效率，通常采用胶带排岩机排岩，以实现连续化作业。胶带排岩机是一种连续排岩设备，如图5-10所示，多用于采用连续工艺、半连续工艺系统的露天矿。这种工艺在德国、澳大利亚、俄罗斯等国露天煤矿广泛应用。在我国，准格尔黑岱沟露天煤矿、平庄元宝山露天煤矿和德兴露天铜矿也采用胶带排岩机排岩。

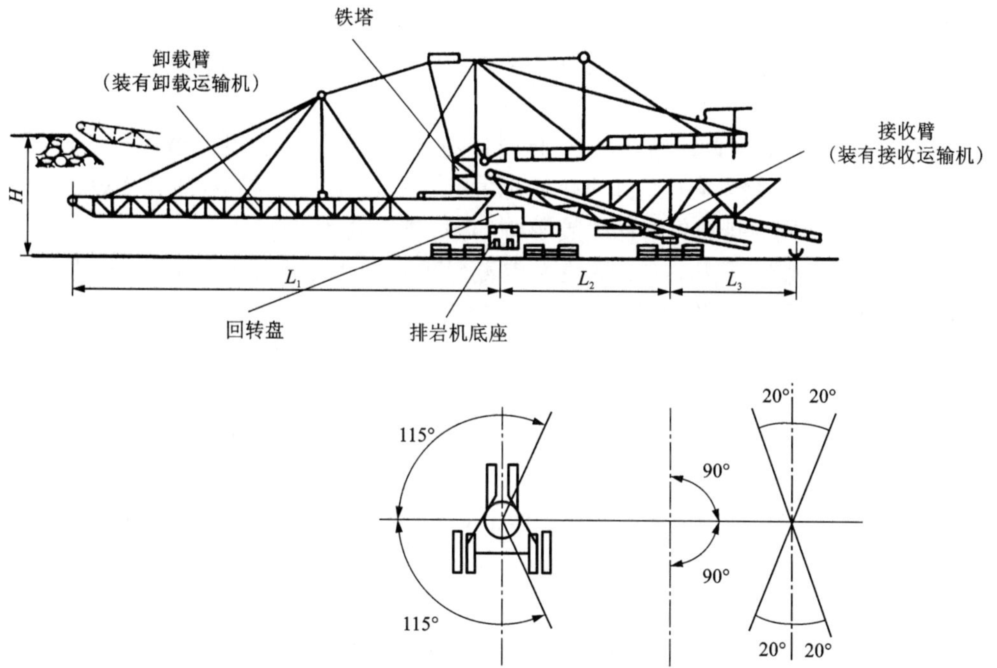

图5-10　A2Rs型胶带排岩机结构示意图

胶带排岩机排岩工艺过程为：由运输机提供岩土，经转载机进入排岩机的接收运输机，再输送到卸载运输机进行排岩(上排或下排)；推土机平整工作面并完成其他辅助作业；胶带排岩机移位并开始下一排岩循环。

胶带排岩机排岩的优点是一次排弃宽度大，辅助作业时间少，作业效率高；近水平矿床可实现横向内排，减少运输距离；排岩机的生产能力大，自动化程度高，管理简便。缺点是采、运、排生产作业各环节间制约大，机动性较差；选择排土场位置时，在地形、工程地质和水文地质条件方面要求较高，一般不宜采用分散的排土场。

5.2.3.1 胶带排岩机的应用条件

(1)剥离物为普氏坚固性系数小于 3 的软岩。中硬以上岩石或不适合胶带输送的大块，需爆破后方考虑使用。

(2)水平或近水平矿层，在覆盖层厚度或夹层厚度小于设备作业规格时，可实现横向直接内排。

(3)气温低于-25℃应有防寒措施，实行季节性剥离作业；风力大于 7 级时，胶带排岩机应停止作业，排岩机的最佳作业气候条件为气温-25℃～+35℃，风速小于 20 m/s。

(4)设备作业及行走时坡度限制一般为：纵向坡度作业时为 1/20～1/30，行走时 1/10～1/20，横向坡度为 1/20。

(5)排岩机工作时对地面纵、横坡的要求。纵、横坡状况是排岩机稳定计算的一个基本条件。排岩机工作时对纵、横坡的要求一般不大于下列数值：纵向倾斜 1∶20，横向倾斜 1∶33，或纵向倾斜 1∶33，横向倾斜 1∶20。

(6)排岩机对地面压力应小于排土场的地基承载力。

5.2.3.2 排岩参数

排岩机主要参数包括排岩机接收臂和卸载臂长度、排岩机最大排岩高度和排岩机履带对地面的压力。

(1)排岩机的接收臂和卸载臂长度。排岩机接收臂和卸载臂的长度决定着排岩工作面的排弃宽度和上部排岩分台阶高度，并对排岩机生产效率有直接影响。若卸载臂短，排弃宽度小和上部分台阶低，同时排岩机移动次数增加，造成排岩效率降低。

(2)排岩机最大排岩高度。排岩机最大排岩高度是上排的最大卸载高度(即站立水平以上的排岩高度)与下排高度(即站立水平以下的排岩高度)之和。

因为一定型号的排岩机卸载胶带运输机端部旋转轴的高度是固定的，当卸载臂的倾角一定时(一般上排时角度为 7°～18°)，排岩机上排高度由卸载臂长度决定。

排岩机下排高度与排弃岩土的性质有关，主要应保证排岩台阶的稳定和排岩机的作业安全。

(3)排岩机履带对地面的压力。排岩机履带对地面压力应小于排土场的地基承载力，才能保证排岩机在松散岩土上正常作业与行走。在多雨地区和可塑性岩土的排土场，该参数尤为重要。

排岩机排土作业主要排土参数为排土台阶高度 H、排土带宽度 A、工作平盘宽度 B_p。

(1)排土台阶高度 H。

排土台阶高度由上排台阶高度 H_0 和下排台阶高度 H_1 组成，如图 5-11 所示。

①上排台阶高度取决于排岩机卸料臂的规格，考虑 R_0 限制按式(5-21)计算，考虑卸料高度则按式(5-22)计算：

$$H_0 = (R_0 - c)\tan\beta \tag{5-21}$$

$$H_0 \leqslant L_k \sin\alpha + t - \Delta H \tag{5-22}$$

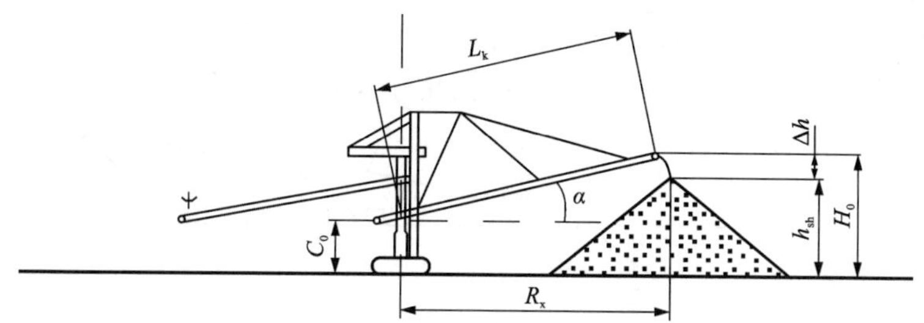

图 5-11　确定排岩机上排台阶高度示意图

$$R_0 = a + L_k\cos\alpha + e \tag{5-23}$$

$$c_{\min} = 0.5c_x + c_b \tag{5-24}$$

式中：R_0——排岩机卸料半径，由式(5-23)计算，m；

c——排岩机回转中心至台阶坡底线的距离，m，最小值按式(5-24)计算；

β——排土台阶坡面角，(°)；

L_k——排岩机卸料臂的长度，m；

α——排岩机卸料臂容许倾角，$\alpha \leqslant 18°$；

t——卸料臂枢轴距排岩机站立水平高度，m；

ΔH——卸料臂卸载滚筒轴线至排土堆尖间的安全距离，m；

a——卸料臂枢轴至排岩机中心距离，m；

e——土岩卸载时水平抛出距离，m；

c_x——排岩机行走部分宽度，m；

c_b——排岩机外侧履带外缘与台阶坡底线间的安全距离，一般取 5~7 m。

②下排土台阶高度 H_1，主要取决于物料性质、台阶稳定条件及卸料臂长。据褐煤露天矿资料，在排弃物料中含有较多黏土成分时，下排台阶高度不超过 20 m，当采取由外向里的堆垒方式时，下排台阶高度受限于卸料臂的长度。

(2)排土带宽度 A。

排土带宽度与排岩机和胶带运输机在平盘上的布置、设备规格、排土方式及土岩性质等因素有关。如图 5-12 所示，当排岩机位于胶带运输机内侧时，排岩机上排作业和下排作业的排土带宽度($A_{上}$、$A_{下}$)分别按式(5-25)和式(5-26)计算：

$$A_{上} \leqslant R_0 + D - H_0\cos\beta_0 - b \tag{5-25}$$

$$A_{下} \leqslant R_0 - e_1 - e_2 \tag{5-26}$$

式中：e_1——排岩机与胶带间隔距离，m；

e_2——胶带运输机至下分台阶坡顶距离，m；

D——上排时，排岩机与胶带机的距离，m；

β_0——排土台阶坡面角，(°)；

b——运输机中心至上分台阶坡底线距离，m。

其中：

$$b = 0.5B_m + c_b \tag{5-27}$$

B_m——运输机驱动站宽度，m。

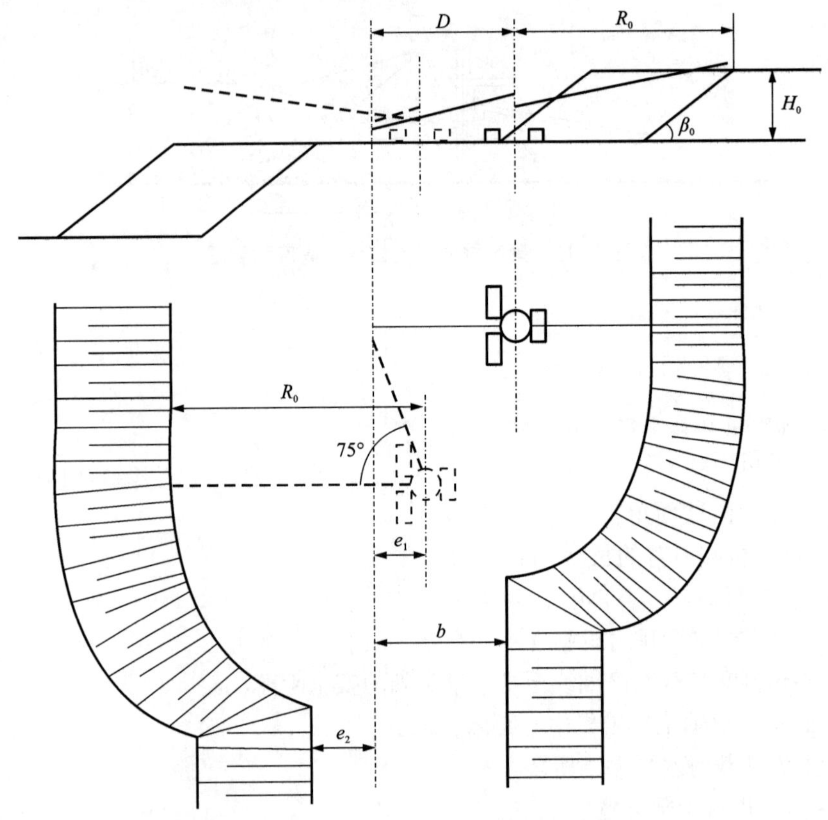

图 5-12　确定排岩机排土带宽度示意图

当排岩机上、下排作业时，排土带宽度应取两者中的较小值。所取用的 e_2 和 D 值应满足排岩机与卸料臂间对容许接近角的要求。

当排岩机多台阶同时排土作业时，相邻排土台阶间的距离也应满足稳定性要求，并保留一定的推进余量，以减少各排土台阶间的相互干扰。

当排岩机位于胶带运输机外侧时，下排排土带宽度确定如式(5-28)：

$$A_{下} \leqslant R_0 - e_3 \tag{5-28}$$

其中 e_3 如式(5-29)：

$$e_3 = \frac{1}{2}B + c \tag{5-29}$$

式中：e_3——外侧排岩机行走中心线距下排台阶坡顶线间的距离，m；

B——排岩机行走结构宽度，m；

c——排岩机外侧履带外缘距下排台阶坡顶线的安全距离，m。

(3)工作平盘宽度 B_p。

胶带排岩机排土作业所需要的平盘宽度应满足排岩机排土作业和工作面胶带运输机布置的要求，与排岩机的排土作业方式、运输与排土设备规格、排弃物料的性质有关。当排岩机仅为上排作业时，排岩机采用端工作面作业，胶带机位于排岩机外侧，其站立水平所在的工作平盘宽度（含上排采掘带宽度）按式（5-30）计算：

$$B_p \geqslant R_0 + e - H_0 \cot\beta + e_2 \tag{5-30}$$

当排岩机仅为下排作业时，排岩机位于胶带机内侧，排岩机采用侧工作面作业，其站立水平所在的工作平盘宽度（含下排采掘带宽度）为按（5-31）计算：

$$B_p \geqslant R_0 + b \tag{5-31}$$

当排岩机仅为下排作业时，排岩机位于胶带机外侧，排岩机采用半工作面作业，其站立水平所在的工作平盘宽度（含下排采掘带宽度）按式（5-32）计算：

$$B_p \geqslant R_0 + e_1 + b \tag{5-32}$$

当排岩机上、下排作业时，下排作业时排岩机位于胶带机内侧，其站立水平所在的工作平盘宽度（含上、下排采掘带宽度）按式（5-33）计算：

$$B_p \geqslant R_0 - e_1 + b + A_{上} \tag{5-33}$$

此时，排土平盘宽度不能太大，否则排岩机线性参数不能满足下排作业要求。

5.2.3.3 排岩机合理排土方式与顺序

排岩机的排岩台阶一般由上排和下排两个分台阶组成。排岩机和与之相配合的胶带运输机都设立在两个分台阶之间的平盘上。胶带运输机至上部分台阶坡底线距离参考值如表5-4所示。

表5-4 胶带运输机至上部分台阶坡底线距离参考值

距离/m	29.6	28.8	27.9	27.0	26.1	25.0	24.2	22.9	21.6	20.2	18.8
上部分台阶坡面角/(°)	35	34	33	32	31	30	29	28	27	26	25

排岩机排土方式可分为下向前进式排土、下向后退式排土、上向前进式排土、上向后退式排土等方式。

排土方式一：下向前进式排土a，排岩机在前一次排土带上作业，如图5-13所示。

该排土方式具有如下优点：

（1）物料正向运输，减少能源浪费。

（2）卸料车运行方向与物料运行方向一致，操作方便。

（3）排岩机中心距台阶边缘较远，排岩机安全性高。

（4）排岩机在前一次排土带上作业，物料沉降量小，更有利于排土作业。

同时该排土方式也具有排土带较窄，可移置式胶带机与排岩机移动次数较多的缺点。

排土方式二：下向前进式排土b，排岩机在新排土带上作业，如图5-14所示。

该排土方式具有如下优点：

（1）物料正向运输，减少能源浪费。

（2）卸料车运行方向与物料运行方向一致，操作方便。

（3）排岩机中心距台阶边缘较远，排岩机安全性高。

（4）排土带较宽，可移置式胶带机与排岩机移动次数较少。

同时该排土方式也具有排岩机在新排土带上作业，物料沉降量大，不利于排土作业；排岩机作业与推土机作业相互干扰等缺点。

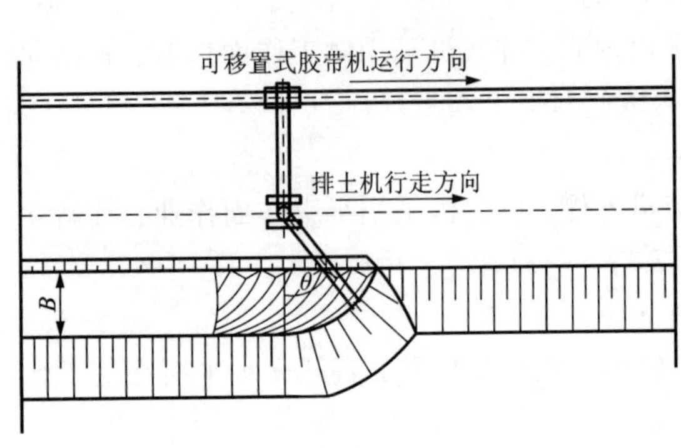

图 5-13　下向前进式排土 a

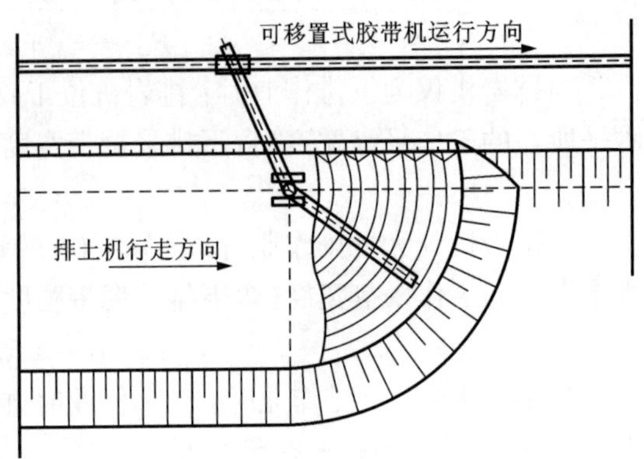

图 5-14　下向前进式排土 b

排土方式三：下向后退式排土，如图 5-15 所示。

该排土方式具有物料正向运输，减少能源浪费；排岩机作业与推土机作业不相互干扰的优点。同时具有卸料车运行方向与物料运行方向相反，阻力大，操作不便；排岩机中心距台阶边缘较近，排岩机安全性较差；排土带较窄，可移置式胶带机与排岩机移动次数较多等缺点。

排土方式四：上向前进式排土，如图 5-16 所示。

上向前进式排土具有如下优点：

(1) 卸料车运行方向与物料运行方向一致，操作方便。

(2) 排岩机中心距台阶边缘较远，排岩机安全性高。

(3) 排岩机在前一次排土带上作业，物料沉降量小，更有利于排土作业。

缺点是排土带较窄，可移置式胶带机与排岩机移动次数较多。

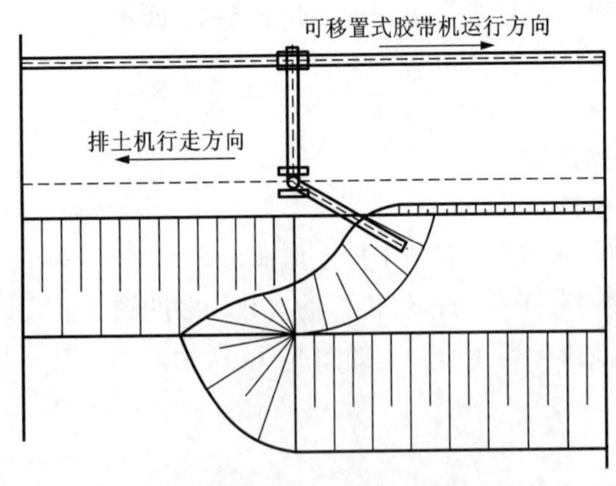

图 5-15　下向后退式排土

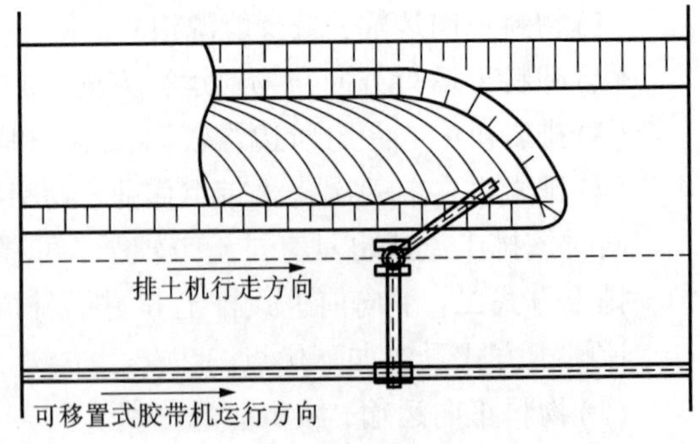

图 5-16　上向前进式排土

排土方式五：上向后退式排土，如图 5-17 所示。

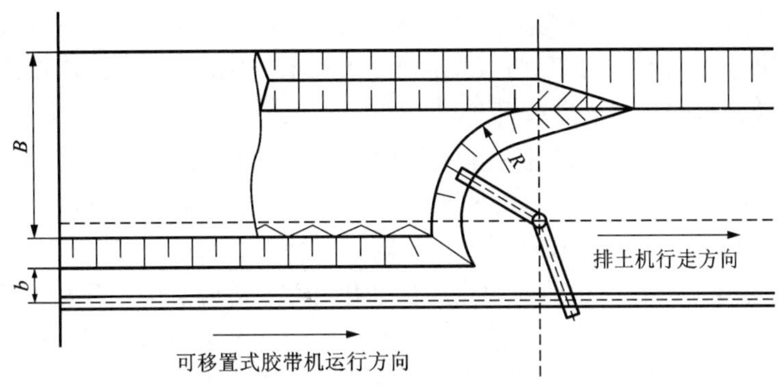

图 5-17　上向后退式排土

其优点与上向前进式大体相同，并且排土带较宽，可移置式胶带机与排岩机移动次数较少。但当排岩机接近可移置式胶带机头部时，排岩机排土存在盲区，该区域需推土机填充。

排土场胶带排土当排岩机下排时，推荐采用下向前进式排土 a，排岩机在前一次排土带上作业；当排岩机上排时，推荐采用上向后退式排土。

排土方式确定后，在组织排土作业时，还需确定合理的排土顺序，根据上述排土方式和排土场地形特点建议合理排土顺序，如图 5-18 所示。

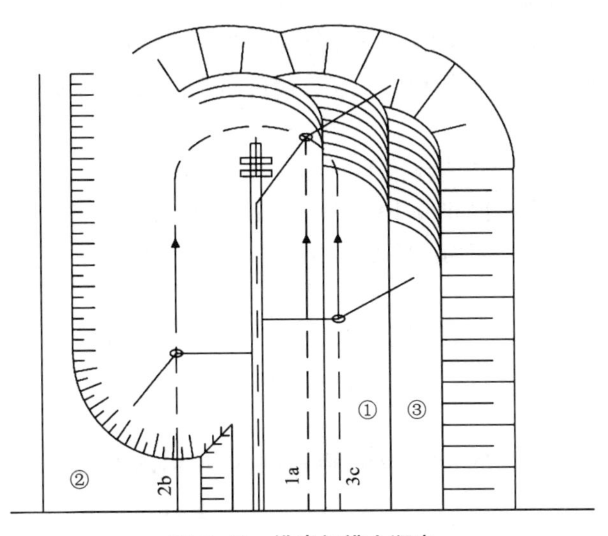

图 5-18　排岩机排土顺序

由图 5-18 可知，当可移置式胶带机到某一位置后，首先，排岩机在外侧 1a 线可移置式胶带机尾部进行下向前进式排土作业（排土方式一），沿箭头所示方向移动，逐步将①所在的矩形区域排满。其次，排岩机绕过可移置式胶带机头部并到内侧 2b 线可移置式胶带机尾部进行上向后退式排土作业（排土方式五），沿箭头方向移动，逐步将②所在的矩形区域排满。最后，排岩机再绕回到可移置式胶带机外侧 3c 线，从可移置式胶带机尾部进行下排作业，按箭头方向移动，逐步将③所在的矩形区域排满。

至此，排岩机将能排土的所有区域排满。可移置式胶带机可以横向移到新的位置进行新一轮排土作业。排完区域①后不能接着在区域③排土，这是因为要给区域①排弃的废石留有一定的自然沉降时间，以便在以后排区域③时，对区域①中沉降过大的部位进行一次补排。

5.2.3.4 胶带排岩机排岩工作评价

胶带排岩机排岩工作的优点包括：兼有运输与排岩两种功能，排土场接受能力大，生产效率高，成本低，电能消耗少，自动化程度高，工人的劳动强度小。其缺点主要是胶带抗磨性差，需要经常更换。目前国内外均加大了研制抗磨性强胶带的力度。

胶带排岩机排岩工作容易实现连续化与自动化开采，适应矿山现代化的要求。国内外坚硬矿岩的露天矿山正在向连续开采工艺方向发展，以降低开采成本、提高露天矿生产能力和劳动生产率。综上所述，胶带排岩机排岩，在金属露天矿排岩工作中是一种十分有发展前途的排岩方法。

5.2.4 影响排岩工艺选择的因素

1. 排弃岩土的性质对排岩设备的选择有重大影响

在铁路运输条件下，铲运机仅适于排弃松软且不含块石的岩土；当在高台阶条件下排弃中硬以下且含水岩土时，台阶的稳定成为突出问题，从增加排岩宽度、减少移道次数和使铁道路基稳定等出发，较灵活的和排岩宽度较大的前装机、推土机以及吊斗铲等排岩设备优于机械铲。

2. 气候条件对排岩设备的选择有重大影响

雨水较多的地区，通常不宜采用高排岩台阶作业；冰冻期长，大风频繁的地区不宜采用胶带排岩机作业；气候条件不利的地区，应选择可靠性较高的机械铲、吊斗铲、推土机或前装机等排岩设备。

3. 选择的排岩设备应满足排岩能力的要求

在铁路运输条件下，机械铲和吊斗铲的排岩能力最高，推土机、前装机等次之。在相同的运输方式下，当两种排岩工艺均能满足要求时，若选择投资大的排岩设备应做好充分的技术经济论证。

采用前装机作为“采、运、排”设备时，视前装机规格不同，其合理运距一般为 100～1000 m。采用铲运机作为“采、运、排”设备时，其合理运距不大于 1.5 km。

5.3 排岩组织与计划

5.3.1 排岩规划

为保证露天矿排弃岩土的经济合理性，应根据排土场的位置、数量与容量以及开拓运输系统、剥采程序等实施排岩规划，使岩石从采场空间搬运至排土场空间堆放最优化，以达到岩土运输功和运输排弃费最小，使排土场各时期的收容量及其堆弃部位从总体上使用效果最好。

露天矿山大多地处山区，可供集中排岩的场地条件有限，故多为分散排岩，设有多个排土场。为保证岩土从露天采场到排土场的平面流向合理，首先要进行平面排岩规划，使露天采场开采水平的岩土从水平关系上向各排土场的流量与流向最佳。

由于排土场和露天采场有一定的高差关系，且岩土剥离水平的延深和排弃水平的增高都呈竖向发展，故需要在平面排岩规划的基础上对每个排土场的竖向排弃做好各自的竖向排岩规划。

排土场竖向规划的基本模式有三种，在此基础上可构成多种混合模式，如图 5-19 所示。图中左侧方块面积表示各个开采水平相应的岩土量，右侧条块为排土场各排弃水平的堆弃量，中间虚线与箭头方向表示岩土流向。

图 5-19(a)为水平运输模式。露天采场的剥离水平与排土场的排弃水平相同或高出一个剥离水平，剥离和排弃作业都是自上而下进行，竖向发展一致；运输线路平缓、技术经济效果最为理想。

图 5-19(b)为下向运输模式。排弃水平低于剥离水平，高差在两个剥离水平高度以上，排弃水平自下而上发展与剥离水平竖向发展方向相反，岩土全部为下向运输。图中是低台阶水平分层排岩。如果排土场的地形条件允许，可以改造该模式提高排弃水平标高，使排弃条块竖向排列形成梯段，从而缩小相应剥离水平与排弃水平的高差，减小向下运输量，但采用高台阶竖向分条排岩需有安全保证。一般在汽车运输条件下，下坡比水平运输的费用要高 10%，这是汽车经常在制动条件下运行所造成的。对于剥离量和下向运输高差很大的矿山，可以采用溜井下放岩石降低排岩费用。

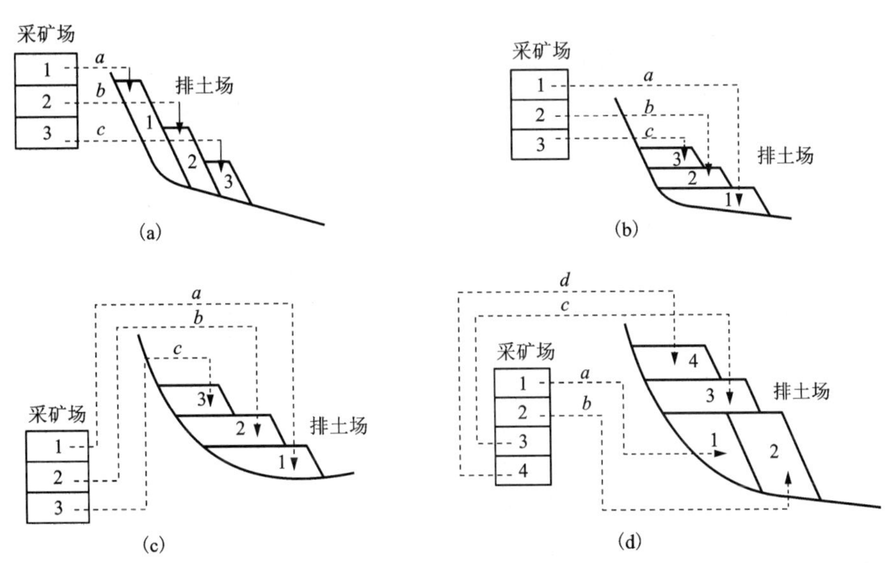

图 5-19 排土场竖向排弃模式

图 5-19(c)为上向运输模式。排弃水平高于剥离水平，其各自在竖向发展方向上与图 5-19(b)模式相反，岩土一律为上向运输，是最不利的。这种情况大多出现在深凹露天矿，此时汽车重载爬坡上行比水平运输费用高 30%左右，比重载下坡运行也要高出 10%，甚至在运输能力和经济上均处于不合理状况。因此，在铁路运输线受限和经济上不理想的情况下，采用运输能力大、爬坡能力强的胶带运输机排岩更为经济。

图 5-19(d)是上述三种模式的混合型。当排土场位于高差较大的山谷，且露天采场既有山坡开采(重车水平或下向运输岩土的条件)又有深凹开采时，其竖向排岩规划比较复杂，需进行多方案比较才能取得最佳排岩方案。

排岩规划所要解决的问题实质上就是岩土运输问题，通过对岩土流向及流量的合理规划使运距和排岩费用最小。用线性规划解决运输中的最优化问题是常用的数学方法，可以用它建立排岩数学模型寻优。

在进行实际优化时，下述计算过程必须按年考虑时间因素，且总费用以净现值计算。按线性规划建立排岩的目标函数：

$$S = \sum_{i=1}^{m} \sum_{j=1}^{n} x_{ij} C_{ij} \rightarrow \min \tag{5-34}$$

式中：S——排岩总费用，元；

m——采场内剥离水平总数；

n——排土场总数；

x_{ij}——从采场第 i 个水平将岩土运输到第 j 个排土场的运输量，t；

C_{ij}——从采场第 i 个水平将岩土运输到第 j 个排土场的排岩费用，元/t。

采区岩量约束，即从采场任一剥离水平运到各个排土场的岩土量，应等于该剥离水平岩土量的总和，其约束条件如式(5-35)：

$$\sum_{i=1}^{m} x_{ij} = a_i \tag{5-35}$$

式中：a_i——采场内第 i 个剥离水平的岩土量($i=1, 2, \cdots, m$)，t。

排土场能力约束，即任一排土场所容纳的总岩土量等于各剥离水平运到该排土场岩土量的总和，其约束条件如式(5-36)：

$$\sum_{j=1}^{n} x_{ij} = b_j \tag{5-36}$$

式中：b_j——第 j 个排土场所容纳的岩土总量($j=1, 2, \cdots, n$)，t。

运输能力约束，即每年的排岩量能被及时运出，其约束条件如式(5-37)和式(5-38)：

$$\sum_{i=1}^{m} x_{ij} \leqslant T_i \tag{5-37}$$

$$\sum_{j=1}^{n} x_{ij} \leqslant P_j \tag{5-38}$$

式中：T_i——第 i 采区的线路通过能力($i=1, 2, \cdots, m$)，t；

P_j——第 j 排土场的线路通过能力($j=1, 2, \cdots, n$)，t。

排岩计划约束，即每年总排岩量符合采剥计划规定的剥离量，其约束条件如式(5-39)：

$$\sum_{i=1}^{m} \sum_{j=1}^{n} x_{ij} \geqslant R \tag{5-39}$$

式中：R——采剥计划规定的剥离量。

非负约束：以上方程都需要满足非负条件。

上述约束条件是最基本的，必要时还可添加其他的约束项目。

值得注意的是，单位排岩费用是随岩土运距、道路坡度、排岩工艺条件的不同而变化，其中运距是主要影响因素。为此应将上、下坡道与弯道折算成平直线等效运距，在道路条件等同的情况下，每吨公里的运输费用才可视为常量，并使每吨运输费只随等效运距的不同而变。

采用现场标定统计的方法，可以建立每吨公里运输费与实际运距的相关函数式，经拟合检验确定某种运输方式下的运输费与运距间的回归函数式，这时每吨公里的运输费为变量，并只随实际运距而变，故无须进行等效运距折算。

5.3.2 排岩作业进度计划

排岩作业进度计划是在排岩规划的基础上编制的，并结合露天矿剥采进度计划和排土场复垦计划，将剥离物按综合利用和复垦等要求，逐年编排出剥离物运往各排土场的数量和具体排弃(或堆存)部位，使逐年剥离与排弃在数量上平衡，分流与流向合理，排土场的发展与建设相协调，并为综合利用与复垦创造必要条件。

排岩规划是对剥离物的流量、流向和各排土场的堆弃顺序与使用效果，从总体上在全过程中进行宏观指导。而排岩作业进度计划则是在生产过程中按年度分时呈阶段地执行，并根据矿山生产变化进行调整。因此，它和露天矿剥采进度计划一样都是矿山生产的指令性计划文件。

编制排岩作业进度计划所需的技术资料如下：

(1)各开采水平的岩土剥离总量及其逐年剥离量和所在水平部位，目的是在时间和空间上掌握岩土的来源、数量与品种。

(2)各排土场的有效容量及其各排岩台阶的有效容量和排弃水平标高，目的是掌握排土场的剩余容量、扩展与建设的衔接关系和安全状况。

(3)排土场运输线路的通过能力及新线路的建设与使用要求，目的是掌握新、旧运输线路的畅通状况。

(4)排岩作业方式、设备能力与完好状况。

(5)排土场内铁路排土线的数量及排岩能力，目的是掌握排土线的延展、生产使用及备用情况。

对已生产的矿山，在编制每一时期的排岩进度计划时，都应掌握上述已发生的和可能发生的生产动态变化，提高计划的编制精度和执行率。对新设计的矿山，当编制排岩进度计划时，则要求设计基本合理，在生产执行中根据生产动态和技术改造再做适当调整。

5.3.3 排岩作业进度的编制方法

(1)根据设计选用(或生产中已使用)的排岩方法、排岩与运输设备类型，以及每条铁路排土线、排岩设备的综合排岩能力，计算(或检验)露天矿所需的在籍排土线和设备数量。

(2)根据拟定的剥离物流向，制定各排土场及各排岩台阶排土线数目的逐年年度计划。对铁路运输，以排土线为基本计算单元。其他运输方式则直接按排岩设备的综合能力计算配置数量。

(3)根据排土场平面图和运输线路条件，调整并确定各排土场及其各排岩台阶可能布置的排土线数(或排岩设备数)和形成时间。对可综合利用的剥离物，在排岩计划中另行安排。

(4)根据排土场的复垦计划，将可供复垦利用的剥离物及其堆排要求纳入排岩计划，尽量做到排岩与复垦相结合，为复垦创造条件。

(5)根据排土场的发展及其安全防护要求，确定防护工程使用和修筑的时间。

对地形复杂、多排土场、多台阶排岩的矿山，由于剥离与排岩作业的时空关系复杂，除排岩作业进度计划表之外，还应配以其余图表。

5.4 排土场的建设与安全

5.4.1 排土场建设

排土场的建设是露天矿建设时期的主要工程之一，同时，随着露天矿生产的发展，也需要改造或新建排土场。排土场的建设和其所用的排土方法有着密切的联系。对大多数排土方法来说，排土场的建设主要是修筑原始路堤，以便建立排土线进行排土。

排土场初始排土线的修筑，根据地形条件的不同，分为山坡和平地两种修筑方法。

5.4.1.1 山坡排土场初始排土线修筑

先在山坡挖一单壁路堑，整理后铺上线路，形成铁路运输的初始排土线，如图 5-20 所示。若采用汽车运输排岩时，应根据调车方式来确定排土线的路堑宽度。

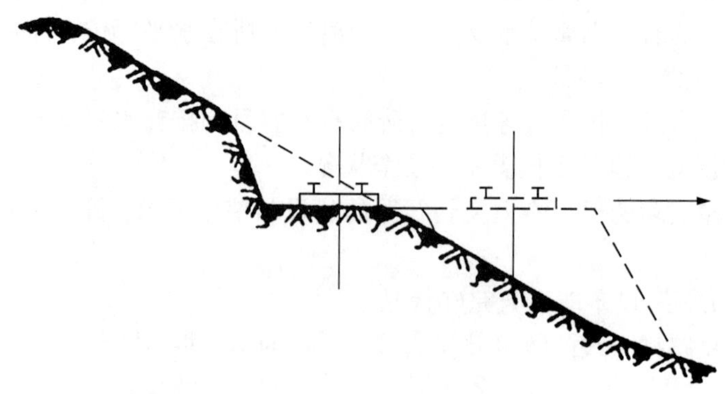

图 5-20 铁路运输山坡排土场初始排土线

由于地形条件所限，有时排土线需要横跨深谷，此时可先开辟临时排土线，通过堆排加宽该地段的排岩带宽度，以便最终使初始排土线全部贯通。深谷和冲沟地段通常是汇水的通道，为保证排土场的稳定，应采用透水性较好的岩块填平深沟。

5.4.1.2 平地排土场初始排土线修筑

平地初始排土线修筑需要分层堆垒和逐渐涨道。采取排岩犁交错堆垒的方式，每次涨道高度可达 0.4~0.5 m，如图 5-21 所示。

采用挖掘机修筑时，首先是从原地取土，并在旁侧堆筑第一分层。为了加大第一分层堆垒高度，也可以在两侧取土，取土的地段形成了取土坑。第一分层经平整后铺上线路，就可由列车运送岩土并翻卸在路堤旁，再由挖掘机堆垒第二分层、第三分层，直至达到所要求的台阶高度，便形成初始排土线，如图 5-22 所示。

采用推土机修筑时，一般用两台推土机对推。此法可修筑高度在 5 m 以下的排土线初始路堤，如图 5-23 所示。

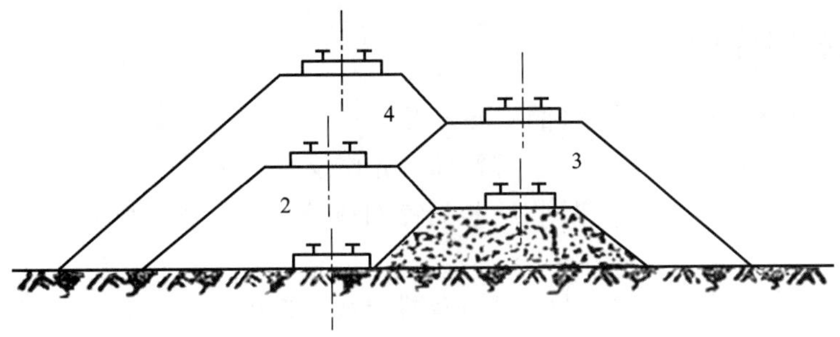

图 5-21　排岩犁修筑初始排土线

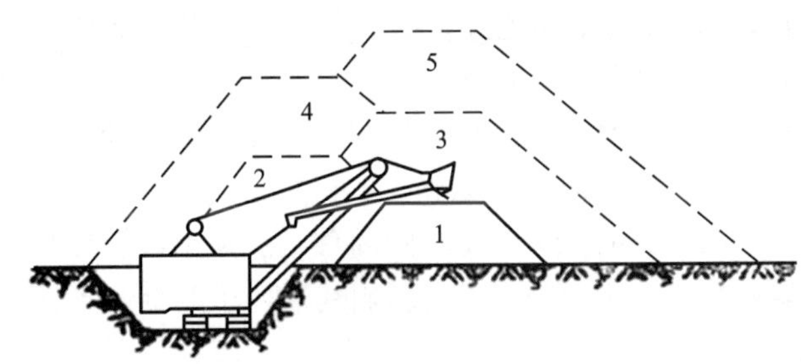

图 5-22　挖掘机修筑初始排土线

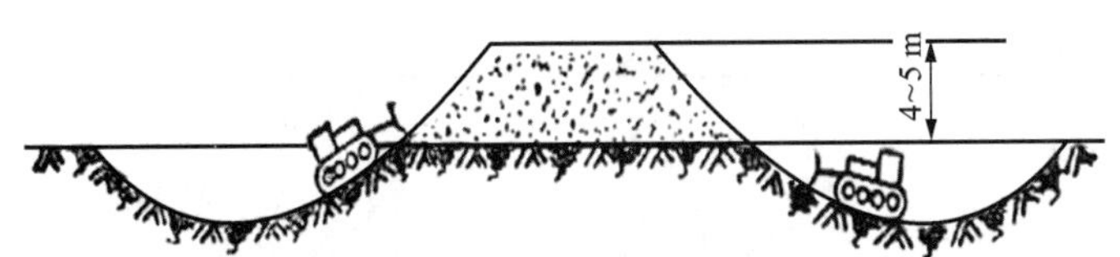

图 5-23　推土机修筑初始排土线

在平地或较缓的山坡上设置外部排土场，其初始排岩台阶也可以用胶带排岩机修筑。首先形成台阶 1，后形成台阶 2，然后将排岩机移到台阶 1 和 2 的上面排弃，直至排岩台阶达到要求的高度时，初始排岩台阶便形成，如图 5-24 所示。

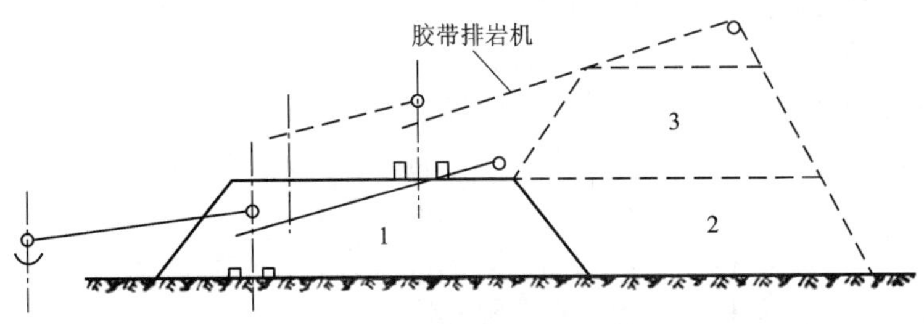

图 5-24　胶带排岩机修筑初始排土线

5.4.2 排土场的扩展

5.4.2.1 铁路运输单线排土场的扩展方式

对于铁路运输排土而言，排土场的建设除首先修筑原始路堤以建立排土台阶外，还必须在排土平盘上配置铁路线路。根据平盘上配置的线路数目，可分为单线排土场和多线排土场。

单线排土场即同一排土台阶上只设置一条排土线，随着排土工作的进行，单线排土线的扩展方式有平行、扇形、曲线和环形四种。

平行扩展：如图 5-25(a)所示，随着排土边缘沿着原始排土线的平行方向扩展，线路不断缩短，排土场得不到充分利用。但这种方式移道步距是固定的，移道工序简单。

扇形扩展：如图 5-25(b)所示，移道步距是变化的，它以道岔转换曲线为移道中心点呈扇形扩展，其排土线终端仍然存在缩短问题。

曲线扩展：如图 5-25(c)所示，可以避免上述排土线缩短的问题，排土线每移道一次都要接轨加长。它广泛地应用在排岩犁排土场和挖掘机排土场内。

环形扩展：如图 5-25(d)所示，排土线向四周移动，排土线长度增加较快。但是，当某一段线路出现问题或某一列车发生故障时，会影响其他列车的翻卸工作。

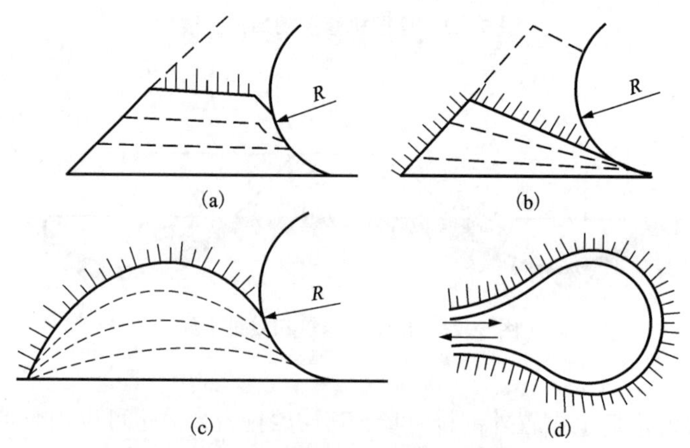

图 5-25 路运输单线排土场的扩展方式

5.4.2.2 铁路运输多线排土场扩展方式

多线排土是指在一个排土台阶上，布置若干条排土线同时排岩。它们之间在空间上和时间上保持一定的发展关系，其突出的优点是收容能力大。

建立在山坡上的多线排土场，通常都采用单侧扩展，如图 5-26(a)所示。建立在缓坡或平地上的多线排土场，多采用环形扩展如图 5-26(b)所示。

当用挖掘机排岩时，各排土线可采用并列的配线方式，如图 5-27 所示。其特点是各排土线保持一定距离，以避免相互干扰和提高排岩效率。

5.4.2.3 多层排岩

为了在有限的面积内增加排土场的受岩容积，可采用多层排岩。多层排岩就是在几个不

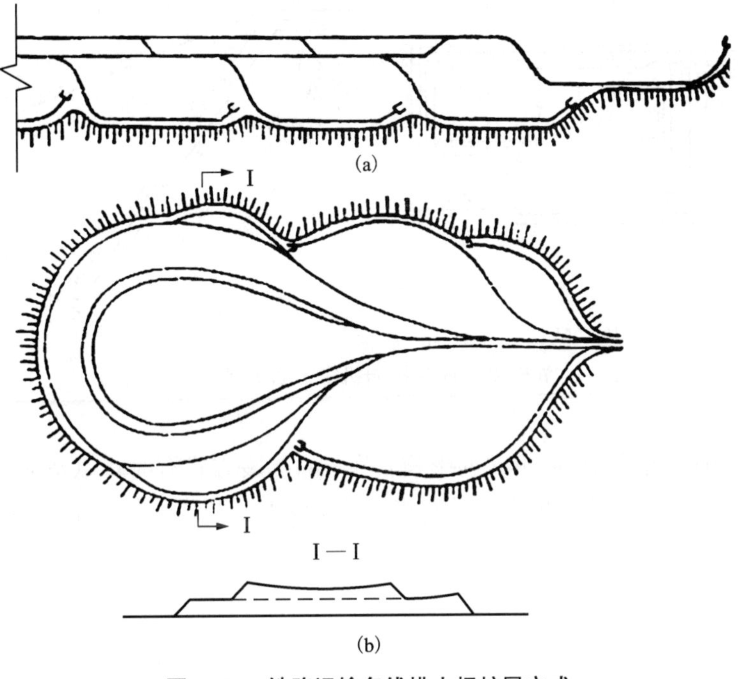

图 5-26 铁路运输多线排土场扩展方式

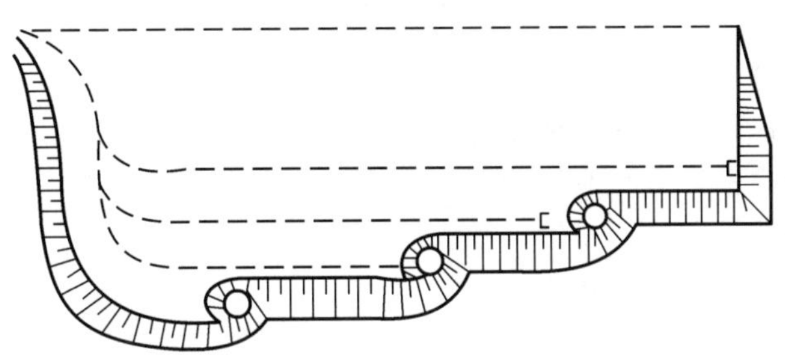

图 5-27 多线排土场挖掘机并列排岩

同水平上同时进行排岩，并向同一方向发展。为此可采用直进式或折返式线路，建立各分层之间的运输联系，各层排土线的发展在空间与时间关系上要合理配合。为保证安全和正常作业，上、下两台阶之间应保持一定的超前距离，并使之均衡发展。

5.4.2.4 胶带排岩机排土场扩展方式

胶带排岩机排土场扩展方式主要有平行扩展[如图 5-28(a)]、扇形扩展[如图 5-28(b)]及混合扩展三种方式。

扇形扩展方式的干线胶带运输机直接与排土线上的移动胶带运输机连接，每一条排土线有一个回转中心，排土线以回转中心为轴呈扇形扩展。它的布置和移设工作都比较简单，且运距相对稳定，但排土线上的排岩宽度不等，其平均排岩带宽度只相当于平行扩展时的一半。在多层排岩时其上下排岩平台间的时空发展关系复杂，并相互制约。

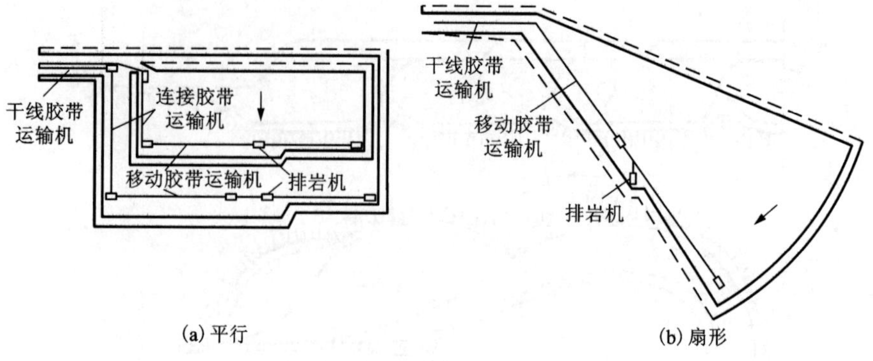

(a) 平行　　(b) 扇形

图 5-28　胶带排岩机排土场扩展方式

受排土场范围、地形条件和形状的影响，单一的扩展方式有时难以适应或效果不佳，故应因地制宜采用平行与扇形的混合扩展方式，以发展平行和扇形扩展的各自优点与适应性，提高排岩效率。

课后习题

1. 排土(排岩)工作的概念是什么?
2. 简述排土场的选址应遵循哪些原则。
3. 排土场堆置要素分别有哪些?各有什么要求?
4. 简述露天开采公路运输常用排土方法。
5. 简述露天开采铁路运输常用排土方法。
6. 简述胶带运输排土的使用条件。
7. 简述排土线的扩展方式。
8. 影响排岩工艺选择的因素有哪些?

第6章　露天开采境界

6.1　概述

6.1.1　露天开采境界的组成及其影响因素

PPT

露天开采境界指露天矿开采某一时期或终了时所形成的采场空间的边界，它由露天采场的地表境界、底部境界和周围边坡组成。露天开采境界设计的目的是合理确定露天矿的底部边界、最终边坡和开采深度。

由于矿床埋藏条件不同，确定矿床开采方式时可能遇到下列三种情况：矿床全部宜用地下开采；矿床上部宜用露天开采、下部宜用地下开采；矿床全部宜用露天开采，或上部宜用露天开采而剩余部分暂不开采。

对于后两种情况，需要确定露天开采的合理境界。

露天开采境界的大小决定了露天矿的开采储量和剥离岩量。开采境界的位置及其演化与露天矿开拓、采剥程序、生产能力以及基建工程量密切相关，直接影响矿床开采的总体经济效果。因此，合理确定露天开采境界不仅是一个技术问题，还是一个经济问题。

影响露天开采境界的因素很多，归纳起来有以下三个方面：

(1)自然因素：包括矿体埋藏条件，矿床勘探程度及储量等级，矿石和围岩的物理力学性质，工程地质条件，矿区地形和水文地质条件。

(2)经济因素：包括矿石的品位和价值，原矿和精矿的成本及售价，基建投资和建设期限，国家及地区经济发展的方针及政策。

(3)技术组织因素：主要指露天开采与地下开采的技术水平、装备水平和发展趋势，以及制约和促进其应用推广的技术与组织条件。

以上各种因素，对不同地区、不同矿床、不同开采时期所起的作用是不同的。因此，在确定露天开采境界时，必须全面分析和综合考虑各种因素，分清主次关系。

应该指出，露天开采境界不是一成不变的。随着科学技术的发展和市场对矿石的需求量的增加，露天开采经济效果的改善，原来设计的开采境界常常要扩大。另外，当所确定的露天开采境界很大、服务年限很长时，为提高前期的开采经济效益，通常采用分期开采，即先确定前期开采的小境界，开采一段时间后再逐渐过渡到最终境界，因此要确定相应的分期开采境界。

6.1.2　剥采比的定义

露天矿剥离的岩石量与采出的矿石量之比称为剥采比，常用的单位为 m^3/m^3 或 t/t。在露天开采设计中，常用不同的剥采比反映不同的开采空间或开采时间的剥采关系。设计、生产和研究中经常涉及以下几种剥采比。

1. 平均剥采比 n_P

露天开采境界内总的岩石量 V_P 与总的矿石量 A_P 之比，即 $n_P=V_P/A_P$，如图 6-1(a)所示。它反映露天矿的总体经济效果，在设计中常作为参照指标，用来衡量境界设计的效果。

2. 分层剥采比 n_F

露天开采境界内某一水平分层的岩石量 V_F 与矿石量 A_F 之比，即 $n_F=V_F/A_F$，如图 6-1(b)所示。它反映了各水平开采时剥采比的变化情况，尽管露天矿极少采用单一水平生产，但分层矿岩量是计算平均剥采比和估算均衡生产剥采比的基础数据。

3. 生产剥采比 n_S

露天矿投产后某一生产时期的剥离岩石量 V_S 与采出矿石量 A_S 之比，即 $n_S=V_S/A_S$，如图 6-1(c)。它有许多衍生形式，可用来分析和反映露天矿生产中各种可能的剥采关系。在矿山生产统计中，它按年、季、月来计算。

4. 境界剥采比 n_J

露天开采境界增加单位深度所引起的岩石增量 ΔV 与矿石增量 ΔA 之比，是露天开采境界的一种边际值，在设计中常用于露天开采境界的经济分析。假若露天开采境界的最终边坡角和底部宽度固定不变，其深度由 $H-\Delta H$ 延伸到 H，境界内的岩石增量和矿石增量分别记作 ΔV 和 ΔA，如图 6-1(d)，则 $n_J=\Delta V/\Delta A$。

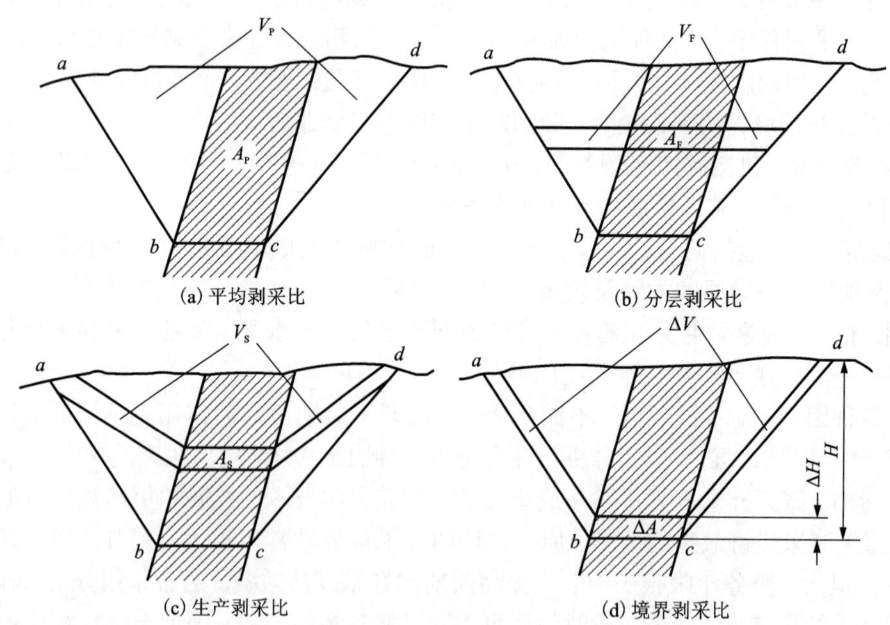

图 6-1　剥采比示意图

5. 经济合理剥采比 n_{JH}

在当前的技术经济条件下，经济上允许的最大剥采比，其计算方法和运用方法因矿床开发的技术经济目标不同而异，需要通过技术经济研究和分析后确定。它是确定露天开采境界的主要依据。

6. 储量剥采比和原矿剥采比

原矿指实际采出的矿石产品。在露天开采过程中，因各种原因造成一部分地质储量不能被开采出来，即发生矿石损失；同时，开采出来的矿石中会混入少量岩石，使采出矿石的品位低于地质储量品位，即发生矿石贫化。因而工业储量与原矿量之间有一差值，此差值的大小受回收率和贫化率影响。这种关系反映到剥采比中，就有储量剥采比和原矿剥采比之分。储量剥采比 n 是露天开采境界内依据地质勘探报告所计算的岩石量 V_0 与矿石储量 A_0 之比，即 $n=V_0/A_0$；原矿剥采比 n'是同一范围内考虑开采损失和贫化后得出的剥离岩石量 V'与采出原矿量 A'之比，即 $n'=V'/A'$。严格地说，剥采比在设计计算中指的是储量剥采比，直接依据地质资料确定；而在生产统计中，为了工作方便，常采用原矿剥采比。显然，这两种剥采比可以互相换算。

依据实际贫化率ρ、实际回收率η 和视在回收率η'的定义，其三者关系式如式(6-1)~式(6-3)：

$$\rho = \frac{\alpha_0 - \alpha'}{\alpha_0 - \alpha''} \tag{6-1}$$

$$\eta = \frac{A_1}{A_0} \tag{6-2}$$

$$\eta' = \frac{A'}{A_0} = \frac{\eta}{1 - \rho} \tag{6-3}$$

式中：α_0——矿石的工业品位，%；

α'——原矿品位，%；

α''——围岩的含矿品位，%；

A_1——原矿 A'中回收的工业储量，t。

在露天开采境界内，开采前后的矿岩总量是相等的，如式(6-4)：

$$V' + A' = V_0 + A_0 \tag{6-4}$$

由以上各式以及储量剥采比和原矿剥采比的定义可得储量剥采比和原矿剥采比如式(6-5)和式(6-6)：

$$n = (n' + 1)/\eta' - 1 \tag{6-5}$$

$$n' = (n + 1) \cdot \eta' - 1 \tag{6-6}$$

露天开采的视在回收率 η'一般为 0.95~1.05，因而储量剥采比与原矿剥采比的数值相差不大。

6.2 经济合理剥采比的确定

确定经济合理剥采比的方法可分成比较法和价格法两类。比较法的实质是将露天开采与地下开采的经济效果进行比较来确定经济合理剥采比，用于划分矿床露天开采(露采)和地下开采(地采)的界线，这类方法中常用的有产品成本比较法和储量盈利比较法等。价格法的实质是将露天开采的成本与矿石销售价格进行比较来确定经济合理剥采比，用于矿床露天开采的场合。以下讨论的经济合理剥采比对应原矿剥采比。

6.2.1 比较法

1. 产品成本比较法

常用的产品成本比较法主要有原矿成本比较法和精矿成本比较法。

(1)原矿成本比较法。

露天开采的原矿成本 C_L(元/t)包括纯采矿成本 a(元/t)和所分摊的剥离费用两部分，如式(6-7)：

$$C_L = a + \frac{n'}{r}b \tag{6-7}$$

式中：n'——原矿剥采比，m^3/m^3；

r——矿石的密度，t/m^3；

b——露天开采的剥离成本，元/m^3。

将原矿的地采成本作为露采成本的上限，并以此为依据来确定经济合理剥采比，如式(6-8)：

$$a + \frac{n'}{r}b \leqslant C_D \tag{6-8}$$

式中：C_D——地下开采的原矿成本，元/t。

由上式可得原矿剥采比如式(6-9)：

$$n' \leqslant \frac{r}{b}(C_D - a) \tag{6-9}$$

上式右边算式的值记为 n'_{JH}，如式(6-10)：

$$n'_{JH} = \frac{r}{b}(C_D - a) \tag{6-10}$$

n'_{JH}表示每吨原矿的露采成本不大于地采成本时允许的最大剥采比，即经济合理剥采比。原矿成本比较法通常适用于露天开采和地下开采的矿石损失和废石混入率相差不大、矿石不贵重且地下开采有盈利的情况。

(2)精矿成本比较法。

这种方法是以精矿(或矿产品)作为计算基础，使露采的精矿成本不大于地采精矿成本，并考虑露天开采与地下开采在贫化率上的差别，如式(6-11)：

$$\frac{D_L}{K_L} + \frac{n'b}{rK_L} \leqslant \frac{D_D}{K_D} \tag{6-11}$$

式中：D_L、D_D——露采和地采每吨原矿所分摊的采矿、选矿费用，元/t；

K_L、K_D——露采和地采每吨原矿的精矿产出率。

类似于原矿成本比较法，可得经济合理剥采比，如式(6-12)：

$$n'_{JH} = \frac{r}{b}\left(\frac{K_L}{K_D}D_D - D_L\right) \tag{6-12}$$

原矿的精矿产出率，如式(6-13)：

$$K = \alpha' \frac{\varepsilon}{\beta} \tag{6-13}$$

式中：ε——选矿回收率，%；

β——精矿品位，%。

由式(6-1)可知原矿品位如式(6-14)：

$$\alpha' = \alpha_0(1-\rho) + \alpha''\rho \tag{6-14}$$

假定$\beta_L=\beta_D$，则经济合理剥采比如式(6-15)：

$$n'_{JH} = \frac{r}{b}\left\{\frac{[\alpha_0(1-\rho_L)+\alpha''\rho_L]\varepsilon_L}{[\alpha_0(1-\rho_D)+\alpha''\rho_D]\varepsilon_D}D_D - D_L\right\} \tag{6-15}$$

当露天开采和地下开采的原矿品位差别很大，使选矿后的精矿品位相差悬殊，从而引起冶炼回收率有很大差别时，就要计算到冶炼后的金属成本，称为金属成本比较法。计算方法是将公式(6-12)中原矿的精矿产出率换为原矿的金属产出率。

2. 储量盈利比较法

将单位工业储量的地下开采盈利作为露天开采盈利的下限，如式(6-16)：

$$\eta'_L u_L - \frac{\eta'_L}{r}n'b \geqslant \eta'_D u_D \tag{6-16}$$

式中：u_L、u_D——露采和地采每吨原矿的最终盈利。

类似于产品成本比较法，其经济合理剥采比如式(6-17)：

$$n'_{JH} = \frac{r}{b}\left(u_L - \frac{\eta'_D}{\eta'_L}u_D\right) \tag{6-17}$$

若矿山企业的最终产品为原矿，并允许$\alpha'_L \neq \alpha'_D$(α'_L和α'_D分别为露采和地采的原矿品位)，则露采和地采每吨原矿最终盈利分别如式(6-18)和式(6-19)：

$$u_L = P'_L - a \tag{6-18}$$

$$u_D = P'_D - C_D \tag{6-19}$$

式中：P'_L、P'_D——露采和地采的原矿销售价格，元/t。

若最终产品为精矿(或其他矿产品)，并允许$\beta_L \neq \beta_D$(β_L和β_D分别为露采和地采的精矿品位)，则最终盈利分别为式(6-20)和式(6-21)。

$$u_L = K_L P_L - D_L \tag{6-20}$$

$$u_D = K_D P_D - D_D \tag{6-21}$$

式中：P_L、P_D——露采和地采所获精矿的销售价格，元/t。

6.2.2 价格法

价格法要求露采的矿产品成本不得超过其销售价格，如式(6-22)：

$$\eta'_L u_L - \frac{\eta'_L}{r}n'b \geqslant 0 \tag{6-22}$$

由此可得经济合理剥采比，如式(6-23)：

$$n'_{JH} = \frac{r}{b}u_L \tag{6-23}$$

单位工业储量的盈利可以计算到原矿，也可以计算到精矿或金属。

若要求露天开采的矿产品能获得预定的最低利润，可在上式中引入单位工业储量的露天开采最小利润。若考虑投资回收，可按单位工业储量矿石生产费与分摊的额定投资回收值之和不超过产品销售价格的原则进行计算。

6.2.3 各种方法的相互关系及适用条件

储量盈利比较法是确定经济合理剥采比的基本方法，上述其余的比较法和价格法都是该方法的特殊形式。

假设露采和地采单位工业储量所获得原矿的数量和质量均相同，即 $\eta'_L=\eta'_D$ 和 $\alpha'_L=\alpha'_D$，则有 $\eta'_D/\eta'_L=1$ 和 $P'_L=P'_D$。在这种情况下，储量盈利比较法简化为原矿成本比较法，如式(6-24)：

$$\frac{r}{b}\left[(P'_L-a)-\frac{\eta'_D}{\eta'_L}(P'_D-C_D)\right]=\frac{r}{b}(C_D-a) \tag{6-24}$$

因此，在上述条件下只需露天开采的原矿成本不大于地下开采，就可以充分保证单位工业储量的露天开采最终盈利不小于地下开采盈利。

若露采和地采单位工业储量所获精矿数量和质量均相同，即 $\eta'_L K_L=\eta'_D K_D$ 和 $\beta_L=\beta_D=\beta$，则有 $\eta'_D/\eta'_L=K_L/K_D$ 和 $P_L=P_D$，于是可得式(6-25)：

$$\frac{r}{b}\left[(K_L P_L-D_L)-\frac{\eta'_D}{\eta'_L}(K_D P_D-D_D)\right]=\frac{r}{b}\left(\frac{K_L}{K_D}D_D-D_L\right) \tag{6-25}$$

上式表明，此时可以通过比较精矿成本来反映储量盈利情况，即精矿成本比较法与储量盈利比较法在这种情况下等价。

显然，当矿床仅适用露天开采而不宜用地下开采时，意味着 $u_D=0$，此时储量盈利比较法就简化为价格法，如式(6-26)：

$$\frac{r}{b}\left(u_L-\frac{\eta'_D}{\eta'_L}u_D\right)=\frac{r}{b}u_L \tag{6-26}$$

上述各种计算方法及其分类依据如表 6-1 所示。分类依据是各种计算方法的理论适用条件，由此可以引申出三种方法对应的技术条件和实际应用条件，如表 6-2 所示。

表 6-1 储量盈利比较法系列计算方法及其分类

计算方法	计算公式		分类依据（适用条件）
	精矿	原矿	
储量盈利比较法	$\frac{r}{b}\left[(K_L P_L-D_L)-\frac{\eta'_D}{\eta'_L}(K_D P_D-D_D)\right]$	$\frac{r}{b}\left[(P'_L-a)-\frac{\eta'_D}{\eta'_L}(P'_D-C_D)\right]$	产品数量不等且质量不限
产品成本比较法	$\frac{r}{b}\left(\frac{K_L}{K_D}D_D-D_L\right)$	$\frac{r}{b}(C_D-a)$	产品数量相等且质量相同
价格法	$\frac{r}{b}(K_L P_L-D_L)$	$\frac{r}{b}(P'_L-a)$	不宜地下开采

表 6-2　经济合理剥采比计算方法的适用条件

计算方法	适用条件		
	理论条件	技术条件	实际应用条件
原矿成本比较法	$\eta'_L=\eta'_D$ 及 $\alpha'_L=\alpha'_D$	$\eta_L=\eta_D$ 及 $\rho_L=\rho_D$	$\eta_L\approx\eta_D$ 及 $\rho_L\approx\rho_D$
精矿成本比较法	$\eta'_LK_L=\eta'_DK_D$ 及 $\beta_L=\beta_D$	$\eta_L=\eta_D$ 及 $\varepsilon_L=\varepsilon_D$	$\eta_L\approx\eta_D$ 及 $\varepsilon_L\approx\varepsilon_D$
储量盈利比较法	$\eta'_L\neq\eta'_D$ 或 $\eta'_LK'_L\neq\eta'_DK_D$	$\eta_L\neq\eta_D$	$\eta_L>\eta_D$

需要指出的是，在进行露天开采境界设计时，必须把上述各式计算的经济合理剥采比n'_{JH}换算成对应于储量剥采比的经济合理剥采比 n_{JH}。

6.2.4　其他计算方法

依据上述各种方法的计算原理，还可以推导出适用于多金属矿床、有副产矿物矿床的经济合理剥采比计算公式。

对于多金属矿床，需要考虑每一种金属的回收和加工。在设计时，通常是以一种金属为主，将原矿的其他金属品位，按其回收价值占总回收价值的比例，折算成主要金属的原矿品位，然后按前述单金属矿床的公式计算，一般只算到精矿为止。

在某些露天矿的剥离岩石中，有时含有其他有用矿物和表外矿量，可以与主要矿石一并采出利用。这些副产矿物属剥离对象，露天开采时它们无须额外支付费用，但地下开采时则要付回采费，因此露天开采时附带回收它们可以提高经济合理剥采比。副产矿物价值通常低廉，一般用原矿成本比较法即可。

6.3　露天开采境界的设计原理与准则

露天开采境界的确定，实质上是对剥采比的大小加以控制，使之不超过经济合理剥采比。然而，究竟要控制哪一种剥采比，存在不同观点，目前常用的是控制境界剥采比、平均剥采比和生产剥采比三种原则。

6.3.1　境界剥采比不大于经济合理剥采比原则

该原则的实质是露采的边界经济效益不劣于地采经济效益，技术经济目标是使整个矿床的开采盈利最大。

设有最大埋深为 H_0 的规则矿床，横断面如图 6-2 所示。矿床上部和下部分别采用露采和地采，其开采盈利可以表示为露采境界深度 H 的函数 $u(H)$，如式(6-27)：

$$u(H)=mHr\eta'_Lu_L-[(\cot\gamma+\cot\beta)H^2/2+(1-\eta'_L)Hm]b+(H_0-H)mr\eta'_Du_D \quad (6-27)$$

函数 $u(H)$ 的一阶导数和二阶导数分别如式(6-28)和式(6-29)：

$$\frac{du}{dH}=mr\eta'_Lu_L-mr\eta'_Du_D-[(\cot\gamma+\cot\beta)H+(1-\eta'_L)m]b \quad (6-28)$$

$$\frac{d^2u}{dH^2}=-(\cot\gamma+\cot\beta)b<0 \quad (6-29)$$

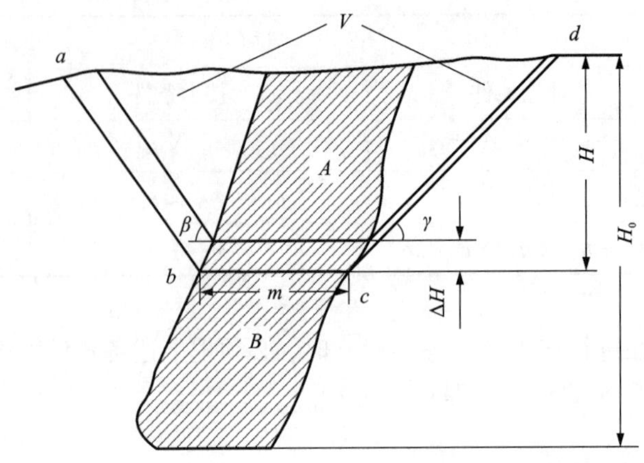

图 6-2　$n_J \leqslant n_{JH}$ 原则的实质

由上式可知，$u(H)$ 有极大值。令 $du/dH=0$，可以获得使 $u(H)$ 达到最大值的露采境界最佳深度，并由此可以得出开采境界最佳深度所对应的技术经济条件，如式(6-30)：

$$\frac{(\cot\gamma + \cot\beta)H + m}{m\eta'_L} - 1 = \frac{r}{b}\left(u_L - \frac{\eta'_D}{\eta'_L}u_D\right) \tag{6-30}$$

上式等号左边和右边分别为原矿境界剥采比和由盈利比较法确定的经济合理剥采比。

目前，国内外普遍运用 $n_J \leqslant n_{JH}$ 原则来圈定露天开采境界。但是，对于某些覆盖层较厚或不连续的矿体，这一原则不适用。如图 6-3 所示的矿体，$abcd$ 是按这一原则确定的露天开采境界，但其平均剥采比大于经济合理剥采比，这意味着该境界在经济上明显不合理。

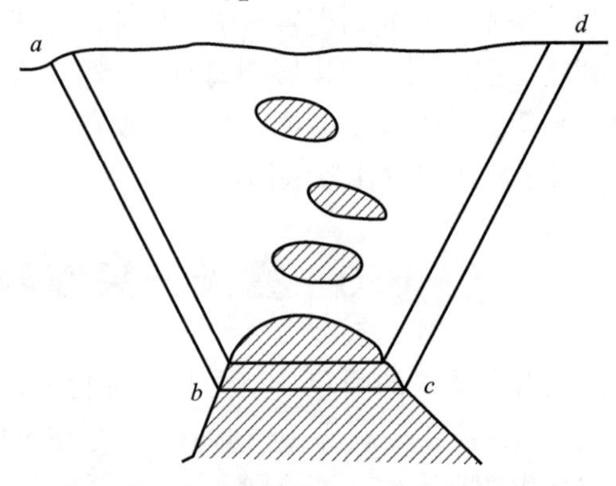

图 6-3　不宜用 $n_J \leqslant n_{JH}$ 原则的矿体

6.3.2　平均剥采比不大于经济合理剥采比原则

这一原则要求露天开采的总体经济效益不劣于地下开采。如图 6-4 所示，设 $abcd$ 是露天开采境界，境界内矿石量为 A、岩石量为 V，$\eta_L = \eta_D$，$\rho_L = \rho_D$ 和 $\eta'_L = \eta'_D = 1$。根据原矿成本比较法得出式(6-31)和式(6-32)：

$$Ara + Vb \leqslant ArC_D \tag{6-31}$$

$$\frac{V}{A} = \frac{r}{b}(C_D - a) \tag{6-32}$$

式(6-31)的左边是平均剥采比 n_P，右边是经济合理剥采比 n_{JH}。

可以证明，平均剥采比不大于经济合理剥采比原则的技术经济目标是：在满足露采的平均经济效益不劣于地采的条件下，使划归露天开采境界的矿石储量最大。这一原则是采用算术平均的方法，因此难免使露天开采某些时期的经济效果劣于地下开采。

对于某些贵重或稀有矿物的高价值矿床或小型矿山，为了尽量采用露天开采以减少矿石的贫化损失，可以运用这个原则来确定开采境界，以扩大露天开采范围。

$n_P \leqslant n_{JH}$ 原则可以与 $n_J \leqslant n_{JH}$ 原则联合使用。对于某些覆盖层厚度大或不连续的矿体，按 $n_J \leqslant n_{JH}$ 原则圈出开采境界后，还要核算该境界内的平均剥采比，看它是否满足 $n_P \leqslant n_{JH}$ 原则。

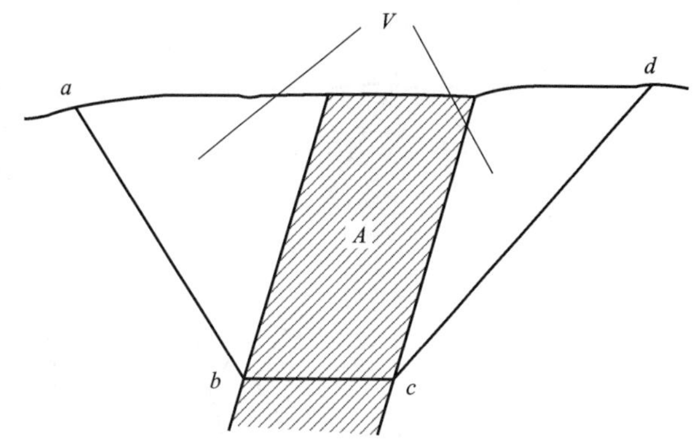

图 6-4 $n_P \leqslant n_{JH}$ 原则的实质

6.3.3 生产剥采比不大于经济合理剥采比原则

生产剥采比可以反映露天矿生产的实际剥采比。因此按 $n_S \leqslant n_{JH}$ 原则确定开采境界，可以使露天矿任何生产时期的经济效益都不劣于地下开采。该原则中的生产剥采比，可以是均衡的生产剥采比，也可以是非均衡的生产剥采比。

按该原则圈定的露天开采境界，比按 $n_P \leqslant n_{JH}$ 原则圈定的小，比按 $n_J \leqslant n_{JH}$ 原则圈定的大。因此，随之而来的初始剥离量和基建投资也较大。另外，由于生产剥采比通常只能在圈定了露天开采境界并相应地确定了开拓方式和开采程序之后才能确定，最大生产剥采比出现的时间、地点、数值及其变化规律，都有很大的不确定性，因而与该原则相应的设计方法的可操作性较差。鉴于上述原因，这个原则很少采用。

另外，石灰石、白云石等剥离量小而储量大的低价矿床，有时要根据对矿石的需要量或勘探程度来确定露天开采境界。

6.4 境界剥采比的计算方法

境界剥采比有许多计算方法，分别适用于不同技术特征的矿床。下面讨论地质横剖面图计算法和平面图计算法。

6.4.1 地质横剖面图计算法

该方法常用于长宽比大于 4 的长露天矿，且厚度变化较小的倾斜、急倾斜矿体。常用的地质横剖面图计算法有面积比法和线段比法，两者原理相同，但线段比法更为简便。下面仅讨论线段比法。

根据境界剥采比的定义，可推导出线段比法，其原理如图 6-5 所示。

该图表示地形平坦的规则矿体的水平厚度为 m，倾角为 α，露天开采境界的顶、底帮边坡角分别为 γ 和 β，$abcd$ 和 $a_1b_1c_1d_1$ 分别是深度 H 和 $H-\Delta H$ 的境界，ag 和 dh 为 cc_1 的平行线。为了确定境界剥采比，需要分别计算四边形 b_1c_1cb、aa_1b_1b 和 d_1dcc_1 的面积 ΔA、ΔV_1 和 ΔV_2。根据几何关系有：

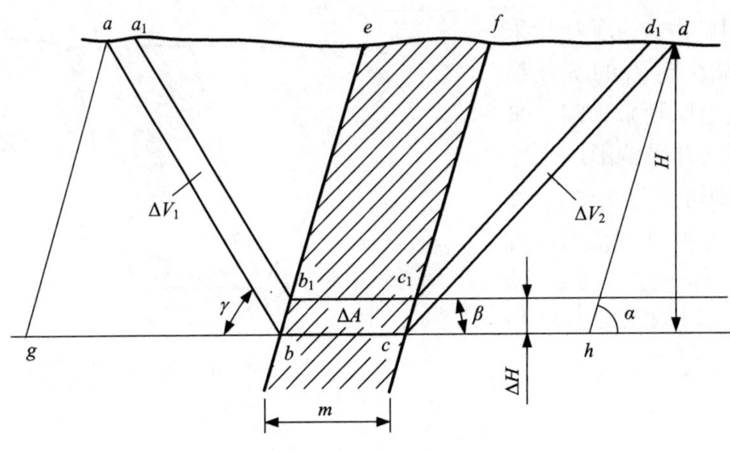

图 6-5 线段比法的原理

$$\Delta A = m \cdot \Delta H$$

$$\begin{aligned}\Delta V_1 &= \Delta abe - \Delta a_1 b_1 e \\ &= \frac{1}{2}H(\cot\gamma + \cot\alpha) - \frac{1}{2}(H - \Delta H)(\cot\gamma + \cot\alpha)(H - \Delta H) \\ &= (\cot\gamma + \cot\alpha)H \cdot \Delta H - \frac{1}{2}(\cot\gamma + \cot\alpha)\Delta H^2\end{aligned}$$

$$\Delta V_2 = \Delta dcf - \Delta d_1 c_1 f = (\cot\beta - \cot\alpha)H \cdot \Delta H - \frac{1}{2}(\cot\beta - \cot\alpha)\Delta H^2$$

由此可得岩石增量与矿石增量之比值，如式(6-33)：

$$\frac{\Delta V}{\Delta A} = \frac{\Delta V_1 + \Delta V_2}{\Delta A} = \frac{(\cot\gamma + \cot\alpha)H + (\cot\beta - \cot\alpha)H - (\cot\gamma + \cot\beta)\Delta H/2}{m}$$

当 $\Delta H \to 0$ 时，可得境界剥采比：

$$n_J = \frac{(\cot\gamma + \cot\alpha)H + (\cot\beta - \cot\alpha)H}{m} = \frac{ae + df}{bc} = \frac{gb + ch}{bc} \tag{6-33}$$

上式表明，境界剥采比 n_j 可用线段($gb+ch$)与 bc 的长度之比来确定。

一般情况下，用投影线段比法计算境界剥采比的步骤如下：首先绘出深度 H 的露天开采境界 $abcd$，如图 6-6 所示，它交地表于 a、d 两点，交分支矿体于 e、f、g、h 诸点；再确定境界底部的延深方向，即将本水平一侧下部境界点 c 与上水平同侧下部境界点 c_0 相连，得投影方向线 cc_0；然后依次从 a、e、f、g、h、d 作 cc_0 的平行线，交水平线 bc 于 a_1、e_1、f_1、g_1、h_1、d_1。深度 H 的境界剥采比如式(6-34)：

$$n_J = \frac{a_1e_1 + f_1b + cg_1 + h_1d_1}{e_1f_1 + g_1h_1 + bc} \tag{6-34}$$

上式是储量境界剥采比的计算公式，简化后如式(6-35)：

$$n_J = \frac{(\cot\gamma + \cot\beta)H}{m} \tag{6-35}$$

将式(6-35)代入式(6-5)，可以得到原矿境界剥采比的计算公式，如式(6-36)：

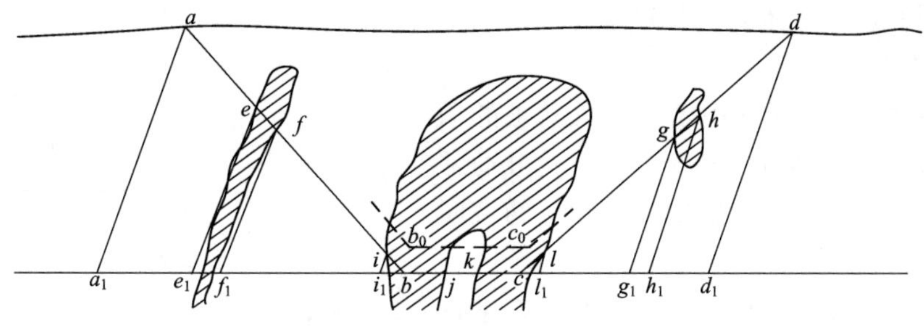

图 6-6　线段比法

$$n'_J = \frac{(\cot\gamma + \cot\beta)H + m}{m\eta'} - 1 \qquad (6-36)$$

6.4.2　平面图计算法

对于长宽比小于 4 的短露天矿，为了考虑端帮岩石量的影响，常用平面图来计算境界剥采比，如图 6-7 所示。

图 6-7 中 $abcd$ 表示露天开采境界，在深度为 H 的分层平面图上，绘出露天矿底平面边界 $bb'cc'$。为了求境界剥采比，将露天矿地表边界、边坡面与分支矿体的交面 ef 垂直投影到平面图。计算 S_1、S_2、S_3 的面积，然后用面积比法计算境界剥采比，如式(6-37)：

$$n_J = \frac{S_1 - S_2 - S_3}{S_2 + S_3} = \frac{S_1}{S_2 + S_3} - 1 \qquad (6-37)$$

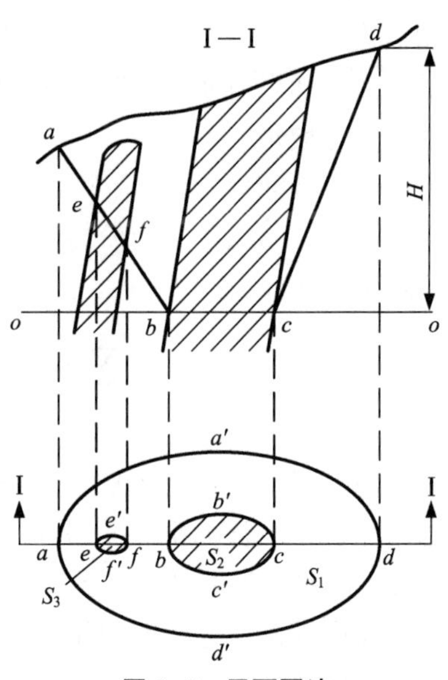

图 6-7　平面图法

6.5　露天开采境界的确定方法

确定露天开采境界是在露天矿主要的生产设备、生产工艺及工艺参数、露天矿剥采程序、开拓运输方式、线路参数等初步拟定以后进行的。

确定露天开采境界的方法，因矿床的赋存条件不同而异。下面仅以倾斜和急倾斜矿床为对象，介绍设计中广泛应用的按 $n_J \leqslant n_{JH}$ 原则确定露天开采境界的方法和步骤。

6.5.1　露天矿最终边坡角的选取

露天矿最终边坡角对露天矿的生产、安全与经济效益有很大影响。当开采深度一定时，边坡角越小，剥采比越大，经济效益越差；而过大的边坡角将导致边坡失稳，影响矿山正常生产。因此，露天矿的最终边坡角，在同时满足安全稳定条件和开采技术条件下，应尽可能加陡。

满足安全稳定条件的边坡角指根据边坡岩体的性质、工程地质和水文地质条件，通过稳定性分析计算，能保证边坡稳定的最终边坡角。在境界设计阶段，一般是参照类似矿山实际资料选取，并用已有的资料对其稳定性进行初步分析和简要计算。

满足开采技术条件的边坡角是指按边坡的构成要素确定的最终边坡角。露天矿最终边坡通常由安全平台、清扫平台、运输平台及相应的坡面组成，如图6-8所示。

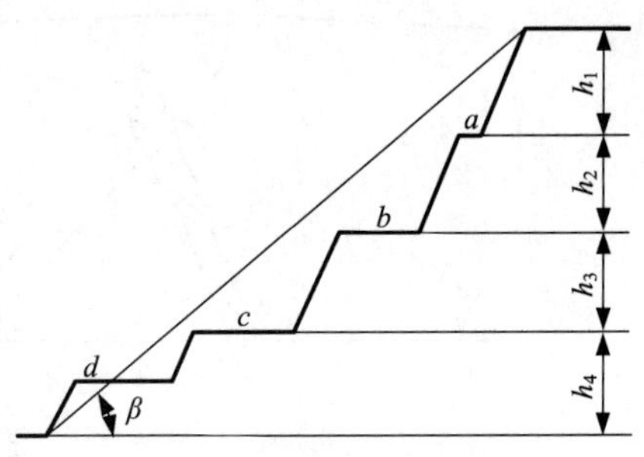

图6-8　露天矿的边坡组成

实践经验表明，较窄的安全平台和清扫平台在邻近边坡爆破时常遭破坏。近年来，国内外不少矿山采用预裂爆破并段，把2~3个台阶的坡面有控制地连成一体，然后设置一个宽度达10~12 m的清扫平台，以便有效地发挥拦截和清扫落石的作用。如果边坡稳定性较差，并段后的台阶易发生滑坡或塌落，则不宜并段，需采用较缓的最终边坡角。

最终台阶坡面角α，安全平台、清扫平台、运输平台和出入沟的宽度a、b、c、d，以及相应平台数n_1、n_2、n_3、n_4，台阶高度h等参数确定之后，符合开采技术条件的最终边坡角β可用式(6-38)计算：

$$\tan\beta = \sum_{i=1}^{n} h_i \Big/ \left(\sum_{i=1}^{n} h_i \cot\alpha + n_1 a + n_2 b + n_3 c + n_4 d \right) \tag{6-38}$$

式中：n——最终台阶数目。

对于急倾斜矿体，按上式计算的边坡角不得大于也不应过分小于按安全稳定条件确定的最终边坡角；对于缓倾斜矿体，若矿体倾角小于安全稳定边坡角，则底帮最终边坡角应等于矿体倾角，以便充分采出靠近下盘的矿石。

对于短露天矿，随着其凹陷深度的增加，适当加大其下部边坡角的合理性日益受到采矿科技工作者的关注。

6.5.2　确定露天矿底部宽度和位置

露天矿的最小宽度，应满足采掘运输设备在底部正常运行与安全作业的要求。公路运输回返式调车时，露天矿最小底宽如式(6-39)：

$$B_{\min} = 2(R_{\text{cmin}} + 0.5b_{\text{c}} + e) \tag{6-39}$$

式中：R_{cmin}——汽车最小转弯半径，m；

b_{c}——汽车宽度，m；

e——汽车距边坡的安全距离，m。

折返式调车时，露天矿最小底宽如式(6-40)：

$$B_{\min} = R_{\text{cmin}} + 0.5b_{\text{c}} + 2e + l_{\text{c}} \tag{6-40}$$

式中：l_{c}—汽车长度，m。

若矿体厚度小于最小底宽，则境界底部取最小底宽；若矿体厚度略大于最小底宽，则取矿体厚度；若矿体厚度远大于最小底宽，则取最小底宽。

当露天矿底部位置沿水平方向移动时，开采境界内的矿岩量和平均剥采比也随之发生变化。因此，在无其他特别要求的情况下，露天矿底部应置于平均剥采比最小的位置。

6.5.3　确定露天矿开采深度

确定长露天矿的合理开采深度时，先在各地质横剖面图上初步拟定开采深度，然后用纵剖面图调整露天矿底部标高。具体操作步骤如下所述。

1. 在地质横剖面图上初步拟定开采深度

在各横剖面图上，根据已确定的最终边坡角和底宽，选择适当的底部位置做出若干个不同深度的开采境界方案，如图 6-9 所示。当矿体埋藏条件简单时，方案可少取一些，反之应多取一些，并且必须包括矿体水平厚度有明显变化的深度。应当注意，当横剖面与矿体走向非正交时，该横剖面图上的最终边坡角是伪倾角。用线段比法计算各深度方案的境界剥采比。将各方案的境界剥采比与开采深度的关系绘成曲线，如图 6-10 所示，再绘出表示经济合理剥采比的水平线，两线交点的横坐标 H_J 就是该断面所寻求的理论开采深度。

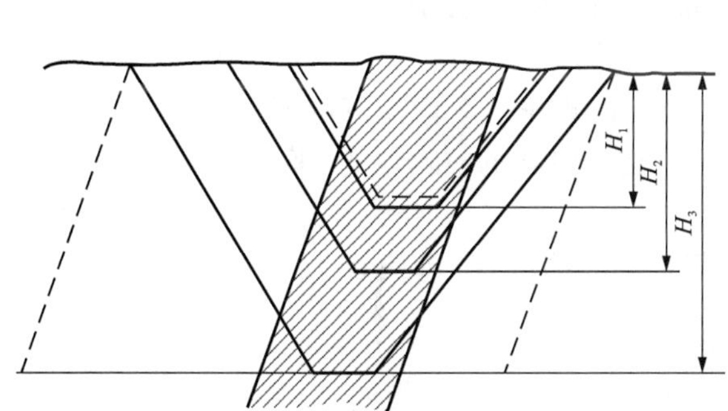

图 6-9　长露天矿开采深度的确定

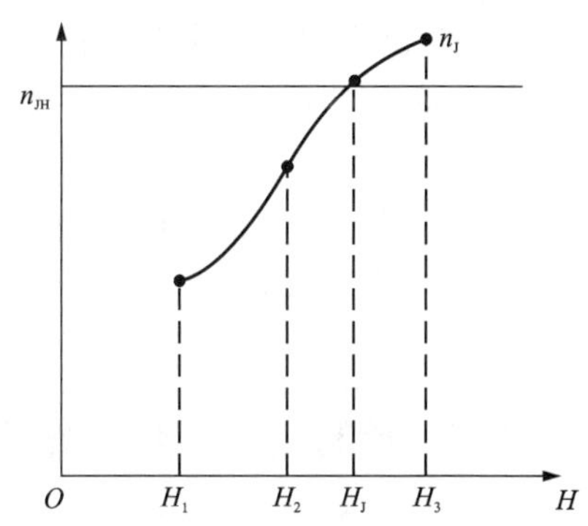

图 6-10　境界剥采比与开采深度的关系曲线

2. 在地质纵剖面图上调整露天矿底部标高

由于各横剖面上的矿体厚度和地面标高不同，相应的理论开采深度也不同。将这些开采深度投影到地质纵剖面图上，如图 6-11 所示，连接各点得到一条不规则的折线（图 6-11 中的虚线），即理论上的露天矿底。为了便于开采和布设运输线路，露天矿底部应设计成平面，

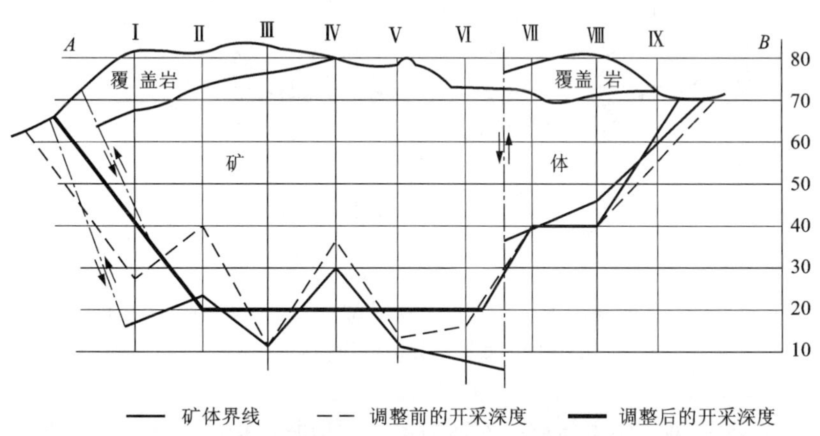

图 6-11　在地质纵剖面图上调整露天矿底平面标高（单位：m）

因此，在纵剖面图上，底部应调整为同一标高的水平线或由数段不同标高水平线连成的阶梯形折线。调整的原则是使划入和划出的开采境界的矿岩量基本平衡。图 6-11 中的水平粗实线便是调整后的设计开采深度。

确定短露天矿合理开采深度时，需要考虑端帮剥离岩石量的影响，一般采用平面图确定。步骤是初步拟定几个开采深度，然后在各深度相应的分层平面图上，按选定的最小底宽并参照矿体形状，绘出该水平的底部边界，计算各深度的境界剥采比，再绘制境界剥采比与开采深度的关系曲线，在曲线上找出境界剥采比等于经济合理剥采比的深度，就是露天矿的合理开采深度。

6.5.4 绘制露天矿底部边界

(1)按调整后的露天矿底部标高，绘制该水平的地质分层平面图。

(2)在各横剖面、纵剖面、辅助剖面图上，按确定的设计开采深度，绘制露天开采境界。

(3)将各剖面图上的露天矿底部位置(底部两侧的端点)分别投影到分层平面图上，依次连接各点，得出理论上的底部边界(图 6-11 中的虚线)。

(4)为了正常进行采装和运输工作，初步得出的理论边界尚需按以下要求加以修正：底部边界应尽量平直，弯曲部位的曲率半径要适应运输设备的技术性能，底部长度应保证运输道路的展线符合技术标准。

按上述步骤绘制的露天矿底部边界便是设计的底部边界，即图 6-11 中的粗实线。

6.5.5 绘制露天矿开采终了平面图

根据上文，露天开采境界的三个组成要素已全部确定，在此基础上便可绘制露天矿开采终了平面图，步骤如下：

(1)将露天矿的设计底部边界绘在透明纸上，标明底平面标高和核准的底平面位置，如图 6-12 所示。

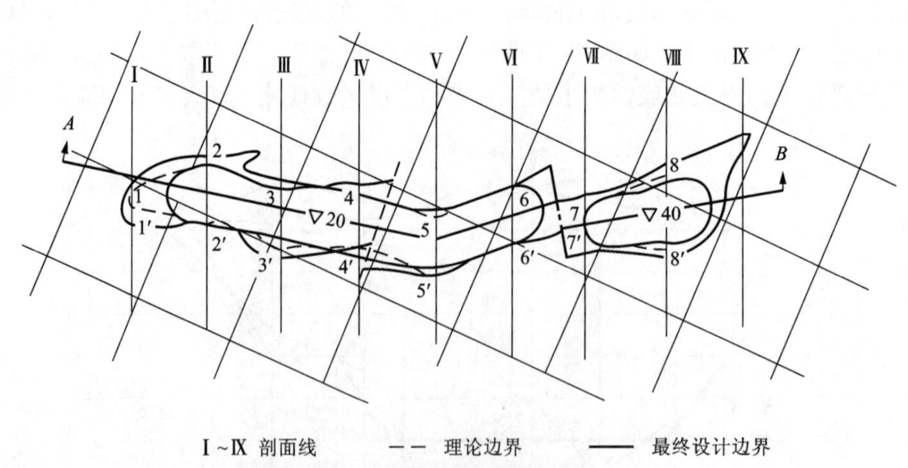

图 6-12 底部边界的确定(单位：m)

(2)将绘有底部边界的透明纸覆盖在地形图上，按照边坡组成要素，从底部边界开始由里向外依次绘出各个台阶的坡底线，初步圈定露天矿开采终了平面图，如图 6-13 所示。显然，凹陷露天矿的各台阶坡底线在平面图上是闭合的；山坡露天矿的台阶坡底线不能闭合，其末端应与同标高的地形等高线交接。

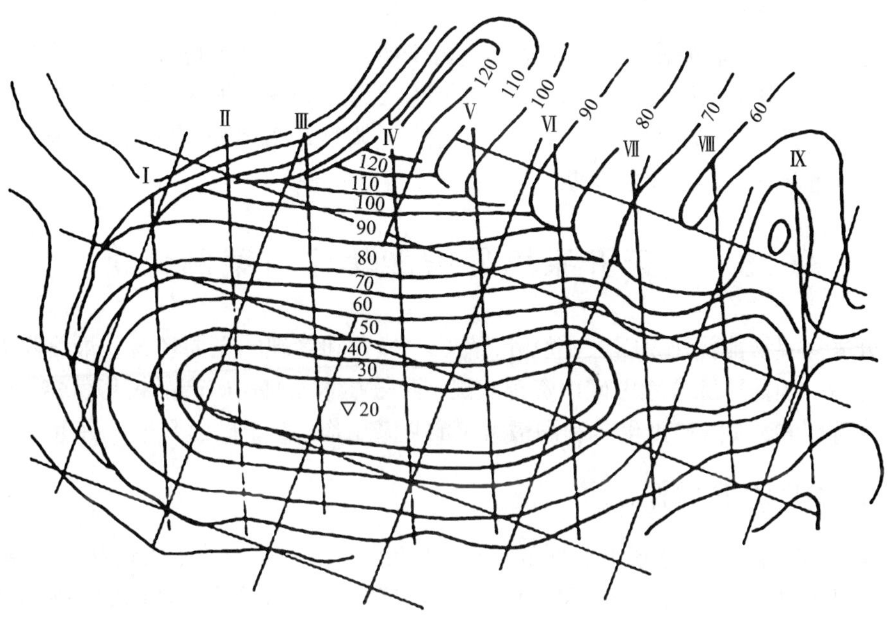

图 6-13　初步圈定的露天矿开采终了平面图(单位：m)

(3)在平面图上布置开拓运输路线，即定线。

(4)从底部边界开始，由里向外依次绘出各个台阶的坡面和平台。在布置开拓坑线的边帮上，绘出台阶间相互连通的倾斜运输平台，得到最终露天矿开采终了平面图，如图 6-14 所示。

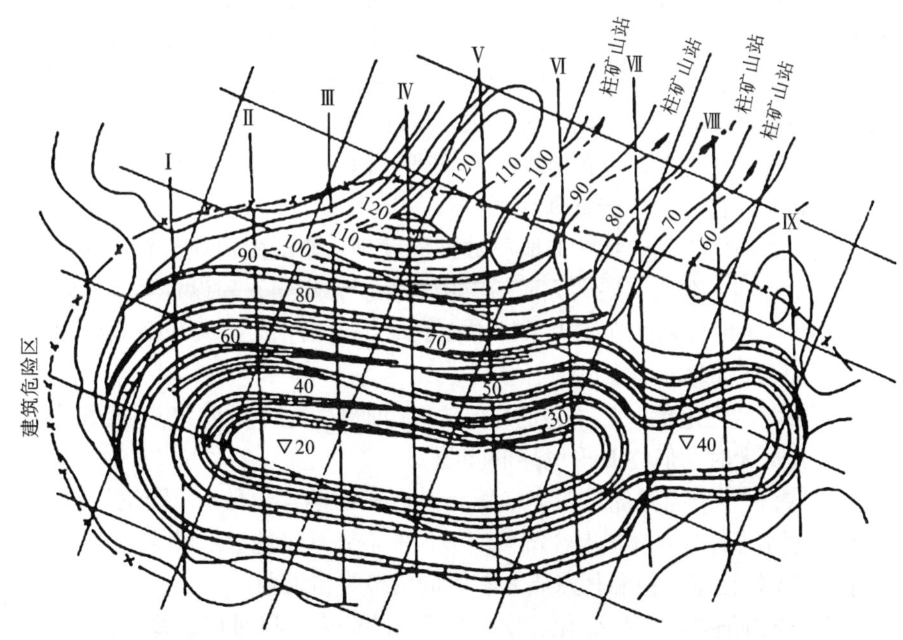

图 6-14　露天矿开采终了平面图(单位：m)

当开拓运输系统简单或设计经验丰富时，以上各步骤可以合并一次完成，即绘出露天矿底部边界后，根据定线方案，由里向外直接绘出各台阶的平台、坡面及出入沟，一步绘出露天矿开采终了平面图。

(5)检查和修正绘制的露天矿开采境界。由于原定的露天开采境界，特别是布置开拓坑线的边帮，常受开拓运输路线的影响，致使边坡角变缓，剥采比增大。因此，要重新计算和校核其境界剥采比与平均剥采比，若不符合要求，应调整开拓运输系统或采剥顺序，进行局部修改，甚至重新确定露天开采境界。

6.6 露天开采境界智能优化与案例分析

露天开采境界智能优化是露天矿设计、生产、经营和管理的重要环节。最终露天开采境界智能优化是一项需要综合考虑矿山资源状况、开采技术条件、矿产品销售价格、矿石开采及处理成本等因素，实现矿山生产利润最大化的复杂工作，对于矿山开采具有重要意义。

6.6.1 DIMINE 软件介绍

DIMINE 软件主要适用于矿业企业的地质、测量、采矿专业的技术人员和技术管理人员，全面实现了从矿床三维地质建模、储量计算、动态管理、测量验收及数据的快速成图；地下矿开采系统设计与开采单体设计、回采爆破设计、生产计划编制、矿井通风系统网络解算与优化；露天开采境界优化、露天采场设计、采剥顺序优化与计划编制到各种工程图表的快速生成等工作的可视化、数字化与智能化，是各矿业企业进行数字化矿山建设最佳的软件平台。

目前，DIMINE 软件已在国内相关单位成功应用，其中包括有色、黑色矿产等不同类型的矿山企业、设计院及大专院校，用户包括江西铜业集团、安徽铜陵矿业集团、云南玉溪矿业公司、中国铝业河南分公司、中核集团、云南金沙矿业公司、五矿集团邯邢冶金矿山管理局、新余钢铁集团、北京矿冶研究总院、兰州设计院、本钢设计院、中南大学、北京科技大学等，为企业带来的经济和社会效益正逐渐显现出来，同时也极大地改善和提高了地质工程师、测量工程师、采矿工程师及企业管理者们在生产管理过程中的技术信息交流水平和工作效率，进而提高了矿山企业的技术和生产管理水平。

该软件在地质方面的应用包括：①地质数据库管理；②剖面地质解译与三维地质建模；③储量计算与动态管理。在地下采矿方面的应用包括：①井巷工程设计；②单体设计；③回采爆破设计；④生产进度计划。在露天采矿方面的应用包括：①露天开采境界优化；②露天采场设计；③采剥顺序优化；④采剥计划编制。

其中露天开采境界优化是一个在满足几何约束(即最大允许帮坡角)和经济参数条件下，求总开采价值达到最大时的最终开采境界的问题。

DIMINE 软件露天开采境界优化功能采用具有严格数学逻辑的 LG 图论法进行露天开采境界优化，在任何情况下都可以求出经济价值最大的最终开采境界。特点如下：

(1)几何约束支持任意方位和任意高程有不同的最终帮坡角。

(2)采矿成本支持随高程发生变化，并考虑了采矿贫化率和回收率参数。

(3)选矿成本支持随选矿方法发生变化，并考虑了多元素和选矿回收率参数。

(4)矿石比重支持随品位发生变化，并考虑了复垦成本。

(5)优化结果直接输出最终开采境界及 Excel 格式的报表，报表具有开采矿石总量、平均品位、剥离废石总量、剥采比、开采成本、最终盈余等信息。

6.6.2　某矿山实例

地表模型是建立三维地质实体模型的重要组成部分，建立好地表模型，可以在宏观上对矿区所在位置有个完整的认识。同时，地表模型作为边界约束条件，还直接影响到技术经济指标和工程量的计算，因此，为了达到最好的实际效果，地表模型必须满足精度要求。地表模型一般由若干地形线和散点生成，在 DIMINE 软件中，系统根据每个点的坐标值，将所有点(线亦由散点组成)连成若干相邻的三角面，然后形成一个随着地面起伏变化的单层模型，因此需要首先用 AutoCAD 矢量化地形等高线图，然后导入 DIMINE 软件中进行高程赋值，最后用创建 DTM 指令生成数字地表模型。某矿山的地表模型如图 6-15 所示。

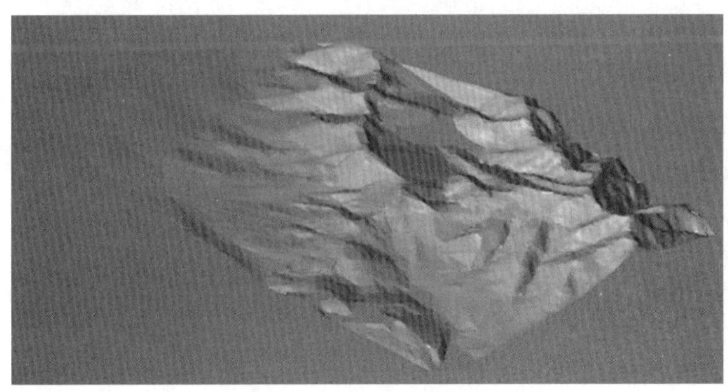

图 6-15　地表模型

块段建模是矿床品位推估及储量计算的基础，块段模型是将矿床在三维空间内按照一定的尺寸划分为众多的单元块，然后根据已知的样品对填满整个矿床范围内的单元块品位进行推估，并在此基础上进行储量的计算。DIMINE 软件采用块段模型与实体模型套合的方法，并基于变块技术使得块段模型在实体边界处的单元块的大小自动进行细分，以确保块段模型能够真实地反映矿体或其他实体的几何形态。DIMINE 软件为了描述矿床模型内部的属性，将矿床实体模型在三维空间内分为众多单元块，在边界处通过八叉树的方式次分块来控制边界。在资源储量估算中，利用块段模型可以准确地进行资源量和品级报告的统计分析。某矿山的块段模型如图 6-16 所示。

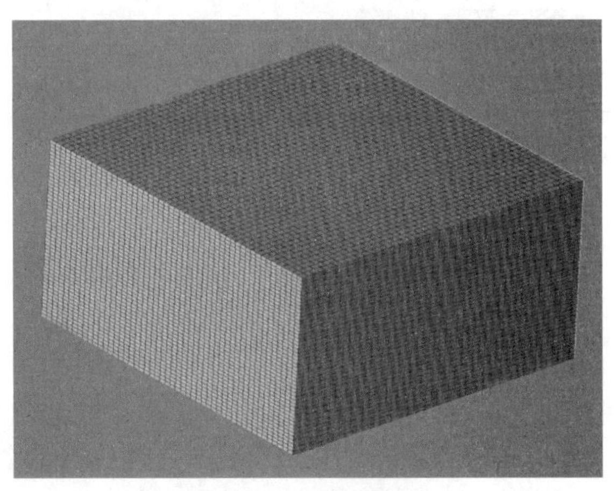

图 6-16　块段模型

6.6.3 智能优化过程

DIMINE 软件境界优化包括五个步骤：①价值模型参数设计；②成本参数设计；③露天边坡角度设计；④特殊开采约束；⑤输出。每一步中的参数选取是境界优化的决定因素，按照矿山实际情况和市场实际情况，参数设计如表 6-3 所示。其中细分级数按照计算机计算能力划分，级数越高，网格划分得越小，计算结果越精确。按照表 6-3 对境界优化进行参数设计，首先将实例中的块段模型和地表模型导入，然后输入参数，参数输入完毕即可进行计算，步骤如图 6-17 所示。图中折扣率是指按照实际情况对矿石售价进行打折，可以同时计算出不同折扣率的结果。

表 6-3　境界优化参数选取表

项目类型	参数选取
开采标高/m	>0
矿石采矿成本/(元·t^{-1})	35
岩石开采成本/(元·t^{-1})	15
复垦成本/(元·t^{-1})	0.1
选矿成本/(元·t^{-1})	20
矿石售价/(元·t^{-1})	1200
矿山回采率/%	95
矿山贫化率/%	5
最终边坡角/(°)	45
细分级数	6

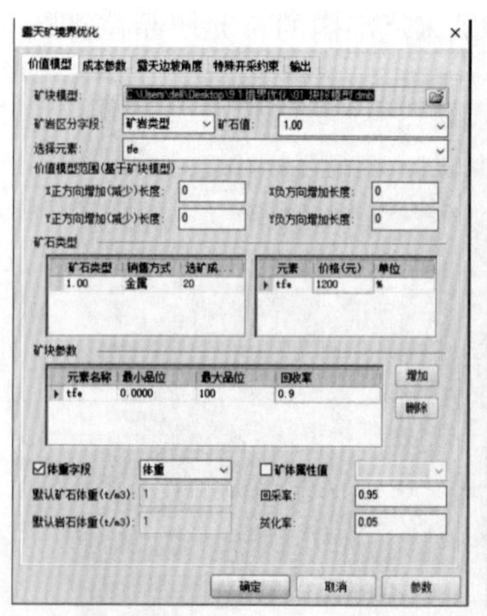

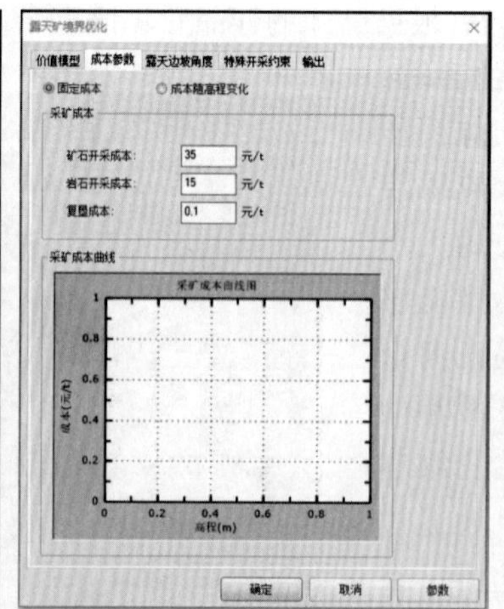

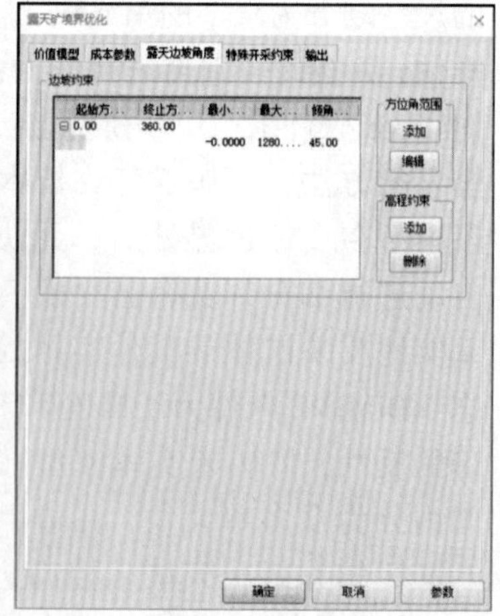

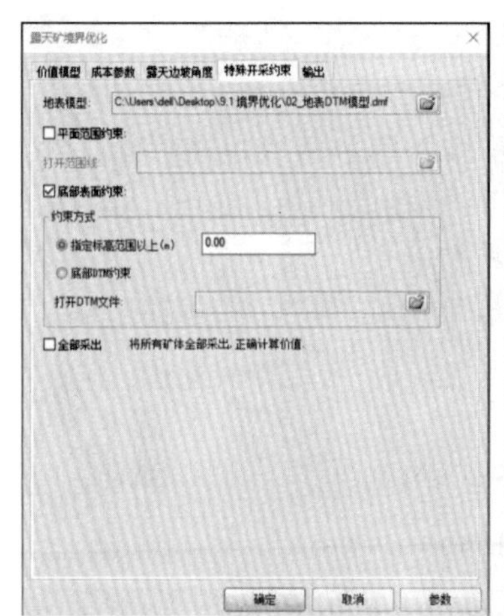

图 6-17　参数设置过程

6.6.4　智能优化结果

按照上述优化过程可得到如下结果，如表 6-4 和图 6-18 所示。从结果中可以看出，当折扣率为 0.9 时，开采的矿石量和废石量都减少了，开采的金属量也减少了，能够开采的矿石平均品位增加。收入减少了将近 4 个亿，最终盈余也从 9.7 亿降到 7.4 亿，减少了 2.3 亿，剥采比由 6.66 变成 6.1。因为开采范围减小，所以复垦成本减少了 100 多万。因此，矿石的最终售价决定着矿山的开采规模。

表 6-4　境界优化报告

折扣率	1			0.9		
岩石类型	矿石	废石	总计	矿石	废石	总计
产量	9154389	60934946		8423913	51388618	
金属量/t	1994796			1839254		
平均品位/%	21.79			21.83		
收入/元	2.39×10^{9}			1.99×10^{9}		
开采成本/元	3.2×10^{8}	9.14×10^{8}		2.95×10^{8}	7.71×10^{8}	
选矿成本/元	1.83×10^{8}			1.68×10^{8}		
复垦成本/元	915438.9	6093495	7008933.9	842391.3	5138862	5981253.3
盈余/元	1.89×10^{9}	-9.2×10^{8}	9.7×10^{8}	1.52×10^{9}	-7.8×10^{8}	7.4×10^{8}
剥采比			6.66			6.1

(a) 折扣率0.9

(b) 折扣率1

图 6-18　含地表的境界优化结果

课后习题

1. 影响露天开采境界的因素有哪些？

2. 什么是剥采比？解释平均剥采比、生产剥采比、境界剥采比、分层剥采比和经济合理剥采比。

3. 经济合理剥采比的计算方法有哪些？各方法的适应性是什么？

4. 试论述露天开采境界圈定的方法和步骤。

5. 计算题：某乡镇企业，准备开发一赋存简单的小型长露天铁矿山。矿床赋存要素如下图所示。埋藏深度 150 m，倾角 60°；宽 60 m；走向长约 200 m。经过调研后，采用下列数据为设计参数：开采矿石的平均成本 $a=25$ 元/t；剥岩成本 $b=8$ 元/m^3；若矿石的销售价格 $P_0=$ 38 元/t，矿山下盘最终边坡角取 38°，上盘最终边坡角取 40°，请按下面两种条件要求进行计算。

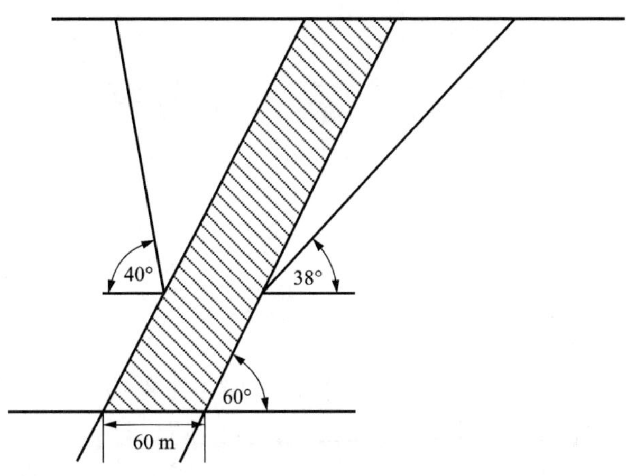

问题：

(1)按价格法，确定该矿山开发盈利最大时的开采深度。

(2)若矿山生产初期，因某种原因，暂时只能开动一台小型挖掘机和一台自卸式载重汽车，若全天100%时间作业，挖掘机生产能力可达1000 t/d，汽车生产能力可达150 t/d。当挖掘机作业率为80%，汽车作业率为70%时，此作业系统日最大生产能力可达多少吨？

第7章 露天矿开拓

7.1 概述

PPT

露天矿开拓，是指按照一定的方式和程序建立地表与采矿场各工作水平之间的运输通道，以保证露天矿正常生产的运输联系，并借助这些通道，及时准备出新的生产水平。

露天矿开拓所涉及的对象是运输设备与运输通道。研究的内容是针对所选定的运输设备和运输形式，确定整个矿床开采过程中运输坑线的布置形式，以建立开发矿床所必须的运输线路，确保矿山工程的合理性。

露天矿开拓是矿山设计与生产中的一个重要问题，所选择的开拓方法合理与否，直接影响到矿山的基建投资、基建时间、生产成本和生产的均衡性。因此，研究合理的开拓方法，对矿山的建设和生产具有重要的意义。露天矿床开拓问题的研究，实质上就是研究整个矿床的开采程序，综合解决露天矿主要参数、工作线推进方式、矿山工程延伸方向、采剥的合理顺序和新水平准备等问题，以建立开发矿床的合理开拓运输系统。

7.2 露天矿开拓方式

露天矿开拓的分类通常以运输方式结合开拓坑道的具体特征来划分，可以分为单一开拓和联合开拓两大类。单一开拓主要有铁路和公路开拓两种形式，联合开拓可以由铁路与公路联合，还可以由铁路、公路与胶带、平硐、溜井等相联合形成多种形式的开拓方式。

7.2.1 公路运输开拓

公路运输开拓是现代露天矿广泛应用的一种开拓方式，特别是有色金属矿山均以这种开拓方式为主。这种开拓方法除公路运输本身的特点外，还可设置多出入口进行分散运输和分散排土，便于采用移动坑线，有利于强化开采，对地形复杂的露天矿适应性强，如图7-1所示。

根据矿床埋藏条件和露天矿空间参数等因素，公路运输开拓坑线的布置形式可分为直进、回返和螺旋三种基本形式，其中以回返式(或直进-回返的联合形式)应用最广。

7.2.1.1 直进式坑线开拓

在用斜坡公路开拓山坡露天矿时，如果矿区地形比较简单，高差不大，则可把运输干线布置在山坡一侧，并使之不回返便可开拓全部矿体。在这种情况下，运输干线在空间呈直线形分布，故称为直进式坑线开拓。

图 7-1 露天矿公路运输开拓

运输干线一般布置在开采境界外山坡一侧，如图 7-2 所示，工作面单侧进车。直进式公路开拓的优点是布线简单，沟道展线最短，汽车运行不转弯，行车方便，运行速度和运行效率高。因此，在条件允许的地方，应优先考虑使用。

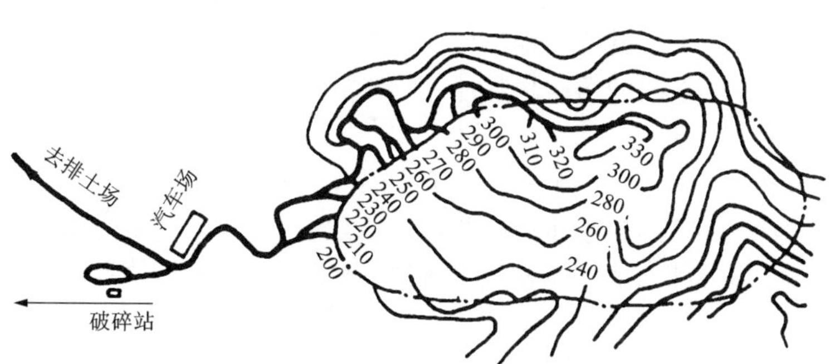

图 7-2 直进式坑线开拓(单位：m)

7.2.1.2 回返式坑线开拓

当开采深度较大的深凹露天矿，或者高差较大的山坡露天矿时，为了使公路开拓坑线达到所要开采的深度或高度，需要使坑线改变方向布置，通常是每隔一个或几个水平回返一次，从而形成回返式坑线。

1. 坑线位置

坑线位置受地形条件和工作线推进的影响很大，并且直接影响着基建剥岩量、基建期限、基建投资、矿石损失贫化、总平面布置的合理性以及坑线在生产期间的安全可靠程度。因此，在确定坑线位置时，要综合考虑上述因素。

按坑线在开采期间的固定性分为固定坑线开拓和移动坑线开拓。

(1)固定坑线开拓。在山坡露天矿一般多采用固定坑线开拓，坑线布置是随地形条件变化的。山坡露天矿由于采剥工作是从采场的最高水平开始，故开拓坑线需要一次建成。随着开采水平下降，运输距离逐渐缩短，公路运输效率相应提高。

在凹陷露天矿，固定坑线是布置在开采境界内最终边帮上，如图 7-3 所示。一般设在底帮，采掘工作线能较快地接近矿体，以减少基建剥岩量和基建投资，缩短基建时间。只有在特殊情况下，如底帮岩石不稳定或为了减少矿石损失贫化时，才将坑线设在顶帮。

凹陷露天矿固定坑线，除向深部不断延伸外，不作任何移动。随着开采水平的下降，坑线不断增长，导致公路运输效率降低。

(2) 移动坑线开拓。为了减少基建剥岩量，缩短基建时间，加速露天矿建设，早日投入生产，可采用移动坑线开拓。出入沟布置在靠近矿体与围岩接触带的上盘或下盘。在开采过程中，出入沟随工作线的推进而移动，直至开采境界的最终边帮时才固定下来。

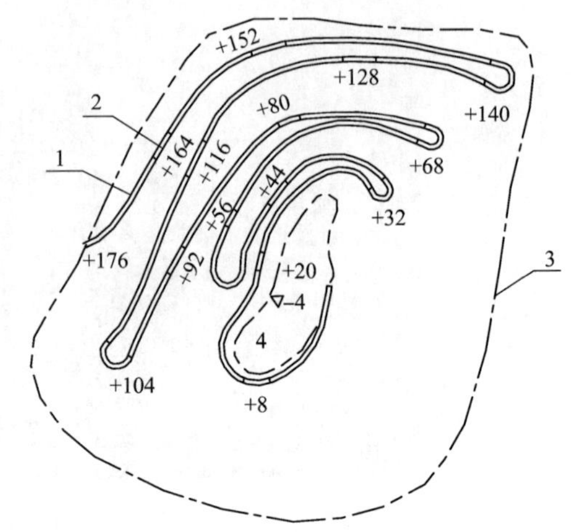

1—出入沟；2—露天开采境界；
3—露天底平面；4—连接平台。

图 7-3　凹陷露天矿回返坑线开拓示意图(单位：m)

山坡露天矿由于地形条件的限制，或因山坡部分的矿岩不多，设置固定坑线在经济上不合理时，上部可采用移动坑线建立运输通路。如果开拓坑线位于工作线同侧，因下部水平的推进，将切断上部水平与坑线的运输联系时，工作帮也可设置移动坑线。

2. *矿山工程发展程序*

深凹露天矿开拓坑线的形成与矿山工程的发展有着密切的联系。矿山工程的发展程序包括台阶的开采程序、工作帮的推进和新水平的开拓延深。这里只简要介绍新水平的准备程序和开拓沟道的形成。新水平准备包括掘进出入沟、开段沟和为掘沟而在上水平所进行的扩帮工作。

(1) 当固定坑线开拓时，在露天矿最终边帮按所确定的沟道位置、方向和坡度，从上水平向下水平掘进出入沟，自出入沟末端掘进开段沟，以建立台阶初始工作线。开段沟掘进到一定长度后，在继续掘沟的同时，开始扩帮作业，以加快新水平的准备工作。

当扩帮工作推进到使台阶坡底线距新水平出入沟沟顶边线不小于最小工作平盘宽度时，便可开始新水平的掘沟工作和随后的扩帮工作，从而使开拓坑线自上而下逐渐形成。

(2) 当移动坑线开拓时，在靠近矿体与围岩接触带的上盘或下盘，先后掘进出入沟和开段沟，此时同样可使护帮工作与部分掘沟工作平行作业向两侧推进。移动坑线可以在爆堆上修筑，也可以设在基岩上。前者修筑简单，它是公路运输移动坑线开拓广泛应用的一种方式；后者将台阶分割成上、下两个三角台阶，其高度从零到一个台阶高度。先采掘上三角台阶，后采掘下三角台阶，而运输坑线随上、下三角台阶工作线的推进而移动。当两帮工作线推进到使台阶坡底线分别距新水平出入沟两侧沟顶边线均不小于最小工作平盘宽时，便可开始新水平的掘沟工作。

3. 出入沟口

当排土场位置分散和为了保证露天矿生产能力以及为使空、重车顺向运输时，在服务年限较长的露天矿，采用多出入沟口是合理的。多出入沟口可使矿石和岩石的运距缩短，运输设备数量减少，运营费用降低。当采用多出入沟口时，货流量分散；当一个出入沟口和坑线发生故障时，其他出入沟口的运输工作不致中断。

在确定出入沟口位置时，应尽可能使矿石和岩石综合的运输功小；出入沟口应避开工程量大的地形和工程地质条件差的部位；在凹陷露天矿，出入沟口应设在地形标高较低部位，以缩短重载汽车在露天矿场内上坡运行的距离，同时还要保证地面具有良好的运输条件。

由于坑线多，边帮的附加剥岩量、掘沟工程量及其费用都有所增加。因此，坑线数目不宜过多，应根据生产需要进行综合技术经济分析后确定。

4. 回返式坑线开拓评价

由于公路运输灵活，爬坡能力大，从一个水平至另一水平的沟道短，因此，回返式坑线开拓适应于开采地形复杂的山坡露天矿和采场长度不大的凹陷露天矿。这样可以减少基建投资，缩短基建时间，有利于加速新水平准备，尤其采用移动坑线时，基建剥岩量较固定坑线更小。采用回返式坑线开拓，汽车通过回头曲线时，需减速行驶，从而影响汽车的运输效率。在设计中，应尽可能减少回头曲线数。

7.2.1.3 螺旋式坑线开拓

当开采深露天矿时，为了避免采用小曲线半径，可使坑线从采矿场的一帮绕到另一帮，在空间上呈螺旋状，故称螺旋式坑线。这种坑线开拓的特点是坑线设在露天矿场四周边帮上，汽车在坑线内直进运行，不需经常改变运行速度，司机视线好，故线路通过能力大。

螺旋式坑线开拓的矿山工程发展程序如图 7-4 所示。首先，沿采场最终边帮从上水平向下水平掘进出入沟，自出入沟末端沿采场边帮掘进开段沟，并以出入沟末端为固定点，以扇形推进方式扩帮形成采剥工作线。当工作线推进到一定距离，满足向下部掘沟进行新水平准备条件时，在连接平台末端，沿采场边帮掘进下一个水平的出入沟、开段沟和扩帮。依此类推，开拓新水平，最终在边帮上形成螺旋式坑线。

从上述开拓程序可知，台阶工作线需用扇形方式推进，工作线推进速度在其全长上是不等的，工作线长度和推进方向也经常改变，从而使露天矿的生产组织管理工作复杂化。另外出入沟呈螺旋状环绕露天矿边帮向下延深，同时工作的台阶数不能超过露天矿场一周所能布置的出入沟数，这就限制了露天矿的生产能力。

单一螺旋坑线开拓方法，只有在长宽比不大的露天矿场，且矿体为块状、帽状或星散状的小型露天矿，才有实际应用意义。大多数情况是在上部用回返式坑线开拓，深部由于采矿场平面尺寸缩小而改为螺旋式坑线开拓，这就形成了回返-螺旋坑线联合开拓，这种开拓方法在使用公路运输的露天矿中应用较多。

在露天矿开采中，运输费用占开采矿石总成本的 40%~60%，它决定着露天矿开采的经济效益。当矿岩性质变化不大和采掘工艺与设备类型一定时，穿爆、采装、排土费用变化不大，而运输费用却随运距加大而增长。因此，汽车运距存在一个合理的经济范围。即在该运距下，开采矿石总成本与向国家上缴的利润和税金之和，不应超过该种矿石的销售价格。

公路运输开拓法具有机动灵活，调运方便，爬坡能力大，要求线路技术条件低等优点，因此可以减少开拓工程量和基建投资，缩短基建期限，有利于加速新水平准备。它特别适用于地形复杂、矿床赋存不规则或采场平面尺寸小、开采深度较大的露天矿。

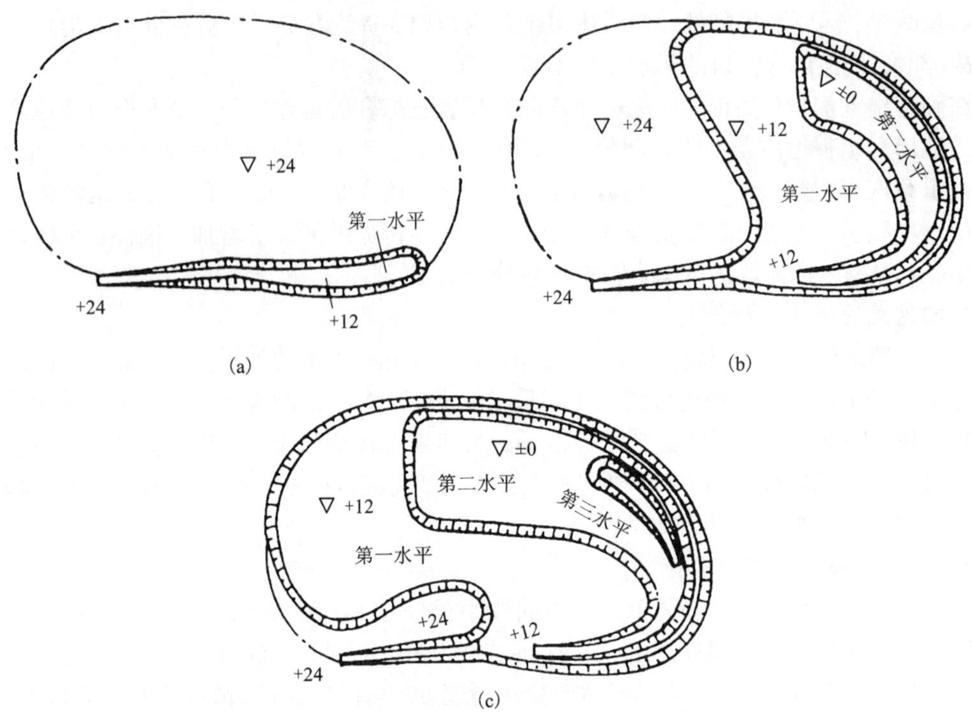

图 7-4 螺旋式坑线开拓程序示意图(单位: m)

7.2.2 铁路运输开拓

铁路运输开拓法是露天矿床开拓的主要方法之一，近年来，由于公路运输及其他开拓方法的发展，铁路运输开拓法在国内外露天矿的应用已大大减少。但是，我国目前仍有半数以上的露天矿采用这种开拓方法，如图 7-5 所示。

图 7-5 抚顺露天矿铁路运输开拓

铁路运输开拓沟道的平面布置形式有直进式、折返式和螺旋式三种。三种布线形式的采用，主要取决于线路纵断面的限制坡度、地形、露天采场平面尺寸和采场相对于工业场地的空间位置。

由于多数金属露天矿的平面尺寸有限，而且地形较陡、高差较大，故采用铁路运输开拓的矿山，铁路干线的布置多呈折返式或折返-直进的联合方式。

7.2.2.1 坑线位置

山坡露天矿坑线设置的位置是随地形条件变化的，并应保证在同时开采多个台阶的情况下，不因下部台阶的推进而切断上部台阶的运输联系，同时还要考虑到总平面布置的合理性和以后向深凹露天矿过渡的可能性。

总结铁路运输开拓在山坡露天矿的使用经验，铁路干线有以下几种布置形式：

一种是采场处于孤立山峰地形，开拓坑线布置在非工作的山坡上。歪头山铁矿的上部开拓系统是这种布线形式的典型实例，如图 7-6 所示。该矿床属大型露天铁矿，采用准轨铁路运输，山包最高标高 385 m，矿山站和破碎站分别设在矿体端部和下盘，标高为 190 m 左右。铁路干线铺设于下盘山坡上，各台阶由干线单侧迂回入车，自上盘向下盘推进。另一种是当采场处于单侧山坡时，运输干线多设在露天开采境界以外的端部。

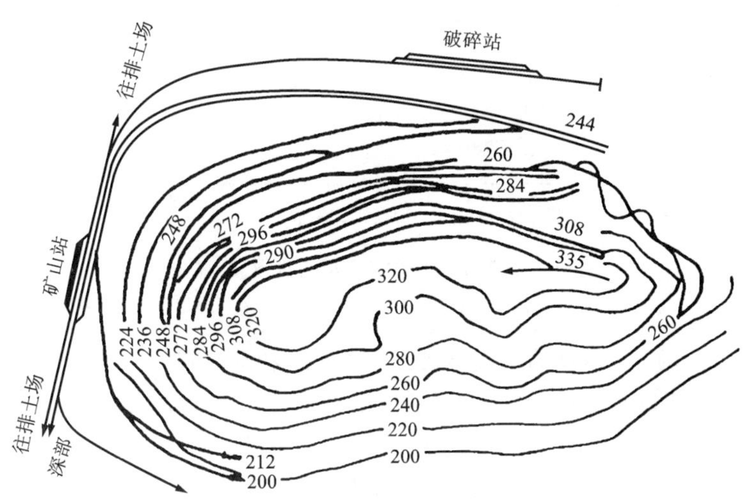

图 7-6 歪头山铁矿上部开拓系统示意图(单位：m)

深凹露天矿的铁路干线一般都设在露天矿的边帮上，其布置方式因受露天矿平面尺寸的限制常呈折返式。当折返式坑线设置在非工作帮时，称为固定坑线。固定坑线开拓的特点是铁路干线常设于露天矿场的底帮(非工作帮)。考虑到矿石的损失贫化、地面布置等因素，有时坑线也可设在矿场的顶帮或端帮上。在开采过程中，各台阶的工作线向一方平行推进。从折返干线向工作面配线的方式，通常有单侧进车、双侧交替进车和双侧环行进车三种。生产能力大的露天矿，当每个台阶工作的电铲数达到两台或两台以上时，多采用双侧环行进车的方式。

在金属矿山中，纯深凹露天矿是少有的。基本上都是先山坡后转凹陷，故确定坑线位置时既要考虑总平面布置的合理性，又要照顾以后向深凹露天矿过渡时，力争使线路特别是站场的移设和拆除工作量最小。

当移动坑线开拓时，坑线布置在工作帮的基岩上，坑线随工作台阶的推进而定期移动，最后固定在非工作帮上。沟内除铺设干线形成上、下水平的运输通路外，还应设上三角台阶的装车线。

7.2.2.2 线路数目及折返站形式

根据露天矿年运量，开拓沟道可铺设单线或双线。大型露天矿年运量超过 700 万 t 时，多采用双干线开拓，其中一条线路为重车线，另一条线路为空车线。而年运量小于该值时，则采用单干线开拓。

折返站设在出入沟与开采水平的连接处，供列车换向和会让之用。

折返站的布置形式较多。单干线开拓和工作水平为尽头式运输的折返站，如图 7-7(a)所示，其中一条线路通往采掘工作面。单干线开拓和工作水平为环行式运输的折返站，如图 7-7(b)所示，这种布置形式使边帮的附加剥岩量增加，它是在每个台阶上同时工作的挖掘机数为两台和两台以上时使用。

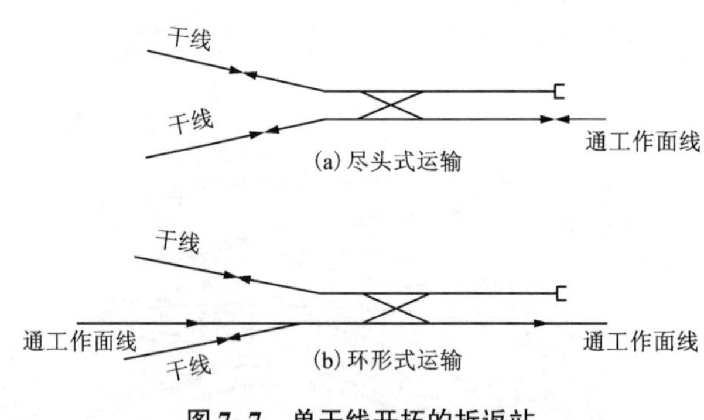

图 7-7 单干线开拓的折返站

采用双干线开拓时，折返站的布置形式分为燕尾式和套袖式。燕尾式折返站如图 7-8(a)所示，当空重列车同时进入折返站时，存在相互会让问题，对线路通过能力有一定影响，但站场的长度和宽度比套袖式小。套袖式折返站如图 7-8(b)所示，空重列车在站场上不需要会让，可提高线路通过能力，但站场的长度和宽度比燕尾式大，因此它只能用于平面尺寸大的露天矿。在金属露天矿中，采场平面尺寸都不是很大，套袖式折返站应用较少。在凹陷露天矿，有时在平面尺寸大的上部几个水平用套袖式折返站，下部用燕尾式折返站。

7.2.2.3 铁路运输开拓评价

铁路运输开拓是一种运输能力大、运营费低、设备和线路结构坚实、工作可靠、易于维修、作业受气候条件影响小的开拓方式，在我国大中型露天矿中广泛应用。但铁路开拓在线路的平面曲线和纵向坡度上要求严格，线路坡度小，曲率半径大，展线长。因此，铁路运输开拓掘沟工程量大，基建工程量大，建设时间较长，对矿山工程发展有一定制约；另外，铁路运输设备的投资较多，日常生产中的线路移设、维修工程量大，运行管理复杂，工作帮推进速度慢，新水平开拓延深工程缓慢，灵活性较差；在凹陷露天矿用折返沟道开拓时，随开采深度下降，列车在折返站停车换向次数增加，影响运输效率。

因此，铁路系统是最复杂的。单一铁路运输开拓方法的使用逐渐减少，特别是在深凹露

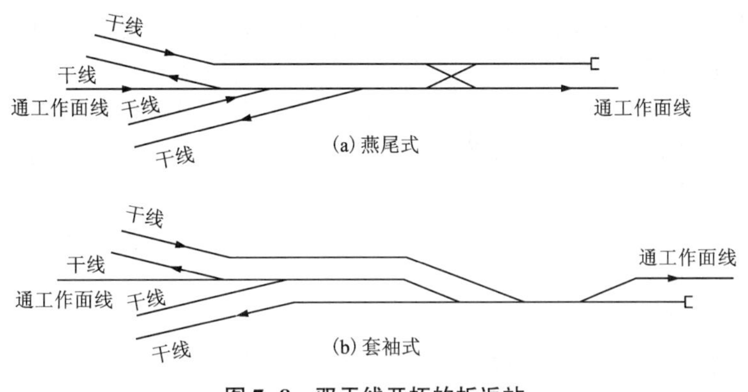

图 7-8 双干线开拓的折返站

天矿，已成为一种不合理的开拓方式。采用铁路运输开拓的露天矿，当转入深部开采时，一般可改成联合运输开拓，如公路-铁路联合、公路-胶带-铁路联合等。

7.2.3 公路-铁路联合开拓

公路开拓能加速露天矿新水平准备，提高新水平延深速度，强化矿山的开采；铁路开拓具有运距长、运量大、运费低的特点。把具有运输成本低、适于长运距和大运量的铁路运输与运行灵活、基建投资少的公路运输相联合，充分发挥两者的优点，取长补短，已成为露天矿常用的开拓方式。

矿山建设初期，可以采用单一的公路或铁路开拓方式，也可以公路-铁路联合开拓，加快建设速度。随着矿山工程的发展，矿山平面尺寸增大，深度增大，铁路可以变为固定线路系统。此时上部水平用铁路开拓，下部水平尺寸较小采用公路开拓。在采场内汽车把矿岩转载入铁路车辆，用铁路运往排土场和矿石破碎站，形成联合开拓。

公路-铁路联合开拓与单一铁路或公路开拓相比有下列优缺点。

优点：①在采场深部水平使用公路运输，机动性、灵活性大，能加快掘沟速度，减少新水平准备时间，加大矿山生产能力，提高电铲效率，改善矿石和矿岩分采效果；免除铁路运输复杂的移道工作和改善工作组织，提高铁路运输能力；②在采场上部固定线使用铁路运输，缩短了汽车运距，降低了汽车运营费用，提高了汽车的生产能力和技术经济效益。

缺点：同时存在两种运输方式，比单一方式工艺复杂，并需安设转载设施。

7.2.4 平硐溜井开拓

平硐溜井开拓是借助于开凿的平硐和溜井(溜槽)，建立露天矿工作台阶与地表运输联系。工作流程是将工作面的矿岩运至溜井口卸载，沿溜井自重溜放，装入平硐的运输设备，并运至卸载点。

平硐溜井开拓所用设备少，溜井的运距短，运营费低。但井壁易磨损，管理不当时易堵塞或跑矿，放矿时粉尘大，应加强通风，采取防尘措施。

平硐溜井(槽)开拓方式可应用于各种规模的山坡露天矿，露天矿年生产规模从几十万吨到几百万吨，有的达千万吨。系统由采场、平硐、地面的水平运输与溜井(槽)垂直或急倾斜重力运输组成。

我国采用平硐溜井开拓的露天矿绝大多数用于溜放矿石。

7.2.4.1 溜井(槽)的布置

溜井(槽)位置的选择，要考虑矿区地形、矿床埋藏特点、采矿工艺要求、采场运输方式、工作面推进方向，同时开采的台阶数及溜井(槽)的数目等。一般以运输功小、井巷工程量小为原则。溜井的有效深度和平硐标高应与矿山服务年限相适应。

溜井(槽)可以布置在采场内，也可布置在采场外。溜井断面呈圆形或矩形，溜井倾角不小于55°，上口一般设在采场内部。

采场内溜井(槽)的布置：

(1)一般采用主溜井(槽)集中放矿，溜井(槽)位于矿量重心附近，可以缩短运距，减少采场运输设备数量、基建投资、经营费用和生产人员。

(2)对于大型露天矿，如果矿石粉矿率高溜井易产生堵塞，溜井或溜井下口放矿闸门需要经常检修，溜井在采场内经常降段，生产影响大时，可考虑设置备用溜井。矿石溜井(槽)与废石溜井尽可能分别开凿在矿体与岩石中，减少矿石损失贫化。

(3)当采场上部台阶矿量不大，且山顶地形较陡(一般大于40°)时，溜井上部可采用一段明溜槽，缩短平硐长度，降低溜井深度，减少井巷工程量。当采场内采用公路运输时可布置较长的明溜槽放矿，但铁路运输时不宜采用长溜槽、多水平同时卸矿，因为铁路运输不能在溜槽侧帮设置卸矿平台，必须修筑横跨明溜槽的栈桥，不仅生产不安全，而且栈桥的架设和维护困难，影响生产。

(4)采用长明溜槽放矿时，溜槽通过的岩层要求相当稳固、岩石坚硬、整体性好，并有切实的防排水措施。否则，由于溜槽严重磨损、槽帮塌方、大块堵井以及矿石冲击井口等事故，会给生产造成困难。

明溜槽应避免布置在沟谷中，以减少地表水向明溜槽汇集。对于南方多雨地区，明溜槽放矿的防排水措施尤为重要。

采用明溜槽放矿时，公路运输尽量在集中的卸矿平台上卸矿。当必须多水平同时卸矿时，一般下部卸矿平台应设于明溜槽的两侧位置，避免架设横跨溜槽的栈桥。

一般明溜槽下部要接一段暗溜井。当采场比高较小，溜槽服务年限不长、溜放矿石块度不大时，溜槽下部也可以不接暗溜井，直接在溜槽下部设置挡墙及安装放矿闸门结构。

7.2.4.2 平硐内运输方式

露天矿采用平硐溜井(槽)开拓时，矿石(或废石溜井溜放的岩石)必须经过溜井下口的放矿闸门或给料机到其他运输设备中，再转运到卸矿地点。目前，我国露天矿平硐内应用最多的运输方式为铁路。根据露天矿规模的大小，有准轨铁路运输及窄轨铁路运输；此外，平硐内还可采用水平箕斗、胶带运输机将矿石运至破碎车间。

7.2.4.3 适用条件

(1)矿床埋藏于高山地带，采场与工业区(或排土场)的相对高差较大(一般大型露天矿相对高差大于120 m；中、小型露天矿一般不低于100 m)。

(2)矿区地形复杂、山坡陡峻、地表被沟谷切割，修筑地表运输线路困难，工程量大。

(3)具有开凿平硐溜井的地质条件。要求溜井穿过岩层整体性强，没有较大断层破碎带和软岩夹层，节理和裂隙不发育等条件。若受条件限制，必须在地质条件较差的地段开凿溜井平硐，可以进行局部或全部加固，并采取必要的防排水措施。

(4)矿石(或岩石)黏性大、含泥量多，在溜放过程中易发生堵塞时不宜采用。但采取措施后能减少甚至避免严重堵塞时仍可以采用。

(5)因矿石溜放过程中产生粉矿而影响矿石质量，降低矿石价值时不宜采用，如平炉铁矿石、建筑用料石等。

粉矿率高的矿石，从生产管理和溜井结构上采取必要措施后能减少溜井堵塞时，仍可采用溜井放矿，但在比较方案时必须考虑粉矿的不利影响。

因硅尘对人体的危害较大，故硅石矿不宜采用溜井放矿。

7.2.5 胶带运输开拓

胶带运输开拓是利用胶带运输系统建立矿岩运输通道的开拓方式。由于胶带运输系统在运输成本、运输能力等方面的优势，目前已经在我国大型金属露天矿山和煤矿得到广泛应用，特别是在大型深凹露天矿技术改造中显示出其技术优势。胶带运输开拓具有生产能力大、升坡能力强、运输距离短、运输成本低等优点，但也有基建投资大、生产系统受气候条件影响较大、系统自适应调节能力差等缺点，在中小型露天矿开拓中应用较少。

按露天矿各生产工艺环节是否连续，胶带运输开拓分为连续开采工艺开拓和半连续开采工艺开拓。连续开采工艺主要采用轮斗(链斗)挖掘机挖掘松散矿岩，并将矿岩转载到胶带运输机上运出，其中矿石直接运至矿仓，废石运至排土场后经排岩机排弃。半连续开采工艺又称间断-连续工艺，它指生产工艺环节中，一部分为连续工艺，另一部分为间断工艺。

采用胶带运输机开拓虽然初期投资高，在使用胶带运输前需预破碎，破碎机站移设工作较复杂，但总体上生产费用低，成本受开采深度影响小。当开采深度未超过 150 m 时，单一公路运输与间断-连续运输的费用大致相等；当开采深度超过 150 m 时，单一公路的运输费用急剧增加，每延深 100 m，费用就增加 50%，而胶带机运输费用增加得不多，每延深 100 m 只增加 5%~6%，如图 7-9 所示。

图 7-9 矿山用胶带运输机

7.2.5.1 胶带运输机线路的设计

胶带运输机开拓主要用沟道，沟道一般布置在矿床下盘，或布置在露天矿的非工作帮或端帮上。胶带运输机沟道一般按直进布置；若露天矿很深，长度小，可按螺旋式或折返式布置。采用折返式并使用短运输机时，通过线路转折可避开采场内不宜设置运输干线的地方。

当露天矿边坡不稳定且有滑坡危险时，胶带运输机设在地下坑道（如斜井）较好。矿岩通过斜井内的胶带运输机提升至地表，斜井内要设置胶带运输机和运送备件及检修用的窄轨铁路，地下坑道胶带运输机的优点是不受气候条件和采剥作业的影响，能缩短胶带运输机长度，避免与采场边坡上的运输干线交叉，但基建工程量大，建设周期长，基建投资大。

破碎机设在地下需要很大的破碎机硐室和运送备品备件的巷道，建设和管理复杂，还需要通风除尘、布设消防设施。对深凹露天矿，为了减少对工作帮推进的影响，破碎站可设在露天采场的两端或非工作帮，破碎站可随工作水平地延深而下移。

一个集运水平所服务的深度一般为 60～80 m。例如某集运水平服务台阶数为 4 个，破碎机卸矿平台设在第二个水平，第一个水平矿岩往下运输，而第三、第四个水平往上运输。

7.2.5.2 胶带联合开拓的主要特点

(1)自动化程度高，操作简单，维修方便，生产能力大，劳动生产率比公路运输高 1～3 倍，比铁路运输高 1 倍。

(2)升坡能力大，可达 16°～18°，特殊构造的运输机可达 45°，节省基建工程量。地形复杂时比铁路开拓适应性强。

(3)运输距离短，克服同样高程，运距为公路的 1/4～1/3、铁路的 1/10～1/5。

(4)采用胶带开拓时，电铲效率显著提高，与铁路开拓的电铲效率相比，可提高 25%～30%。

(5)分期开采的矿山，扩帮过渡剥离岩石时，采用电铲-移动破碎机-胶带运输工艺可提高剥离工作的效率。

(6)节省能耗和燃料。

(7)对矿岩块度有一定要求，矿岩进入运输机前需要预先破碎，运送棱角锋锐的矿岩胶带磨损较大。

(8)敞露的胶带运输机受气候条件影响，需安设运输机通廊或使用防冻的胶带。

胶带运输机作为露天矿联合开拓方式的组成部分，如露天矿深度很大，单一公路、铁路开拓或公路-铁路联合开拓不适宜时，可采用公路（铁路）-半固定破碎机-胶带运输机联合开拓。

7.2.6 斜坡提升开拓

斜坡提升开拓是以较陡的开拓通道，建立工作面与地表的运输联系，提升容器有箕斗和串车等。它不能直达工作面，需与公路或铁路开拓等共同构成完整的开拓系统。

常用的斜坡提升开拓方式有斜坡箕斗、斜坡串车和重力卷扬三种。

7.2.6.1 斜坡箕斗开拓

斜坡箕斗开拓是以箕斗为提升容器的斜坡提升机道开拓方式，采场内用公路或铁路运输，地面用公路、铁路或胶带运输机运输，斜坡箕斗在受矿点或卸矿点均需转载。箕斗系统有单斗与双斗之分，根据矿山产量和同时工作水平数选取，小型矿山可采用单箕斗系统。大中型矿山产量大，多采用双箕斗系统。

斜坡箕斗开拓的主要特点：

(1)设施简单，工作可靠，维修简便。

(2)能以最短的距离提升或下放矿岩，克服大的高差，缩短公路或铁路的运距，节约能耗，降低成本，减少基建投资，并减少工作人员和降低材料消耗。

(3)箕斗提升的提升角度较大(25°~40°)，在深凹露天矿应用可减少运输线路工程量，加大采场最终边帮角，减少露天开采境界的扩帮量。

(4)与胶带运输机相比，不需要矿岩破碎工作，直接提升大块矿岩。

(5)可适应多品种物料提升，标高不同的上、下工作面可同时出矿。

(6)随着开采水平的下降，箕斗道要不断延深，为使延深与提升机的正常生产作业互不干扰，每套提升设备要配置两台翻卸设备，一台移位，另一台仍能使用，交替延深。

(7)运输环节多，增加了箕斗受矿和箕斗卸矿的环节，衔接点相互制约较大，影响生产能力。

(8)转载站结构庞大，栈桥工程量大，移设困难，矿仓结构复杂。矿仓闸门如果关不严，容易跑矿。

(9)寒冷地区，矿岩含水较多时，矿岩易冻在箕斗箱上不易卸净。

斜坡提升机道开拓是中小型、高差大露天矿的一种有效开拓方式，曾得到广泛的应用。

7.2.6.2 斜坡串车开拓

斜坡串车开拓是以串车为提升容器的斜坡卷扬机道开拓方式，可提升或下放矿岩，适用于采场内使用窄轨铁路运输的小型露天矿，提升或下放垂高以100 m左右为宜。

在山坡露天矿，卷扬机一般应布置在采场外；露天采场为孤立山包时，卷扬机道只能设在采场内，此时卷扬机房应布置在采场外的底部，采用倒提升的方式。

当一台卷扬机需要同时负担多水平提升任务时，宜采用单绳提升，一台双筒卷扬机一般只能负担一个水平的提升任务。

卷扬机道和露天采场的边帮作斜交布置，甩车道应顺卷扬机道方向布置，避免逆卷扬机道方向布置。当采用斜坡串车提升时，可采用4 m^3以下各种形式的矿车。

在一条斜沟中最好布置一台卷扬机，布置两台卷扬机的缺点是两台卷扬机的线路在延深时互相干扰，当两套线路提升和延深同时进行时，下水平作业安全受到威胁。

当采场内采用多台卷扬机作业时，应尽量避免架设横跨卷扬机道的栈桥，若无法避免，可用局部留岩柱的方法代替栈桥，也可以完全采用暗斜井的方式。

7.2.6.3 重力卷扬

重力卷扬是利用重力作用下放重车并带上空车的斜坡提升方式，适用于小型山坡露天矿。采场内一般采用人推车或自溜滑行。每台重力卷扬一般只完成一个阶段的下放任务。当露天矿为多段作业时，每个阶段可设一台专用重力卷扬。

7.2.6.4 斜坡提升的适用条件

斜坡提升机道适用于以下条件：

(1)地形复杂、高差较大的山坡露天矿。

(2)深凹露天矿，特别是面积较小、深度大的深凹露天矿。

(3)露天矿产量较小，提升机道所在的露天矿边帮岩体较稳定。

7.3 开拓方式选择

露天矿开拓系统是露天矿开采中极其重要的因素，它不仅影响最终境界的位置，生产工艺系统的选择，矿山工程发展程序等，还直接关系基建工程量、基建投资、投产和达产时间、生产能力、矿石损失与贫化、生产的可靠性及生产成本等技术经济指标。开拓系统一旦形成，不易改变，因此，正确选定合理的开拓方式是十分重要的。

7.3.1 影响开拓方式的主要因素

(1)矿区自然条件：地形、气候、矿体埋藏条件(矿体倾角、埋藏深度、构造、覆盖层厚度、矿体形状及分布情况等)、矿岩性质、水文及工程地质条件、矿床勘探程度及储量发展远景等。

对矿体埋藏深度浅、平面尺寸较大的矿床，优先考虑采用铁路运输开拓；而埋藏深度大、平面尺寸较小的矿山，可采用箕斗提升或斜坡串车提升开拓方式；沿走向较长的层状矿体宜用直进-折返联合铁路运输；开采范围不大而矿体长、宽相近的矿山，宜用公路螺旋式坑线开拓；山坡露天矿，若比高较大，且矿岩较稳固，应优先采用平硐溜井开拓运送矿石，并充分利用附近山坡作排土场，如南芬露天铁矿、镜铁山铁矿等。

矿石黏结性大、含泥多、溜放过程易堵塞者，一般不宜用溜井开拓；矿石易粉碎、粉碎后严重降低其价值者，如平炉铁矿和煤矿等一般不宜用溜井运送。

对矿石的质量要求很严格时，沟道位置及工作线的推进方向应考虑选别开采的要求，工作线由顶帮向底帮推进可减少矿石的贫化和损失，此时一般宜用公路开拓。

对于深部勘探程度不够的矿床，不能确定露天采场的最终境界，宜采用移动坑线开拓。

用斗轮铲能直接挖掘的较软矿岩应采用连续开采工艺和胶带机开拓。

(2)开采技术条件：露天开采境界尺寸、生产规模、工艺设备类型、开采程序、总平面布置及建矿前开采情况等。

生产规模较大的露天矿宜用准轨铁路或公路运输，而生产规模较小的露天矿可用窄轨铁路或公路运输。

采用铁路运输的深凹露天矿，由于矿山深部境界尺寸变小，铁路展线困难，可从单一铁路开拓改为铁路-公路联合开拓。

对建矿前已开凿地下井巷的露天矿，在考虑矿山开拓方式时，为了充分利用已有的井巷工程，常采用地下坑道开拓。

(3)经济因素：矿山建设的方针、政策、建设速度、设备购置费用及供应条件、矿岩运费等。

对倾斜的矿床要求建设速度较快时，采用沿矿体顶、底板移动坑线开拓，可显著减少基建工程量并加快投产、达产时间。

影响选择开拓系统的因素很多，具体设计时要抓住主要矛盾，对提出的开拓方案进行技术经济比较、全面分析，最后择优选用。

7.3.2 选择开拓方案的主要原则

(1)确保矿山生产的可靠性和合理性。

(2)减少基建工程量和投资，施工方便，做到早投产和早达产。

(3)保障矿石损失、贫化小。

(4)不占良田，少占土地，充分利用地下矿产资源。

(5)生产工艺简单可靠，经济效益显著，设备选择因地制宜。

(6)生产成本低，经营费低，特别注意减少初期的生产经营费。

(7)执行我国矿山建设的有关政策和相关行业法规，结合我国国情，因地制宜。

7.3.3 选择开拓方式的步骤

在设计露天矿时，常存在几个可行的开拓方案，应按照国家的方针政策，通过技术经济比较的方法加以选择。其步骤如下：

(1)根据圈定的开采境界、初拟的开采工艺、工业场地和排土场位置等技术条件，充分考虑其主要影响因素后，拟定技术上若干可行的开拓方案。

(2)对各方案进行初步分析，根据国内外露天矿的设计生产实践经验，删去明显不合理的方案。

(3)对保留的几个方案进行沟道定线，并做出与矿山工程发展及生产工艺系统有关的技术经济计算。

(4)综合分析评价，比较各方案的技术经济指标，选取最适宜方案。

选择开拓方案过程是一个完整的系统分析过程，要遵循分析-综合-分析的系统分析思想，采用定性与定量相结合的分析方法，全面考察各备选方案。

7.3.4 开拓方案的技术经济比较

开拓方案的技术经济比较指标主要有：基建投资、基建工程量、基建时间、投产和达产时间、年经营费、矿石损失与贫化、生产能力的保证程度、生产安全及可靠性、生产工艺匹配程度等。其中基建投资和年经营费是重要指标，要进行详细计算。

基建投资包括：基建工程费、基建剥离费，以及设备购置费、运杂费、安装费和其他费用。生产经营费一般按年计算，主要包括：辅助材料费(不包括机修设施所消耗的材料费)、动力、燃料费、生产工人工资、生产工人工资附加费及车间经费(包括折旧费、维修费和车间管理费)。为保证计算迅速、准确和减少误差，应仔细地选取和审核消耗定额、单价等原始数据。

在上述经济计算的基础上，即可对各方案进行经济分析，通常只需比较各方案的不同部分。若参加比较的各方案费用差额不超过允许误差10%，可视其经济效果相同。若费用差额较大，则应对各方案做出经济评价。

在进行经济比较时，经常出现有甲、乙两个开拓方案，甲方案基建投资大，生产费用低；乙方案基建投资小，生产费用高，此时，常用投资差额返本年限这一静态分析指标来评价设计方案的优劣，如式(7-1)：

$$T = \frac{K_1 - K_2}{C_1 - C_2} \tag{7-1}$$

式中：T——投资差额返本年限，a；

K_1，K_2——甲、乙方案的投资总额，元；

C_1、C_2——甲、乙方案的年生产费用，元/a。

由上式可知，投资差额返本年限是用节约的生产费用来回收多花的基建投资所需要的年限。若 T 不超过某一允许值 T_0 时，可认为甲方案优于乙方案，否则，甲方案劣于乙方案。在矿山设计中，一般取 T_0 为 3~5 a。

除此之外，还有动态分析比较法，其主要评价指标有动态投资收益率和项目净现值法等。

应当指出，对开拓方案进行技术经济比较时，不能只重视经济效果的评价，而应按上面谈到的其他因素进行衡量，特别要注意贯彻党和国家的技术经济政策，例如，矿山建设速度、发展远景、占用耕地、设备来源条件、生产可靠性、安全和劳动条件以及国家的特殊要求等，根据前述的确定原则，全面正确地选择合理的设计方案。

7.3.5 开拓沟道定线

在对开拓方案进行详细技术设计时，首先要确定沟道在采场的空间位置，即开拓沟道定线。开拓沟道定线要将室内图纸定线和室外现场定线相结合进行。定线要符合道路技术规程的规定，满足开拓运输系统和开采工艺系统的要求；尽量减少挖填土石方工程量，缩短矿岩运距，避免反向运输。

定线所需的基础资料有：矿区地质地形图、露天矿总平面布置图和主要开采技术参数，如露天开采境界、台阶高度、沟道宽度和限制坡度、回头曲线要素以及连接平台长度等。

其步骤（以回返坑线为例）主要包括：①在开采境界平面图上，画出底部边界和台阶坡底线；②确定出入沟口位置；③根据出入沟和各种平台的尺寸，按线路要求自下而上绘出开拓和开采终了时台阶的具体位置。

以 DIMINE 软件为例的具体操作如下：

(1)境界优化之后，画出底部边界，如图 7-10(a)所示。

(2)参数设置，包括道路参数和平台参数，如图 7-10(b)所示。

(3)确定出入沟口位置。

(4)根据出入沟和各种平台的尺寸，按线路要求自下而上绘出开拓和开采终了时台阶的具体位置（右键出现道路开口和扩展平台），结果如图 7-10(c)所示。

7.4 新水平开拓工艺

为使露天采场保持正常持续生产，需及时准备新的工作水平，新水平准备是露天矿基建和生产中的控制性工程，是露天矿延深和持续生产必须进行的开拓准备工作，包括掘进新水平的出入沟、开段沟和为下一个新水平准备掘进出入沟所需要的扩帮工程。

新水平准备速度的快慢是限制露天矿生产能力的决定因素。在露天矿的设计和生产中，对新水平的准备必须予以高度的重视。

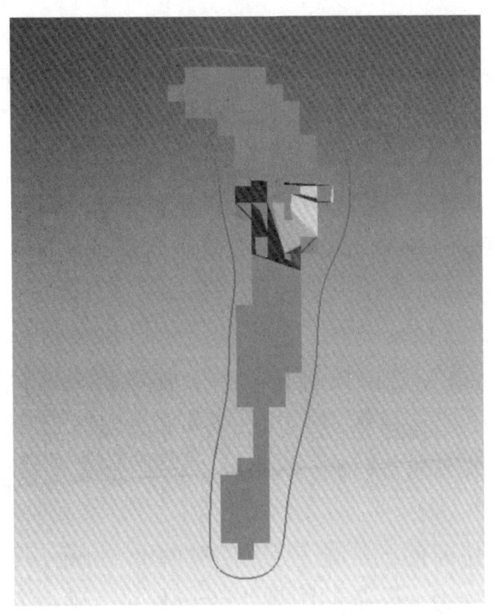

(a) 确定底部边界图

(b) 参数设置

(c) 沟道具体位置

图 7-10　开拓沟道确定

7.4.1　新水平准备程序

新水平准备包括掘进出入沟、开段沟和为掘沟而进行的上水平扩帮工作。依出入沟(坑线)位置在该水平开采期间变化与否，分固定坑线开拓和移动坑线开拓。

固定坑线开拓是指沟道按设计最终位置施工，生产期间不再改变；移动坑线开拓是指在开采过程中，开拓沟道位置不断变化，最后按设计最终位置固定下来。移动坑线开拓可减少基建剥岩量，缩短基建时间，加速投产。

此外，当矿床地质尚未全部探清时，还可进一步加深了解和掌握地质情况，以便更合理地确定或修正采场的最终边帮角和开采境界。根据建设期限和采剥工作要求，开段沟的位置可纵向布置，也可横向布置，或不设开段沟。

7.4.2 加快新水平准备的措施

不管采用哪一种开拓方式的露天矿，新水平准备都是关键性工程。在设计和生产中必须采用合理的延深程序，加强技术与组织，以加快新水平准备，可以采取以下措施。

1. 提高设备的生产能力

由于受新水平条件的限制，设备的生产能力不高。为此，在新水平准备工程中应采用生产能力较高的采掘设备，并相应地改善运输、爆破、排水等环节，提高采掘设备的生产效率和生产能力。

2. 增加扩帮和掘沟的平行作业时间

对于矿体走向很长的露天矿，不必掘完段沟全长就可以进行扩帮。在条件允许的情况下，增加扩帮设备，缩短新水平准备时间。由于公路运输优越性大，既可以缩短采区长度和开段沟长度，又能更多地采用平行作业，缩短新水平准备时间，因此尽量采用公路运输。

3. 抓住主要环节，确保重点工程

在新水平准备过程中，各类工程对新水平开拓时间的影响程度是不同的。为此，不应平均安排。在可能条件下，对重点工程应从人力、物力、设备的配置上予以保证，确保新水平开拓提早竣工。

4. 减少新水平准备的工程量

在可能条件下，采用公路运输方式进行新水平准备，尤其是采用垂直矿体走向开沟，向两端扩帮，可大大减少开沟工程量，加快新水平的准备速度。此外，改进爆破工艺，尽量减少爆堆的宽度，也可以减少新水平工程量。

总之，采用合理的开拓程序、正确的施工方法以及高效的采掘设备，集中必要的力量，新水平准备速度是可以大大加快的。

7.4.3 掘沟工程

在露天开采过程中，无论是在基建期间还是在整个生产时期内，都要进行掘沟延深工程。而掘沟速度又是加速延深的前提，是影响新水平准备工作的一个关键因素。

7.4.3.1 沟道基本概念

露天矿的沟道按其用途分为两种，即用于开拓目的的出入沟和用于准备台阶工作线的开段沟。在平坦地面或地表以下挖掘的沟，都具有完整的梯形断面，称为双壁沟；在山坡挖掘的沟只有一侧有壁，另一侧是敞开的，称为单壁沟。深凹露天开采境界以内的出入沟掘进时是双壁的，但随着开段沟的形成，一侧被破坏而形成单壁沟。

沟道的基本要素包括沟底宽度、沟深、沟帮坡面角、沟的纵向坡度和沟的长度，如图 7-11 所示。

1. 沟底宽度 b

它取决于掘沟的运输方法、沟内的线路数目、岩石物理力学性质和采掘设备的规格等因素。对于开段沟的沟底宽度除考虑上述因素外，还要保证扩帮爆

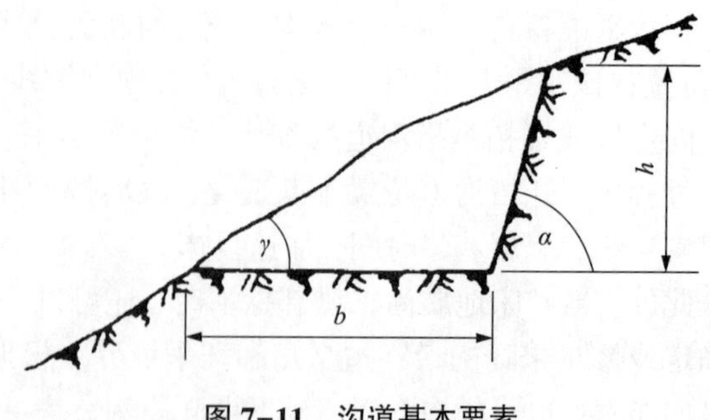

图 7-11 沟道基本要素

破时爆堆不埋道。

2. 沟深 h

深凹露天矿的出入沟和开段沟均为双壁沟。出入沟的深度值为零至台阶全高度；开段沟深度等于台阶全高度。山坡露天矿的出入沟和开段沟多为单壁沟，其高度取决于沟宽 b、沟帮坡面角 α 和地形坡面角 γ。

3. 沟帮坡面角 α

它取决于岩石的物理力学性质和沟帮坡面保留时间的长短，采用固定坑线开拓时，沟帮一侧坡面为最终境界边帮的组成部分，采用终了台阶坡面角；沟帮的另一侧随扩帮推进而采用工作台阶坡面角。当采用移动坑线开拓时，沟帮两侧均采用工作台阶坡面角。

4. 沟的纵向坡度 i

出入沟的纵向坡度根据掘沟的运输设备类型、沟道的用途确定。开段沟一般是水平的，但有时为了排水的需要而采用3‰左右的纵向坡度。

5. 沟的长度 L

出入沟是联系上、下水平的通道，其长度取决于沟深和沟的纵向坡度($L=h/i$)。

开段沟的长度与采用的采掘工艺、开拓方法有关，应根据具体矿山条件确定，一般与新准备水平的长度(或宽度)相当。

7.4.3.2 掘沟方法

按运输方式不同，掘沟方法分为公路运输掘沟、铁路运输掘沟、联合运输掘沟和无运输掘沟。按挖掘机的装载方式不同，掘沟方法又分为平装车全段高掘沟、上装车全段高掘沟和上装车分层掘沟。

1. 公路运输掘沟

公路运输掘沟多采用平装车全段高掘沟方法，即在全段高一次穿孔爆破，汽车驶入沟内采掘工作面，全段高一次装运。这种掘沟方法的掘沟速度主要取决于汽车在沟内的调车方法。

沟内的调车有回返式和折返式两种方式。为了提高车辆供应效率，折返式除有单折返线方式外，还可采用双折返线调车，如图7-12所示。

在这三种方式中，掘沟速度以双折返线调车最高，单折返线调车最低。当汽车供应充足时，采用双折返线调车法较为优越。

出入沟的底宽按汽车的技术规格和其在沟内的调车方法确定，开段沟的底宽除考虑上述因素外，还要考虑初始扩帮的爆堆不能够埋没运输道路的要求，此时两者取大值。

(1)按调车方式确定的最小底宽。回返式调车的沟底宽比折返式大。

回返式调车时：

$$b_{min} = 2(R_{cmin} + b_c/2 + e) \tag{7-2}$$

式中：b_{min}——为沟底最小宽度，m；

R_{cmin}——汽车最小转弯半径，m；

b_c——汽车宽度，m；

e——汽车边缘至沟帮底线的距离，m。

折返式调车时：

$$b_{min} = R_{cmin} + l_c/2 + b_c/2 + 2e \tag{7-3}$$

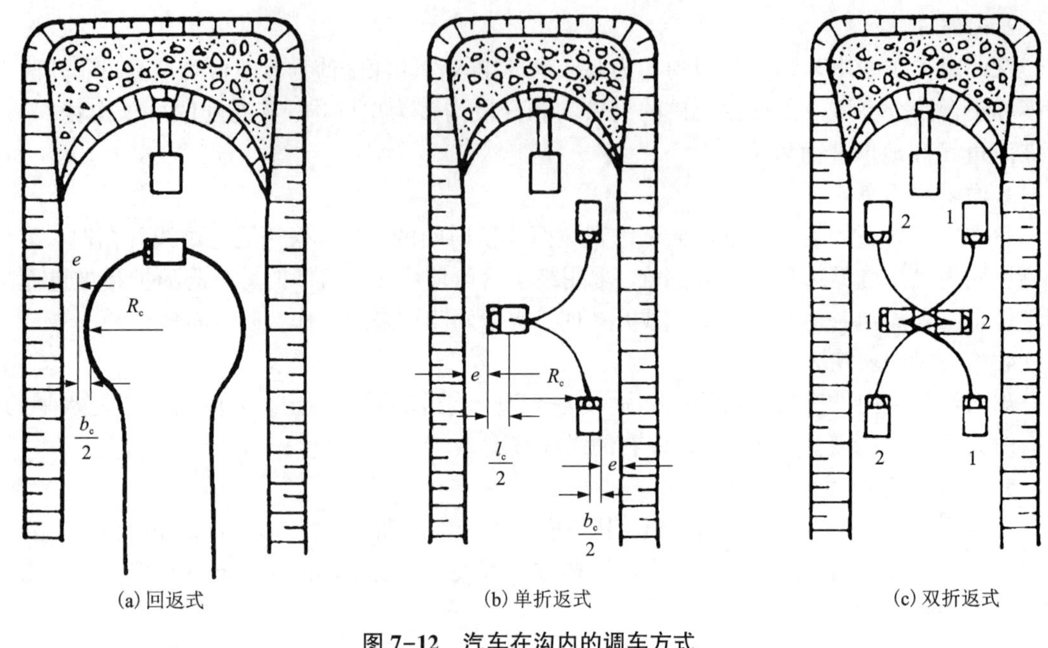

(a) 回返式　　(b) 单折返式　　(c) 双折返式

图 7-12　汽车在沟内的调车方式

式中：l_c——汽车长度，m。

(2) 按爆堆要求确定的最小底宽。如图 7-13 所示，开段沟沟底的最小宽度如式(7-4)：

$$b_{min} = b_b + b_d - W_d \tag{7-4}$$

式中：b_b——爆堆宽度，m；

b_d——道路宽度，m；

W_d——爆破带底盘抵抗线，m。

公路运输掘沟灵活方便，适于各种复杂地形；采装与运输能较好地配合；入换简单，装车回转角小，有利于提高挖掘机效率。但受运距限制大，受季节和气候影响大，在含水多、岩性软的矿山工作困难。

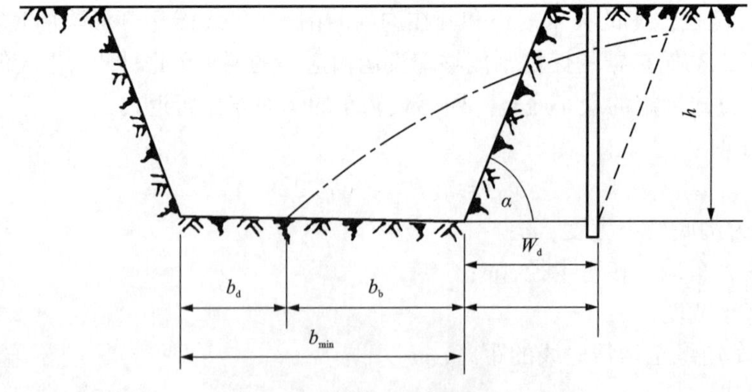

图 7-13　开段沟的沟底宽度

2. 铁路运输掘沟

铁路运输掘沟分为平装车全段高掘沟、上装车全段高掘沟和上装车分层掘沟。

(1)平装车全段高掘沟。如图 7-14 所示，将线路铺设在沟内，列车驶入装车线，电铲向自翻车装载，每装完一辆车，列车被牵出工作面，将重车甩在调车线上，空列车再进入装车。如此反复直至装完一辆列车，重载列车驶向沟外会让站后，另一列空车驶入装车线进行装车。

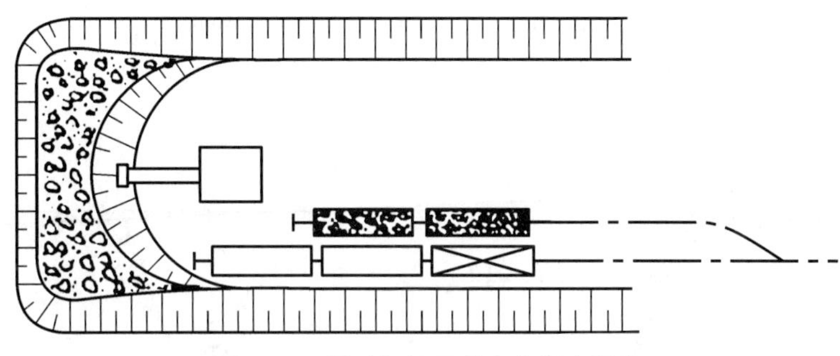

图 7-14　铁路运输平装车全段高掘沟

这种掘沟方法，采运设备为普通规格，与扩帮设备一致，工艺简单，掘沟到一定距离后可加平行作业。但由于列车解体调车频繁，空车供应率低，装运设备效率和掘沟速度低，在掘沟过程中线路工程量大，线路需经常拆铺，接短轨、换长轨工程量大。因此，铁路运输掘沟平装车全段高掘沟方法在生产中较少应用。

(2)上装车全段高掘沟。如图 7-15 所示，装车线铺设在沟帮的上部，用长臂铲在沟内向上部的自翻车装载，每装完一辆车向前移动一次。

长臂铲土装车掘沟时，还可先掘进开段沟，掘至一定长度后，在继续掘进段沟的同时，开始掘进出入沟，使之平行作业，加快新水平的准备。其作业程序是：先在开段沟位置的中部穿孔爆破，保证长臂铲按 8°~10°的坡度呈“之”字形下挖爆堆上装车，最后下卧到开段沟底，当段沟向两端推进到一定距离后，在继续掘进段沟的同时，掘进出入沟。采用下卧开段沟上装车掘沟工艺时，其掘沟速度比平装车掘沟提高 25%~30%。

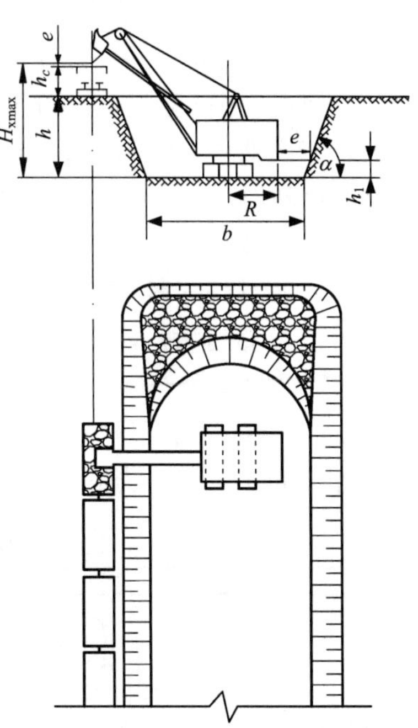

图 7-15　铁路运输上装车全段高掘沟

沟的深度和沟底宽度取决于长臂铲工作规格。沟底的最小宽度如式(7-5)：

$$b_{min} = 2(R + e - h_1 \cot\alpha) \tag{7-5}$$

式中：b_{min}——上装车时沟底最小宽度，m；

R——挖掘机回转半径，m；

e——挖掘机体至沟帮安全距离，m；

h_1——挖掘机体底盘高度，m；

α——沟帮坡面角，(°)。

这种掘沟工艺，列车不需要解体，可缩短调车时间，采运设备效率高，掘沟进度较快。铁道不需要接短轨、换长轨，线路移设简单，线路工程量少，工作组织比平装车掘沟简单。但需专用长臂电铲，设备使用受限，上装车卸载点高，司机操作困难，挖掘循环时间较长，影响电铲效率。该方法适用于大中型铁路运输露天矿。

(3)上装车分层掘沟。在没有长臂铲的情况下，为提高掘沟速度，可用普通规格的挖掘机或半长臂铲进行上装车分层掘沟。上装车分层掘沟方法如图 7-16 所示，图中的数字为掘进分层的顺序，线路向图中所示位置移设。

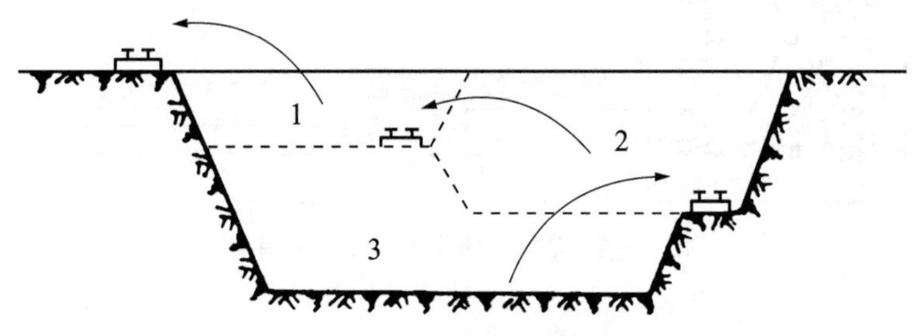

图 7-16 上装车分层掘沟

采用分层掘沟时，列车也不需要解体调车，因而装运设备生产能力较高，必要时增加装运设备，使几个分层同时作业，加快掘沟速度。掘沟使用的普通挖掘机，各项工程均可通用，有利于维修和管理。但分层掘沟的掘进断面较大，掘沟工程量大，线路工程量大，必须在所有分层掘完，堑沟才能交付使用，若采用分层爆破时，钻孔较浅，孔网较密，延米爆破量较小，分层台阶高度小，对挖掘机满斗率有影响。

总之，采用铁路运输掘沟时，不论哪种掘沟方法都比公路运输掘沟速度低，掘沟工程量大，新水平准备时间长，因此不利于强化开采。

3. 联合运输掘沟

在铁路运输开拓的露天矿，为提高掘沟速度，加速新水平的准备，可采用公路-铁路联合运输掘沟。在公路运输开拓的露天矿，当掘沟的岩土松软或爆破后的岩块较小时，可采用前装机-公路运输掘沟。

(1)公路-铁路联合运输掘沟。如图 7-17 所示，汽车在沟内采用平装车方式装车，运至沟外转载平台将矿岩卸入铁路车辆运走。

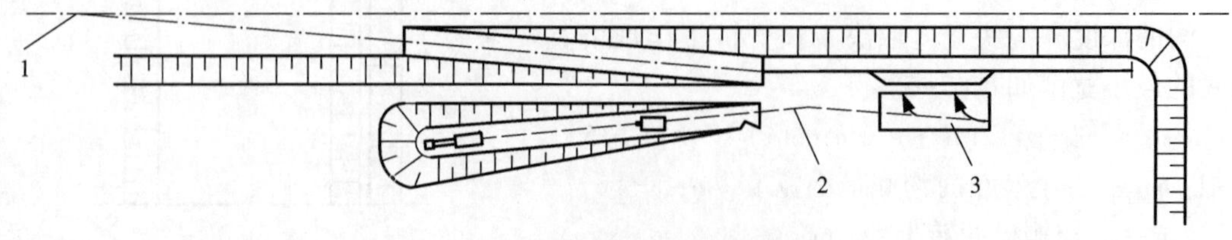

1—铁路；2—汽车道；3—转载平台。

图 7-17 公路-铁路联合运输掘沟

转载平台位置应尽量靠近会让站，缩短列车会让时间，结构形式不宜复杂，应有利于设置和拆除。

(2)前装机-公路联合运输掘沟。当堑沟距地表和排土场较远时，可采用前装机-公路联合运输掘沟。当堑沟距地表和排土场很近时，前装机可独自完成采掘、运输和排弃工作，不需要汽车转运。这样，前装机代替了挖掘机和自卸汽车完成装运工作，将矿岩运出沟外。

前装机在倾斜堑沟内向下挖掘岩石时，可阻止机体后退，减少铲斗挖取时间，使前装机生产能力提高。前装机在沟内可倒车退出沟外，大大缩小了沟底宽度。由于设备效率的提高和掘沟工程量的减少，加快了掘沟速度。

当沟较浅时，可采用全段高一次掘进；当沟较深时，宜采用分层掘进，分层高度取决于前装机的工作规格。

4. 无运输掘沟

无运输掘沟分为倒堆掘沟和抛掷爆破掘沟两种。

(1)倒堆掘沟。如图7-18所示，用挖掘机将沟内的岩石直接倒至沟旁的山坡堆置。按设计的沟底宽度，所用挖掘机的工作规格如式(7-6)：

$$R_{xmax} \leqslant b - R_z + H_1 \cot\beta \tag{7-6}$$

$$H'_x \geqslant H_1 \tag{7-7}$$

式中：R_{xmax}——挖掘机最大卸载半径，m；

b——沟底宽度，m；

R_z——挖掘站立水平挖掘半径，m；

H_1——岩堆超过挖掘机站立水平的高度，m；

H'_x——挖掘机最大水平伸出时的卸载高度，m；

β——岩堆坡面角，(°)。

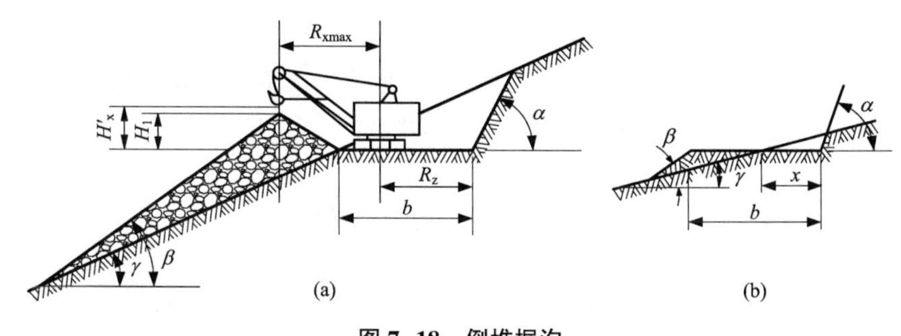

图7-18　倒堆掘沟

在缓山坡掘沟时，可用掘沟的岩石加宽沟底，从而大大减少掘沟工程量。但必须采取预防岩石沿山坡滑动的措施，以保证沟底的稳定性。对于大型汽车，由于对地压力很大，一般不宜采用这种半挖半填的沟道。

(2)抛掷爆破掘沟。该方法主要用于山坡掘进单壁路堑，采用单侧抛掷爆破的方法，将沟内的岩石破碎，并将其大部分抛至沟外的山坡，如图7-19所示，残留在沟内的岩石用挖掘机进行清理。

抛掷爆破掘沟方法能达到很高的掘沟速度，在较短的时间内即可成沟，掘沟工序简单，

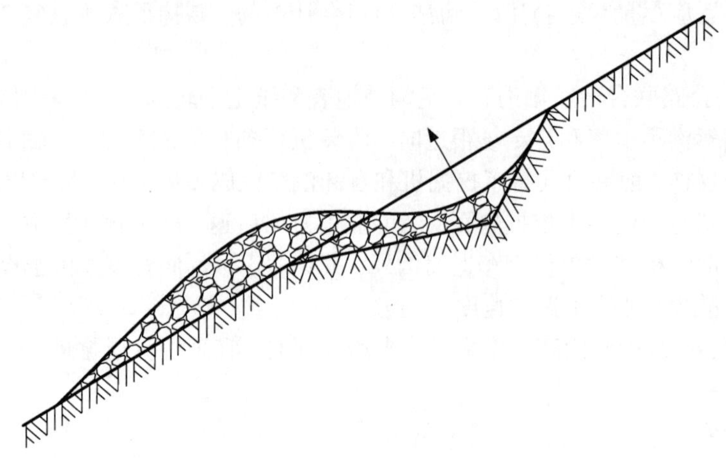

图 7-19　单侧抛掷爆破掘沟

设备效率高，可加快矿山建设。但要求地形、矿体埋藏条件、岩石性质严格，采用抛掷爆破单位药量消耗大，掘沟费用高，爆破震动和碎石散落范围大，影响周围建筑物的安全。

7.4.3.3　掘沟速度

与正常采剥作业相比，掘沟有如下特点：尽头区采掘工作面狭窄；爆破自由面少，质量不易保证；处于采场最低水平，雨季生产受影响。因此，掘沟工作面往往会成为露天矿生产的薄弱环节。其速度如式(7-8)：

$$U = \frac{Q}{S} \tag{7-8}$$

式中：U——掘沟速度，m/月；

Q——掘沟设备效率，m^3/(台·月)；

S——沟道断面面积，m^2。

加快掘沟速度的基本途径是提高掘沟设备生产效率，在条件允许时尽量减少沟道断面，加强组织管理，做好扩帮及有关工程与掘沟工程的配合。

7.5　开拓运输系统优化

露天矿是一个大型生产系统，以运输为纽带，以采掘为中心，通过采、运、排尤其对运输系统的实施调配，来完成生产计划的指标和任务、生产过程的组织、实施。合理的运输系统将提高整个生产系统的生产效率，扩大经济效益。对露天矿运输系统优化研究，选取最优运输系统，成为每一个露天矿生产者追求的重要目标。

7.5.1　运输系统优化研究方法

1. 多目标模糊决策法

决策的目标通常有很多，以企业目标决策为例，企业在追求经济利润的同时，还要考虑非经济目标，如要承担一定的社会责任、提高职工爱国意识、保护生态环境等。大多数企业目标决策问题均具有多目标特点，属于多目标决策问题。多目标决策问题具有两个较为明显的特点：一是目标之间的不可公度性，即众多目标之间没有统一标准；二是目标之间的矛盾性。如果把一种目标加以改善，往往就会对其他目标的实现造成损害。如环境保护和经济建设，环境的破坏往往是由经济的不合理开发造成的。处理多目标决策问题，要以两个原则为准则：一是只要能达到满足决策需要的目标个数就可以，不能有过多的目标个数；二是通过分析各目标的优劣程度和重要性的大小，对目标不同的权数进行赋值。

在现实生活中，模糊多目标问题在科研、设计、生产实践中大量存在，模糊多目标决策问题运用模糊数学对问题进行分析，并借助先进的计算机技术手段对模糊决策问题进行分析再论证，已取得了一些非常实用的优化方案。近年来，多目标模糊决策在矿山运输方案的确定、铲运机斗量的选择等矿山问题方面已得到很好的应用。

2. 运筹学方法

根据所解决问题的特征将运筹学分为概率型模型和确定型模型两大类。概率型模型主要包括对策论、存贮论、排队论等；确定型模型主要包括目标规划、动态规划、线性规划、非线性规划等。

运筹学已在各个领域广泛应用，诸如产品设计、矿山运输安排与调度、运输系统优化问题、资源合理分配、城市规划、信息系统、财务与会计、市场咨询等。20 世纪 50 年代后期，运筹学在我国运用最早的行业是建筑业和纺织业。然后才开始推广应用到交通运输、农业、工业、水利建设等方面。比如，粮食部门利用运筹学提出了“图上作业法”，很好地解决了粮食的合理调运问题。从 20 世纪 60 年代开始，钢铁和石油部门开始全面、深入地应用运筹学来解决生产问题。20 世纪 70 年代后期，汽车工业等行业开始对存贮论加大研究，并获得一定的成果。矿山的运输系统，根据不同的采矿方法，形式也有所区别，运输系统的确定尤其复杂，受到多种因素影响和制约。矿山企业是资源性行业，不仅要产生最佳的经济效益，而且要满足国民经济发展的需要。

3. 粒子群优化算法

粒子群优化算法是由 Kennedy 博士与 Eberhart 博士对鸟类扑食行为的模拟提出的一种新的全局优化进化算法。它具有计算高效和容易执行的特点。搜索空间中每只鸟的位置对应于一个问题的解，这些鸟被称为粒子，具有速度和位置特征的粒子，还有一个适应值，这个适应值由被优化函数决定。每个粒子通过记忆在解空间中搜索最优粒子。在每一次迭代中，粒子通过跟踪两个极值，即个体极值点(用 pbest 表示其位置)和全局极值点(用 gbest 表示其位置)来更新自己，并且根据公式来更新自己的速度和位置。

4. 层次分析法

层次分析法(AHP)是美国运筹学家 A. L. 萨蒂于 20 世纪 70 年代最早提出的。该方法是把一些较为复杂的模糊多目标决策问题分解成多个目标或准则，并进一步分解成多指标的若干层次，然后将定性指标进行模糊量化，计算出层次单排序(权数)和总排序，得出最终评价结果。层次分析法易于理解，方法灵活，适用于解决那些难于完全量化分析的问题，是一种定性与定量相结合的决策方法，对一些决策结果难于直接准确计量的决策问题非常实用。

7.5.2 运输系统影响因素

影响露天矿运输系统的因素主要有以下几种：

(1)台阶高度的确定。台阶高度对汽车的选用影响很大，也间接影响着矿山的整体效益。

(2)运距的确定。在露天矿规划设计中，采区与工业广场、采场、排土场之间的合理的布置，将大大缩短运距，减少运输费用。

(3)非工作时间。它主要包括装卸矿石过程中的汽车空闲等待时间以及露天矿运输设备故障时间。

(4)运输方式。露天矿运输方式主要有平峒-溜井联合运输，单一公路运输、铁路运输等，矿山的经济效益将与矿方的运输方式合理选取息息相关。

(5)基础设施及设备。运输系统中的一个重要环节就是道路的日常维护。道路出现问题将直接影响运输系统的顺利工作，同时对矿山的整体经济效益造成影响。露天矿运输系统包含诸多设备，一旦发生故障，很难及时维修，严重影响矿山的正常生产。设备的维修保养质量，也受到不同设备制造企业的售后服务水平影响，另外，运输系统应尽量采购规格统一的设备，方便维修保养和调度管理。

(6)系统生产管理。运输系统作为矿山生产中重要环节，对矿山生产组织管理有着非常重要的影响，运输系统管理的复杂程度主要是由设备数量和环节数决定的，随着运输系统设备数量及环节数量的增加，系统的调度管理复杂性也随之增加。

7.5.3 运输系统优化原则

开拓运输系统的选择应遵守经济性原则、协调性原则、适应性原则。

1. 经济性原则

露天矿的开拓运输系统费用主要包括建设费用及经营费用两部分。合理地安排运输道路，优化运输方案可以大大降低露天矿的初期投资，并且为露天矿的后续开采、运输提供方便，节省开支，提高总体经济效益。开拓运输系统时应以总费用最低作为选择运输方案的经济性原则。

2. 协调性原则

开拓运输系统应把露天矿矿山的运输网络作为一个整体系统统筹安排，开拓运输系统中的各环节要做到相互配合。

3. 适应性原则

开拓运输系统须与国家对矿山要求政策相适应，需与矿山的水文地质情况相适应，需与矿山实际生产规模、经济指标相适应。

课后习题

1. 简述露天开采开拓的概念。
2. 露天开采常用的运输设备有哪些?
3. 影响开拓方法选择的主要因素有哪些？选择的主要原则是什么?
4. 露天开采常用开拓方式有哪些？请简要概述。
5. 铁路运输开拓的特点是什么?
6. 简述固定坑线开拓与移动坑线开拓的优缺点。
7. 铁路运输开拓常用坑线的布置形式有哪些？请简要说明。
8. 公路运输开拓常用坑线的布置形式有哪些？请简要说明。
9. 简述平硐溜井开拓的适用条件及优点。

第 8 章　露天矿山生产能力及采掘进度计划

8.1　露天矿生产能力确定

露天矿生产主要是为了采出矿石，因此矿山的生产能力可以用每年采出的矿石量来表示，即矿石生产能力。另外，露天矿除采矿外，一般都要剥离相当数量的岩石，露天矿的矿石产量在生产剥采比一定的情况下，应有足够的矿岩采剥量来保证，而且采剥总量大大超过采矿量，露天矿山的人员和设备等都要按矿岩生产能力来计算。因此，露天矿生产能力也可以用每年采剥总量来表示，即矿岩生产能力。

PPT

露天矿的矿岩生产能力和矿石生产能力之间的关系如式(8-1)：

$$A = A_K(1 + n_S) \tag{8-1}$$

式中：A——矿岩生产能力，t/a；

A_K——矿石生产能力，t/a；

n_S——生产剥采比，t/t。

露天矿生产能力是矿区决策要素的核心，与矿山企业的经济效益密切相关，直接关系到矿山的投资收益。因此，确定合理的生产能力至关重要，但是确定合理生产规模涉及矿区内部资源条件、矿区内外部多种技术经济要素，是一个复杂的系统工程问题。具体来说，制约开采能力的因素包含储量、矿床赋存条件、岩性、气候特征、地形地貌、剥采比、水文条件等内部因素，也包含资金、市场、外运条件、协作条件(设备制造、维修及配件供应等)、电源、材料来源等外部因素。这些因素中内部因素大都不可变，外部因素大都可变。同时有些因素又相互矛盾，如矿石储量丰富且赋存条件好，但外运条件差难以实现大规模开采；市场需求量大，但矿床赋存条件差也无法形成规模开采，正是影响因素较多，其中既有不可变因素，又有可改变因素，有些因素还相互矛盾，导致了矿山生产规模的确定比较困难。从整体设计思路出发，将这些因素分为资源储量约束、生产技术约束和经济约束三个方面，只有在满足刚性约束的基础上，才能以效益最优化为目标，对露天矿山生产能力进行优化决策，如图 8-1 所示。

8.1.1　按资源储量约束计算生产能力

在市场供不应求条件下，生产的矿石全部能顺利销售出去，此时矿山的生产能力似乎越大获取的价值就越大。事实上，一个矿山的储量是有限的，生产能力越大，相应的开采年限就越短。然而开采年限过短是不划算的，因为许多矿山设施是无法迁移的，一旦矿山报废，投资建设起来的许多设施也将随之报废。反之，若矿山生产能力过低，则提前占用勘探资

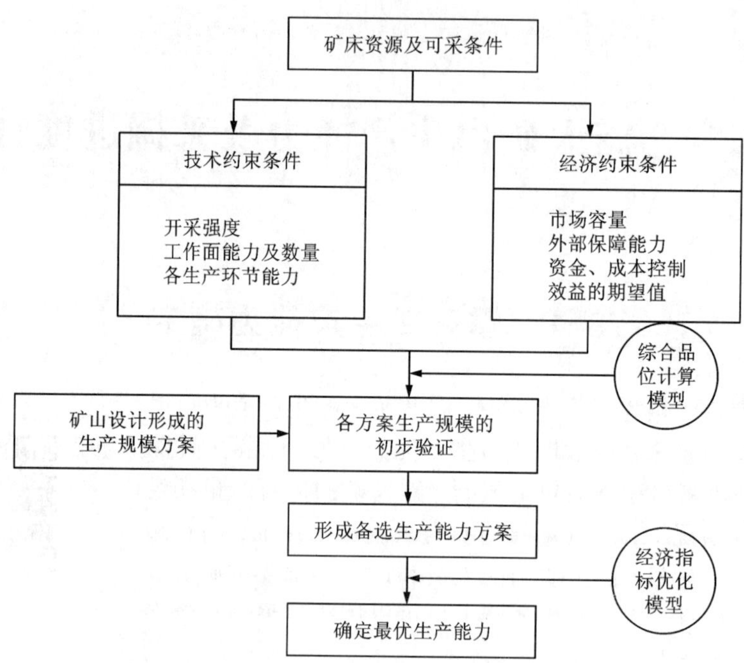

图 8-1　露天矿生产能力的决定因素及决策程序

金，经济上也不合理。因此，我国对不同的矿种和矿山规模规定了最短的服务年限，矿山规模越大要求服务年限也越长，如表 8-1 和表 8-2 所示。满足最短服务年限的矿山最大规模为：

$$A'_{max} = \frac{Q}{T_{min} K} \tag{8-2}$$

式中：A'_{max}——满足规定的最短服务年限的矿山最大规模，万 t/a；

Q——可采储量，万 t；

T_{min}——规定的最短服务年限，a；

K——储量备用系数，一般取 1.1~1.3。

当矿区内另有备用矿床可供接续时，可以不考虑储量备用系数，并适当缩短服务年限，但应充分考虑利用原有设施的可能性。

表 8-1　有色金属矿山露天开采规模分类　　单位：万 t/a

矿山类型		一类矿山	二类矿山	三类矿山
铜、钼、镍矿		>150	30~150	<30
铅锌矿		>100	30~100	<30
脉锡矿		>65	10~65	<10
铝矿	采矿量	>50	20~50	<20
	剥离量	>200	50~200	<50
砂矿		>200	100~200	<100

注：表中沉积型露天铝矿山的一、二类矿山的采矿量和剥离量，应同时具备表中标准，否则一类降为二类，二类降为三类。

表 8-2　有色金属矿山露天开采矿山合理服务年限

单位：a

矿山类型	一类矿山	二类矿山	三类矿山
铜、钼、镍矿	>25	>20	>10
铅锌矿	>25	15~25	>12
脉锡矿	>20	15~20	>12
铝矿	>25	>20	
砂矿	>15	10~15	8~10

此外，据国外某些矿业公司的经验，一座矿山的寿命最少应为10年，以便能够通过周期性的价格波动最大程度地平衡风险，特别是品位低而储量大的矿床，如斑岩铜矿，需要大规模的公共设施，其寿命应至少为20~25 a。H. K. 泰勒根据多年的设计经验，在《矿山评价与可行性研究》中提出根据露天矿开采储量 Q 估算矿山经济寿命 T 的经验公式，如式(8-3)：

$$T = 0.2 \times \sqrt[4]{Q} \qquad (8-3)$$
$$A = Q/T$$

式中：T——矿山合理服务年限，a；

A——矿山生产能力，t/a；

Q——开采境界内设计可采储量，t。

作为泰勒公式估算法的检验，Wellmer 对加拿大有色金属矿的生产决策进行分析，Mcspadden 和 Schaap 对全世界斑岩铜矿(即品位低储量大的铜矿产)的生产决策进行分析，将这些数据统计分析发现各矿山平均寿命与泰勒公式相吻合。但在发展中国家，由于需要较高利息作为补偿和缩短开挖周期以减少国家风险等考量，开采率平均高出20%。

不论是根据国家标准矿山分类获得合理服务年限，还是根据泰勒公式估算得到矿山经济寿命，代入式(8-2)都可求出矿山生产规模。

8.1.2　按技术约束验算生产能力

一个露天矿的生产能力，还受矿山具体的技术条件和技术水平所限。露天矿山生产能力的验算，应符合下列规定：

(1)应按同时工作的采矿台阶上可能布置的挖掘机台数和单台挖掘机生产能力验算。

(2)应按年下降速度进行验算。

(3)改建、扩建或大型露天矿山，应验算运输线路咽喉地段的通过能力。

具体来说，以采矿技术条件约束，可从以下两方面进行验算。

1. 按可能布置的挖掘机的数目验证生产能力

挖掘机是露天矿的主要采掘设备，选定某种挖掘机后，露天矿的生产能力直接取决于可布置的挖掘机数。可布置的挖掘机总数决定了矿岩生产能力，其中可布置的装矿挖掘机数决定了采矿生产能力。

第一步，确定一个采矿台阶可能布置的挖掘机台数，如式(8-4)：

$$N_{WK} = \frac{L_T}{L_C} \qquad (8-4)$$

式中：N_{WK}——一个采矿台阶可布置的挖掘机数，台，对于铁路运输要求 $n_{WK} \leqslant 3$；

L_T——台阶工作线长度，m；

L_C——采区长度，即一台挖掘机正常工作线长度，m。

第二步，计算可同时采矿的台阶数。对于较厚的倾斜矿体根据如图 8-2 所示的几何关系计算，如式(8-5)：

$$
\begin{aligned}
M &= N_0 \pm N_0\tan\varphi\cot\gamma \\
n_K &= N_0/(B + h\cot\alpha) = M/[(1 \pm N_0\tan\varphi\cot\gamma)(B + h\cot\alpha)]
\end{aligned}
\tag{8-5}
$$

式中：M——矿体水平厚度，m；

n_K——可能同时采矿的台阶数；

N_0——工作帮坡线水平投影，m；

B——工作平盘宽度，m；

h——台阶高度，m；

α——工作台阶坡面角，(°)；

φ——工作帮坡角，(°)，±按推进方向取加或减，+用于由下盘向上盘推进，-用于由上盘向下盘推进；

γ——矿体倾角，(°)。

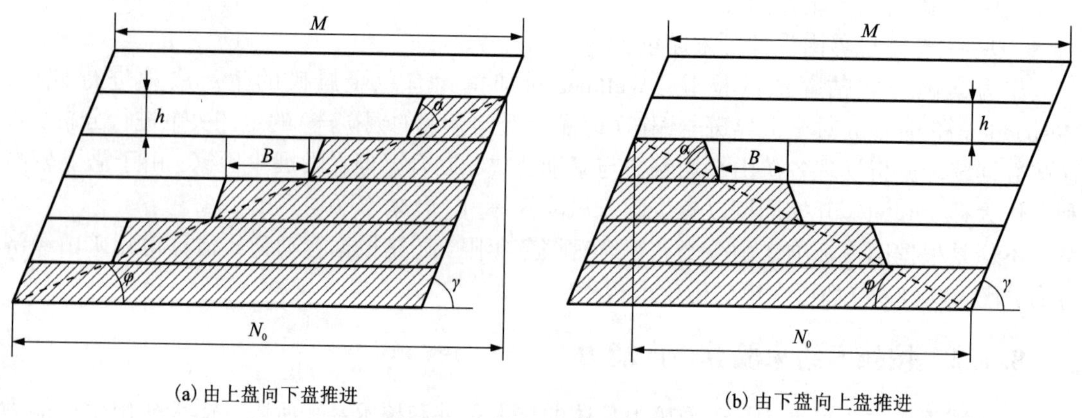

图 8-2　同时进行采矿的台阶数

第三步，计算整个露天矿可能的生产能力，如式(8-6)：

$$A_K = N_{WK} n_K Q_{WK} \tag{8-6}$$

式中：Q_{WK}——采矿挖掘机平均生产能力，t/a，如表 8-3 所示。

表 8-3　单斗挖掘机每立方米斗容生产能力　　单位：万 m^3/a

运输方式	岩石类别		
	坚硬岩石	中硬岩石	表土或不需要破碎的岩石
公路运输	15~18	18~21	21~24
铁路运输	12~15	15~18	18~21

注：机械传动单斗挖掘机(电铲)宜取低值，液压挖掘机宜取高值。

2. 按矿山工程延深速度验证生产能力

露天矿在生产过程中，工作线不断往前推进，开采水平不断下降，直至最终境界，即矿山工程沿水平和向下两个方向发展。通常用工作线水平推进速度和矿山工程延深速度两个指标来表示开采强度。显然开采强度越高，采出的矿石也越多。

对于矿体埋藏条件为水平和近水平的露天矿来说，除基建期间以外，一般不存在延深的问题。此时露天矿的生产能力主要取决于工作线水平推进速度。金属矿多数是倾斜和急倾斜矿体，因此，延深快意味着获得矿量多。当然不能只顾延深而忽视上部各水平的推进，要用水平推进来保证延深，两者速度之间要满足一定的关系。这一关系如图 8-3 所示，可表示如式(8-7)：

$$v_T = v_Y(\cot\theta + \cot\varphi) \tag{8-7}$$

式中：v_T——工作线水平推进速度，m/a；

v_Y——矿山工程延深速度，m/a；

θ——延深角，即延深方向(该水平开段沟与上一水平开段沟位置错动方向)和工作线水平推进方向的夹角，(°)；

φ——工作帮坡角，(°)。

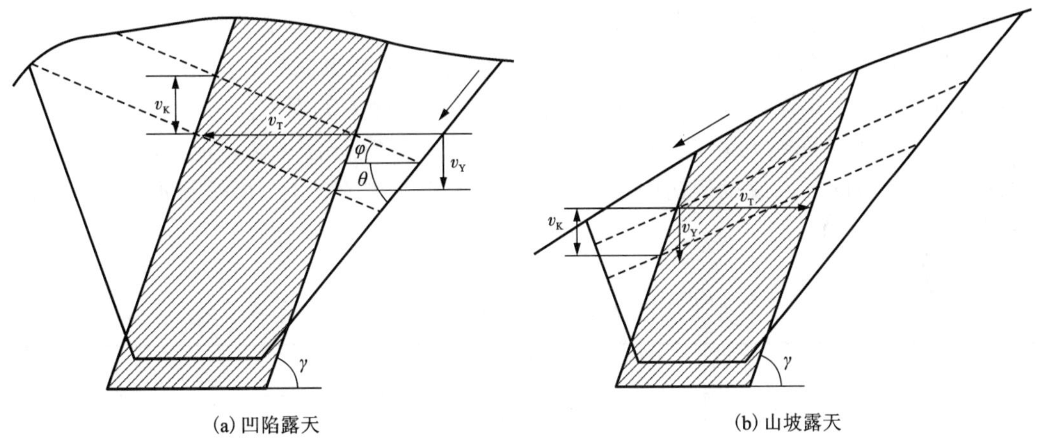

(a) 凹陷露天　　(b) 山坡露天

图 8-3　矿山工程延深速度与工作线推进速度及采矿工程延深速度的关系

从式(8-7)看出，在 φ、θ 一定的情况下，要加快延深速度，必须相应地加快水平推进速度。否则，将影响延深速度，或破坏露天矿正常生产条件，出现采剥失调。在山坡露天矿 $\theta>90°$ 的情况下，水平推进速度对延深速度影响较小，在深凹露天矿的情况下则影响较大。

延深速度有两个概念，一个是矿山工程延深速度，另一个是采矿工程延深速度。矿山工程一般包括剥离工程、采矿工程和新水平准备。这里所说的矿山工程仅就新水平准备而言，是由掘沟工程和为保证下水平掘沟所需的扩帮工程组成。矿山工程延深速度是根据新水平的准备时间所完成延深的台阶高度，折合每年下降的进尺(m/a)来计算，可按式(8-8)计算：

$$v_Y = 12h/T_0 \tag{8-8}$$

式中：h——新水平台阶高度，m；

T_0——新水平准备时间，月，可以通过编制新水平准备进度计划图表确定。

矿山工程延深速度与采矿工程延深速度的意义不同，采矿工程延深速度是指露天开采境界内被开采矿体的水平面每年垂直下降的米数(m/a)。它们之间的几何关系及数量关系如图 8-3 所示，可按式(8-9)计算：

$$v_K = v_Y \frac{\cot\varphi + \cot\theta}{\cot\varphi + \cot\gamma} \tag{8-9}$$

式中：v_K——采矿工程延深速度，m/a。

计算矿石生产能力，采用采矿工程延深速度较接近实际。但一般露天矿拥沟的部位都在离矿体很近的顶、底盘位置或在矿体中，故两者的相差很少，可以用矿山工程延深速度初步计算矿石生产能力。

露天矿按延深速度可能达到的生产能力按式(8-10)计算：

$$A_K = \frac{v_Y}{h} P\eta(1 + \rho) \tag{8-10}$$

式中：P——所选用的有代表性的水平分层矿量，t；

η——矿石回收率，%；

ρ——废石混入率，%。

以上的验算方法，对于采用 3~4 m^3 小型挖掘机、铁路或公路运输来说是重要方法。在目前推广采用大型挖掘机和电动轮汽车的设备条件下，由于公路运输采区长度较小，可以布置的挖掘机工作面数较多，加之挖掘机生产能力大，掘沟速度快，矿山工程延深速度可达 20~30 m/a。事实上延深速度已不是成为限制露天矿生产能力的因素。

按年下降速度验证露天采场生产能力时，年下降速度宜符合相应规定，如表 8-4 所示。采用陡帮开采、分期开采或投产初期台阶矿量少下降速度快的矿山，可按新水平准备时间确定下降速度。

表 8-4　年下降速度

运输方式	类别	下降速度/(m·a^{-1})
公路运输	山坡露天矿	24~36
	深凹露天矿	18~30
铁路运输	山坡露天矿	12~15
	深凹露天矿	8~12

注：采剥工艺简单、开拓工程量较小或采用横向开采、短沟开拓时，可取大值。

3. 按设备合理配比验证生产能力

露天矿机械化程度较高、生产条件较复杂，其主要生产环节是穿孔爆破采装、运输及排卸(包括排土及卸矿)。各主要工艺环节和若干辅助生产环节构成一个完整系统。露天矿的生产能力就是由这些环节互相配合、相互制约形成的综合生产能力所决定。露天矿的生产能力不仅要从技术上的可能性与经济上的合理性加以论证，而且要有相应的工艺装备作为保证，因此，必须研究露天矿的工艺联系。露天矿工艺联系包括设备选型配套、设备配比、生产组织、工艺参数选择等问题，这些问题都与生产能力有关。

首先，工艺联系要研究确定生产工艺设备的最优选型配套问题。一般原则是大矿用大设备，小矿用小设备；大铲配大车，小铲配小车。若大矿用小设备，设备数量多，管理复杂，经济效益差，甚至还可能满足不了产量要求；若小矿用大设备，单机影响产量太大，不容易调节生产；若大铲配小车或小铲配大车都会影响其技术经济效益。

其次，工艺联系要研究各生产环节间设备数量的比例，借以提高露天矿的生产能力、提高设备利用率以及降低成本。露天矿各种工艺设备所具有的数量及其可能达到的生产能力往往是不同的，整个露天矿的生产能力受其中最薄弱环节的限制，如式(8-11)：

$$A_{CB} = A_W = A_Y = A_{PX} = A \tag{8-11}$$

式中：A_{CB}、A_W、A_Y、A_{PX}、A——穿爆、采装、运输、排卸各工艺环节的生产能力以及露天矿的矿岩生产能力。

各工艺环节的生产能力是由其设备数量及单机能力所构成，如式(8-12)：

$$A_C = N_C Q_C,\ A_W = N_W Q_W,\ A_Y = N_Y Q_Y,\ A_P = N_P Q_P \tag{8-12}$$

式中：N_C、N_W、N_Y、N_P——穿孔机、挖掘机、运输设备、排卸线(或汽车排卸点)数；

Q_C、Q_W、Q_Y、Q_P——穿孔机、挖掘机、运输设备、排卸线(或汽车排卸点)单位生产能力。

代入式(8-11)得式(8-13)：

$$\begin{gathered} N_C Q_C = N_W Q_W = N_Y Q_Y = N_P Q_P \\ N_C/N_W = Q_W/Q_C,\ N_Y/N_W = Q_W/Q_Y,\ N_Y/N_P = Q_P/Q_Y \end{gathered} \tag{8-13}$$

其中，N_C/N_W、N_Y/N_W、N_Y/N_p——分别称为钻铲比、车铲比、车线比。

式(8-13)说明设备数量之比与其单机生产能力成反比。例如，如果挖掘机单机生产能力为每辆汽车生产能力的3倍，则车铲比为3，若少于此数将发挥不出挖掘机的能力，而使采装成本提高；若大于此数又将降低公路运输效率，提高运输成本。因此，要发挥设备的能力，其数量间要保持一定的比例。

在四大工艺中，穿孔和采装之间通过爆破间接联系，而采装、运输、排卸三者之间是直接联系。对于穿爆，应适当提前为挖掘机准备足够数量爆堆以便不影响采装。一般为了充分发挥挖掘机效率，穿孔设备能力应稍大于采装设备能力。装运排三个环节间的互相影响最大，其中装运环节设备比较贵重，资金占用多，对生产的经济效益影响最明显，因此成为工艺联系的重点。

当然，适当的设备选型与数量配备只提供了生产的物质基础，要充分发挥它们的能力，还要在生产活动中进行合理的生产组织与调度。由于露天矿生产条件复杂，工作地点及对象多变，使得各项作业的时间、作业量等计算指标随时都在变动。因此在生产中应采取积极措施，随时发现薄弱环节，并及时消除，使矿山生产能力均衡稳定。

8.1.3 按经济约束计算生产能力

(1)市场规模。市场需求量是影响矿山生产规模的最关键因素。市场需求量大，才能进行大规模建设。反之，没有市场需求或需求量很小，就不能马上或不能建大型矿山。因此，在确定规模之前，必须对市场供求关系进行详细调查和预测，弄清矿石产品有多大市场，矿山建成后能有多大的市场份额，了解用户对产品质量有何具体要求，等等。

(2)投资规模。矿山规模往往受到资金条件的制约。当资金短缺时，可以通过借贷来弥补资金的不足，但贷款是要支付利息的。因此，必须计算矿山偿还本息的能力。投资条件规模可用式(8-14)表示：

$$A' = \frac{L}{C} \tag{8-14}$$

式中：L——可能获得的资金，万元；

C——单位投资，元/t。

(3)效益。矿山的生产成本可分为固定成本和可变成本，前者在一定范围内与产量无关，后者与产量成比例关系，矿山的起码效益应该盈利或至少不亏损，则保证矿山起码效益的最小规模如式(8-15)：

$$A \geqslant \frac{KC_{\mathrm{D}}}{m - K'C_{\mathrm{C}}} \tag{8-15}$$

式中：A——保证矿山有起码经济效益的下限规模，t/a；

K——考虑规模对固定费用影响的系数；

C_{D}——固定总费用，元/a；

m——销售价格，元/t；

K'——考虑不完全成比例的调整系数；

C_{C}——可变的单位费用，元/t。

当市场价格扭曲，不能反映矿石的实际价值时，m 可取影子价格或计入补贴。当矿山规模不能满足式(8-15)条件时，表明矿山只会亏损不会盈利。从式(8-15)可以看出，矿山固定费用越大，越需要增大矿山的下限规模，来分摊固定费用。反之，矿山的市场价格越高，矿山的下限规模可以减小，也不致引起矿山的亏损。

资源储量约束、技术约束、经济约束三者中，哪个占的比重大，应根据实际情况进行确定。

8.2 露天矿采剥方法

生产剥采比是露天矿山一个很重要的技术经济指标，它直接与矿石成本相关。按其自然发展来说，生产剥采比一般随着矿山工程延深而变化。

露天采矿场是一个复杂的空间几何体，每个露天矿的大小、形状和矿岩量都是不同的。为了保证安全、经济、合理地开发露天矿山，露天采场必须按一定的采准(即掘沟工程)剥离和采矿程序生产。而露天矿的采剥方法就是研究露天开采中的采准剥离和采矿工程的开采程序以及它们之间的时空关系。

采剥方法分类的原则和方法很多，按工作线的布置形式可分为：①工作线纵向布置的采剥方法；②工作线横向布置的采剥方法；③工作线扇形布置的采剥方法；④工作线环形布置的采剥方法。按工作台阶的开采方式可分为：①台阶全面开采方法，主要指缓帮开采；②台阶轮流开采方法，主要指陡帮开采。

8.2.1　露天矿采剥方法

8.2.1.1　工作线纵向布置的采剥方法

纵向采剥时，露天矿的采剥工作线沿矿体走向布置，垂直矿体走向移动，如图8-4所示。

纵向采剥时，开段沟一般沿矿体走向布置。当露天矿采用固定坑线开拓时，开段沟可以布置在顶帮，工作线由顶帮向底帮推进，也可以布置在底帮，工作线由底帮向顶帮推进。但一般多采用底帮固定坑线开拓以减少基建剥岩量，如大冶铁矿、眼前山铁矿均采用底帮固定坑线开拓。

纵向采剥时，露天矿也可以采用移动坑线开拓，此时开段沟可以布置在矿体的上盘、下盘或矿体中间，工作线由中间向顶帮和底帮推进。大孤山铁矿曾采用下盘移动坑线开拓。

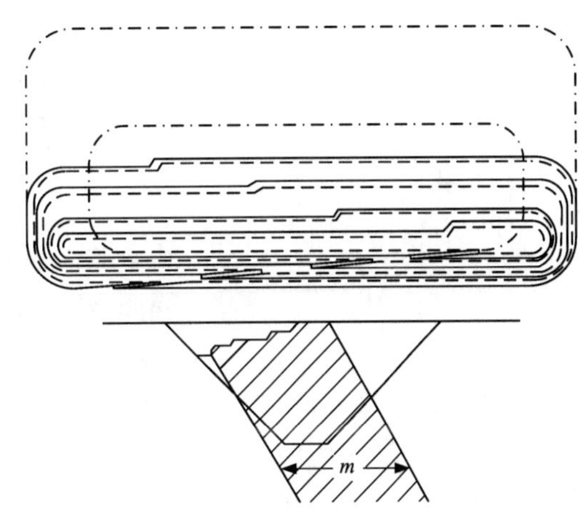

图8-4　纵向采剥方法

纵向采剥方法的主要优点和特点如下：

(1)纵向开采工作线是平行推进的，沿工作线上的采掘带宽度基本上不变，因而有利于发挥设备效率，同时工作的台阶数可以减少。

(2)开段沟可以布置在矿体的上盘，并垂直矿体走向推进，因而有利于减少矿石的损失、贫化和剔除走向夹石。

纵向采剥方法的主要缺点是：在一定的矿山技术条件下，矿岩的内部运距(与横向采剥方法相比)较大；当工作线从下盘向上盘推进时，矿岩分采比较困难，损失和贫化较大；基建剥岩量较大。

纵向采剥方法多用于铁路运输的矿山、长宽接近的公路运输矿山以及有特殊要求的公路运输矿山，如桦子峪镁矿。

8.2.1.2　工作线横向布置的采剥方法

横向采剥方法是指露天矿采剥工作线垂直矿体走向布置，沿矿体走向移动，如图8-5所示。开段沟可以布置在露天矿的端部或者境界中的任何一个地方，并垂直矿体走向开挖，形成初始工作线，然后从一端向另一端，或从中间向两端推进。

横向采剥方法的主要优点是：在一定的矿山技术条件下可以减少露天矿的基建工程量，减少采场内部运距和掘沟工程量等。

横向采剥方法的主要缺点是：采矿作业台阶多，采掘设备上下调动频繁，影响其生产能力；生产组织和管理比较复杂，容易因计划不周而造成采剥失调等。

横向采剥方法主要用于公路运输的露天矿，因为公路运输机动灵活，不受工作线长度的限制，能适应各种不同的矿体埋藏条件和品位的空间分布。此外，长宽比大的露天矿，在其他条件相同时，对横向采剥方法较为有利。

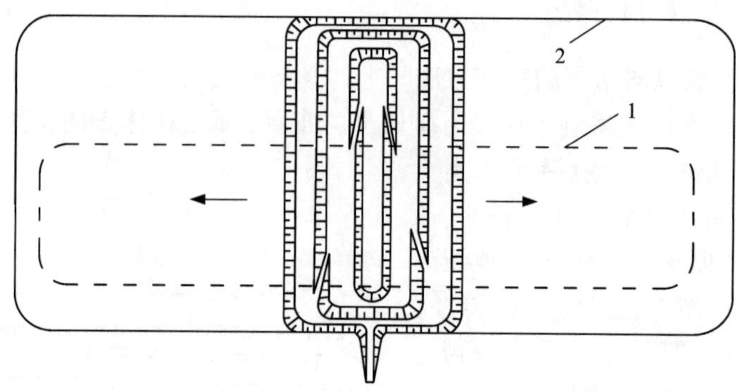

1—矿体；2—露天开采境界。

图 8-5 横向采剥方法

8.2.1.3 工作线扇形布置的采剥方法

扇形采剥时，露天矿的工作线围绕某个点，通常是沟道线路与工作面线路的连接点移动，如图 8-6 所示。从图中可以看出，扇形采剥时，工作线上每个点的推进速度是不同的，因而影响设备效率。

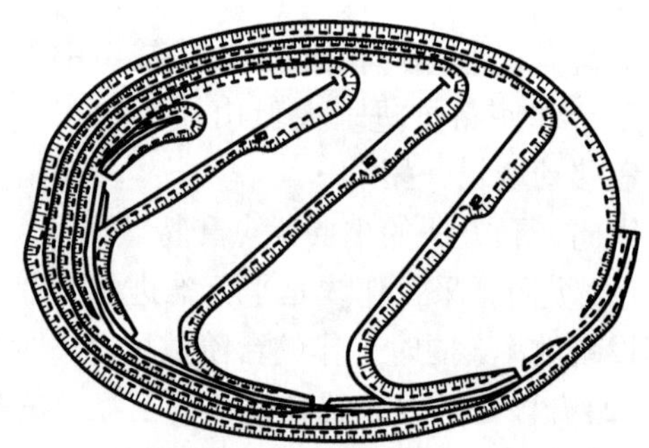

图 8-6 扇形采剥方法

8.2.1.4 工作线环形布置的采剥方法

环形采剥时，采场的工作线向四周发展。当开采深凹露天矿时，工作线自里向外扩展，如图 8-7(a)所示。当开采孤立山峰型露天矿时，工作线自外向里扩展，如图 8-7(b)所示。

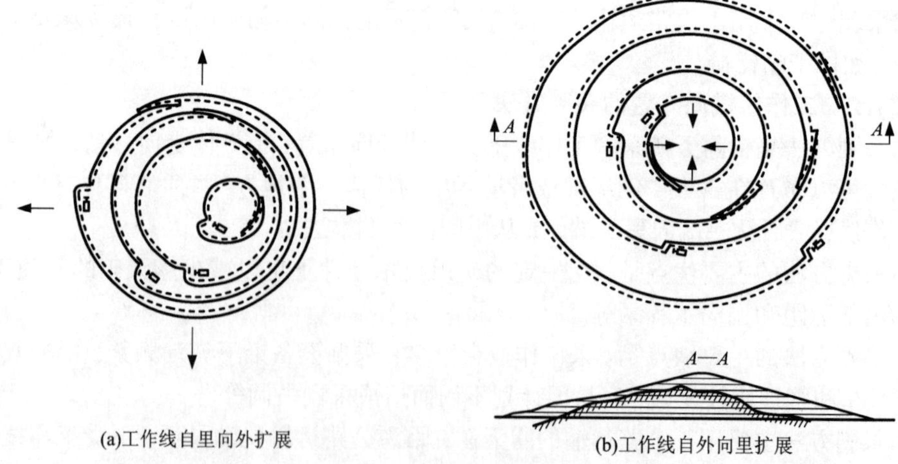

(a)工作线自里向外扩展

(b)工作线自外向里扩展

图 8-7 环形采剥方法

采用这种方法时，深凹露天矿一般先在矿体中间掘一个圆坑，其直径为50~200 m，依采掘运输设备的规格而定，然后向四周发展。

环形采剥时，环形工作线上各点的推进速度也是不同的，依矿体倾角及主推进方向而定。沿推进方向的工作线推进速度最大，逆推进方向的工作线推进速度最小。此时多采用移动坑线开拓，并且坑线多沿圆坑的周边布置。

环形采剥方法的主要优点是：基建工程量小，使用比较灵活。我国弓长岭铁矿独木采场、德兴露天铜矿等，国外宾汗姆、平托谷、碧玛等铜矿，均使用这种采剥方法。

8.2.2　露天矿陡帮开采

陡帮开采是在工作帮上部分台阶作业，另一部分台阶暂不作业，使工作帮坡角加大，以推迟部分岩石的剥离。

8.2.2.1　陡帮开采的作业方式

陡帮开采主要指台阶轮流开采，根据剥岩挖掘机的大小及工作帮上的台阶数目，陡帮开采的作业方式如下所述。

1. 工作帮台阶依次轮流开采

这种作业方式如图8-8所示。其实质是露天矿整个剥岩工作帮由一台挖掘机从上而下轮流进行开采，先开采第一个台阶，再开采第二个台阶，依此类推，采完最后一个台阶后，挖掘机再返回到第一个台阶，重新开始下一个条带的剥离工作。

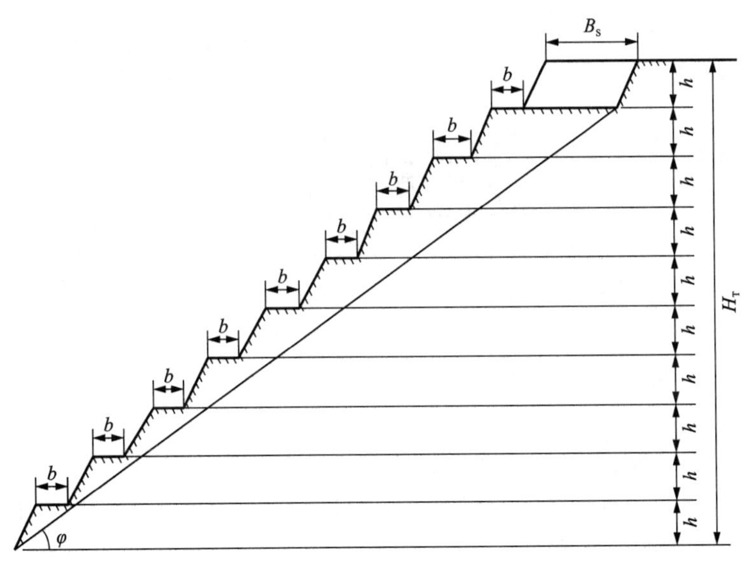

图8-8　工作帮台阶依次轮流开采

采用这种作业方式时，剥岩带上只有一个台阶在作业，其余台阶均处于暂不作业状态，所留平盘宽度较窄，故能最大程度地加陡工作帮坡角，获得较好的经济效益。

采用这种作业方式时，工作台阶也可以由一组（两台）挖掘机进行采掘，它们在同一个台阶上作业，一前一后互相间隔一定的距离，并做同向采掘；也可以从端帮向中央做对向采掘。

采用这种作业方式时，工作帮坡角可以加大到25°~35°或更大，但必须保持以下条件：

$$Q \geqslant B_S H_T L'/T' = B_S N h L'/T' \tag{8-16}$$

式中：Q——一台或一组(两台)挖掘机生产能力，m^3/a；

B_S——剥岩条带宽度(或称爆破进尺)，m；

H_T——剥岩帮高度，m；

L'——露天矿的走向长度或剥岩区的长度，m；

T'——剥岩周期，a；

N——剥岩帮上的台阶数目，个；

h——台阶高度，m。

工作帮台阶依次轮流开采方式在国内外得到了广泛的应用，我国浏阳磷矿二工区采场就是一例，并取得了较好的技术经济效益。

2. 工作帮台阶分组轮流开来

台阶分组轮流开采方式如图8-9所示。其实质是将工作帮上的台阶划分为若干组，每组2~5个台阶，每组台阶由一台挖掘机开采，挖掘机在组内从上而下逐个台阶进行开采。当挖掘机采完组内最末一个台阶后就返回第一个台阶作业，剥离下一个岩石条带。此时组内除正在作业的台阶外，其余台阶均处于暂不作业状态，所留平台宽度小，或者并段，故能加大工作帮坡角，但加大的工作帮坡角比台阶依次轮流开采的方式小。

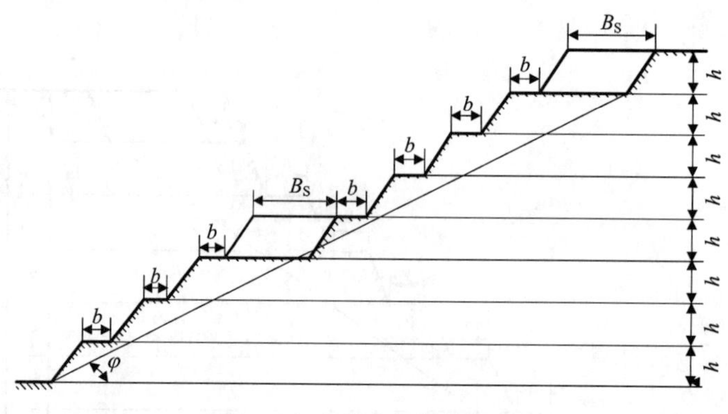

图8-9　台阶分组轮流开采

台阶分组轮流开采时，只要与相邻组的挖掘机之间保持一定的水平距离，就可以保证安全生产。非相邻组之间挖掘机由一个或多个30~50 m或更大的平盘隔开，挖掘机即使在同一条垂直线上工作，也可以保证安全生产。

3. 台阶(挖掘机)尾随开采

台阶尾随开采方式是一台挖掘机尾随另一台挖掘机向前推进，如图8-10所示。向前尾随的挖掘结构成一组，组内有若干台挖掘机同时作业。如果一组挖掘机的生产能力尚不能满足露天矿剥岩生产能力的要求，则可以布置第二组、第三组。

从图8-10可以看出，当采用台阶尾随开采方式时，各工作帮任何一个垂直剖面上，组内只有一个台阶在作业，它保留最小工作平盘宽度，而其他台阶只留运输平台，故可以加大工作帮坡角实施陡帮开采。

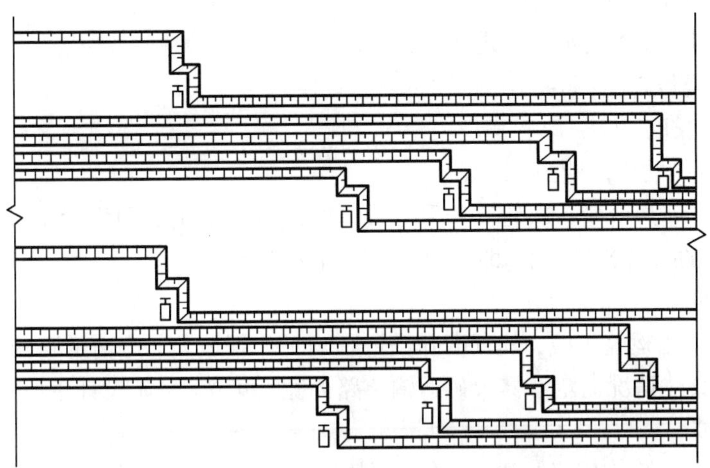

图 8-10　台阶(挖掘机)尾随开采

如果露天矿有几组挖掘机同时作业，则上下不同水平的挖掘机很可能在一条垂直线上工作。为了保证露天矿的安全，组与组之间必须用一条宽平台隔开，如图 8-10 所示。

台阶尾随开采方式和用规模小的运输设备也能加大工作帮坡角，达到减少剥岩量，快速出矿的目的，这是它的主要优点。其主要缺点是每个台阶都布置一台挖掘机，并且上下台阶互相尾随它们之间必然互相影响，互相干扰，降低挖掘机的生产能力，因而对提高陡帮开采的经济效益不利。

4. 并段爆破、分段采装作业

这种作业方式的实质是将工作台阶并段进行穿孔爆破，然后在爆堆上分段进行采装，它是靠减少爆堆占有的宽度来加大工作帮坡角。

8.2.2.2　陡帮开采结构参数

1. 工作帮及工作帮坡角

陡帮开采时，工作帮由作业台阶、运输道路和路间边坡组成，如图 8-11 所示。

(1)作业台阶。

剥岩帮上有作业台阶和暂不作业的台阶，暂不作业的台阶恢复推进时，就从该台阶划出一个岩石条带，开辟新的作业台阶。作业台阶的平盘宽度由剥岩带宽度 B_S 和暂不作业平台宽度 b 组成，如见图 8-11 所示。

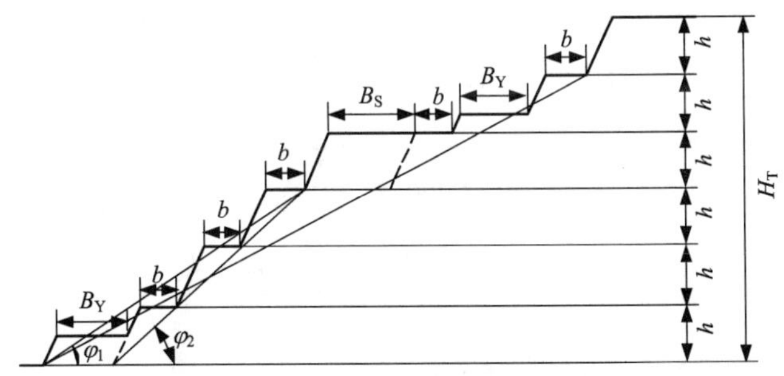

图 8-11　工作帮组成

作业台阶最小工作平盘宽度取决于挖掘机和汽车作业所要求的空间。在工作帮内同时作业的台阶数与挖掘机的生产能力、工作帮高度以及采区长度等因素有关，如式(8-17)：

$$N_Z = \frac{v_P H_T L}{Q} \tag{8-17}$$

式中：N_Z——同时作业的台阶数目，个；

v_P——剥岩工作线的水平推进速度，m/a；

H_T——剥岩帮高度，m；

L——采区长度，m；

Q——挖掘机的生产能力，m/a。

当 $N_Z=1$ 时，即为台阶依次轮流开采方式；当 $N_Z=2\sim5$ 时，即为台阶分组开采方式；当 $N_Z=N$(剥岩帮上的台阶数目)时，即为台阶尾随开采方式。

(2)运输道路。

运输道路主要指运输干线，其宽度和数量影响工作帮坡角，运输道路的数量与开拓运输系统有关，根据具体情况而定。露天矿运输道路的宽度可按《采矿设计手册》选取。

(3)路间边坡。

几个暂不作业台阶构成路间边坡。因为剥岩帮上大多数台阶是暂不作业台阶，所以路间边坡对剥岩帮坡角影响较大。暂不作业台阶除个别台阶保留运输平台外，只留暂不作业平台，或者并段，其宽度如式(8-18)：

$$0 \leqslant b \leqslant B_{\min} \tag{8-18}$$

式中：b——暂不作业平台宽度，m；

$B_{\min}$——最小工作平盘宽度，m。

当 $b=B_{\min}$ 时，便为台阶全面开采法，即缓帮开采；当 $b=0$ 时，即台阶实行并段，这时的工作帮坡角最大，国外有时采用。因此，b 值通常为 $0\sim B_{\min}$。

选择 b 值时，除使爆堆不压下部台阶外，还应保留一定的平台宽度以作联络之用。根据上述原则和我国的经验，取 $b=10\sim15$ m 为宜。

(4)工作帮坡角。

当剥岩帮上作业台阶、运输道路及路间边坡三种成分俱全时，其工作帮坡角称剥岩总坡角，用 φ 表示；当剥岩帮上只有运输道路及路间边坡时，称剥岩帮坡角，用 φ_1 表示；当剥岩帮上只有路间边坡时，称路间边坡角，用 φ_2 表示。它们的数值可由式(8-19)～式(8-21)确定：

$$\cot\varphi = \frac{(H_T - h)\cot\alpha + (N-1)b + N_Z B_S + N_1 B_V}{H_T - h} \tag{8-19}$$

$$\cot\varphi_1 = \frac{(H_T - h)\cot\alpha + (N-1)b + N_1 B_V}{H_T - h} \tag{8-20}$$

$$\cot\varphi_2 = \frac{(H_T - h)\cot\alpha + (N-1)b}{H_T - h} \tag{8-21}$$

式中：h——台阶高度，m；

α——工作台阶坡面角，(°)；

N——工作帮上的台阶数目，个；

N_1——剖面上运输道路的条数，条；

B_V——运输道路的宽度，m。

其余符号意义同前。

2. 剥岩条带宽度

剥岩条带宽度 B_S 值是陡帮开采中非常重要的参数之一。B_S 值越小，陡帮开采推迟剥岩量就越多，生产剥采比就越小，陡帮开采的经济效益就越优。但是，B_S 值越小，采掘设备上下调动的次数将增加，运输道路移动频繁，移道工作量增加，影响陡帮开采的经济效益。

B_S 值越大，剥岩周期就越大，所需的备采矿量就越多，推迟的剥岩量就越小，经济效益就越差。另外剥岩周期越大，备采矿量的保有期就越长，坑底采矿区的尺寸也将增大，经济上也不合理，故不可能通过增加剥岩周期来大量增加剥岩条带宽度 B_S 值。

剥岩条带的最小宽度 B_{Smin} 必须满足式(8-22)和式(8-23)：

$$B_{Smin} = B_{min} - b \tag{8-22}$$

$$B_{Smin} = T' v_{P(i)} = T' v_{K(i)} [\cot\varphi_{C(i)} \pm \cot\delta] \tag{8-23}$$

式中：B_{Smin}——本期(第 i 期)的推进量，m；

$v_{P(i)}$——第 i 期工作线水平推行速度，m/a；

$v_{K(i)}$——第 i 期的采矿工程下降速度，m/a；

$\varphi_{C(i)}$——第 i 期的工作帮坡角，(°)；

δ——采矿工程延深角，(°)。

为了增加剥岩条带宽度 B_S 值以满足式(8-22)和式(8-23)的要求，而又不增加剥岩周期，最好的办法是露天矿实施分区开采，增加每个区的采剥条带宽度，使总的剥岩周期不变。

3. 采区长度

陡帮开采时，露天矿一般都是分区分条带剥岩，条带宽度即为剥岩带宽度 B_S。

当剥岩帮高度、条带宽度和挖掘机规格一定时，采区长度越大，剥岩周期就越长，所需的备采矿量就越多，坑底采矿区的尺寸也相应地增加，因而会降低陡帮开采的经济效益。但 L 值越小，剥岩周期越短，采掘设备上下调动频繁，道路工程量大，也会降低陡帮开采的经济效益。

采区的合理长度主要与挖掘机的规格及工作线的推进速度等有关。弓长岭铁矿独木采场，采用斗容 4 m^3 的挖掘机，采区长度为 350~400 m。若采用斗容 10 m^3 以上的挖掘机，采区的长度可达 500~1000 m。

4. 采场坑底参数

陡帮开采时，备采矿量的准备是周期性的，每剥完一个岩石条带，坑底就增加一定的备采矿量，但在剥岩期间又采出一定的矿量。为了保证露天矿能持续地进行生产，备采矿量的保有期应等于或略大于剥岩周期，如式(8-24)：

$$t_B = T' \tag{8-24}$$

式中：t_B——备采矿量保有期，a；

T'——剥岩周期，a。

如图 8-12 所示，当剥岩帮坡角 φ_1 值及坑底最小宽度 b_{min} 值一定时，坑底上宽 ab 值越大，备采矿量就越多，其保有期也就愈长，反之亦然，即保有期就越短。因此，确定露天矿坑底尺寸，其实质就是确定出能满足式(8-25)要求的坑底宽度 ab 值，这就是确定陡帮开采时露天矿坑底尺寸的基本原则。现以狭长形露天矿为例，简要说明如下：

对于走向长度较大的倾斜及急倾斜矿体，若矿体的倾角及厚度等参数比较稳定，则可利用其典型的横剖面来确定露天矿的坑底参数；若矿体的倾角及厚度等参数变化很大，则可利用其加权平均剖面来确定坑底参数。

陡帮开采时，这类矿体可以采用的采剥方法很多，其工作线布置形式也多种多样，但使用最多的是工作线纵横向布置形式，即剥岩工作线纵向布置，采矿工作线横向布置。当矿体的水平厚度 M、坑底宽度 b_{min}、上口宽度 B_1 以及 H_1、H'不同时，计算方法也略有不同，但其原则是一样的，即必须满足式(8-25)的要求。

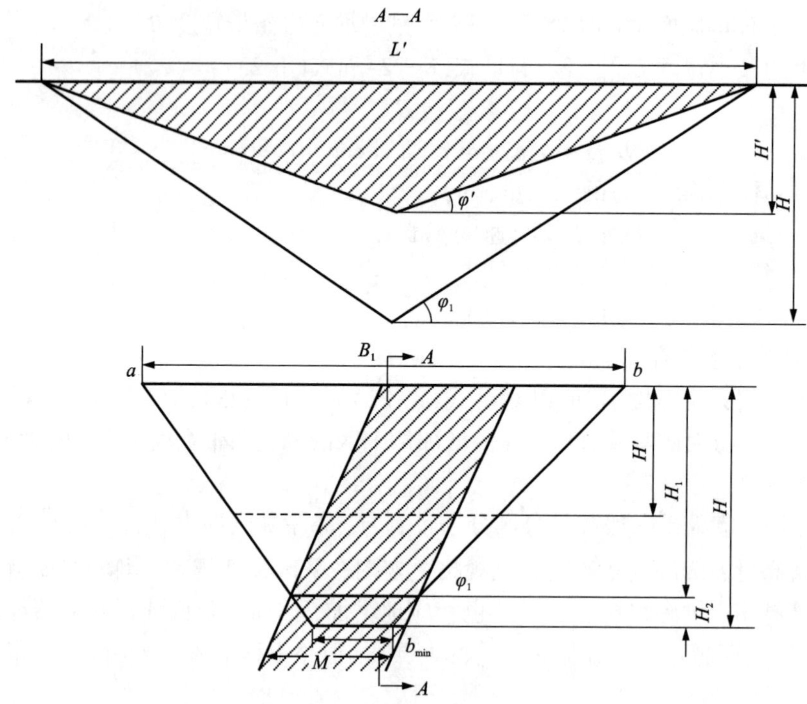

图 8-12　工作线纵横布置时 B_1 的计算图

当 $b_{min}<M<B_1$ 和 $H'<H$ 时，B_1 值可按式(8-25)确定：

$$B_1 = \frac{2T'v_K}{\tan\varphi_1} + \frac{L'\tan\varphi'}{2\tan\varphi_1} + \frac{M}{2} + \frac{b_{min}^2}{2M} \tag{8-25}$$

式中：L'——露天矿的走向长度，m；

M——矿体水平厚度，m。

坑底采矿区的高度如式(8-26)：

$$H = \frac{B_1 - b_{min}}{2} - \tan\varphi_1 \tag{8-26}$$

按式(8-26)求出的 H 值应适当调整，使其为略大于台阶高度的整数，最后反算出 B_1 值用于设计。

坑底采矿区的水平面积是有限的，应保证挖掘机有足够的作业空间，否则其生产能力将受影响。坑底采矿区同时工作的挖掘机数目 N'_Z 如式(8-27)：

$$N'_Z = \frac{S_P}{S'_P}K_1K_2K_3 \tag{8-27}$$

式中：S_P——坑底采矿区的水平投影面积，m^2；

S'_P——每台挖掘机应有的作业面积，m^2；

K_1——台阶坡面投影面积的系数，一般取0.85~0.93；

K_2——备用作业面积的系数，一般取0.75~0.8；

K_3——作业面积的利用系数，一般取0.7~0.9。

式(8-27)可写成式(8-28)：

$$S'_P = \frac{S_P}{N'_Z} K_V \tag{8-28}$$

式中：$K_V = K_1 K_2 K_3$；

$N'_Z = \frac{A}{Q}$，A为露天矿矿石生产能力，t/a，Q为挖掘机生产能力，t/a。

8.2.2.3　评价及适用条件

陡帮开采的主要优点：

(1)基建剥岩量和基建投资少，基建时间短，投产早、达产快。

(2)可缓剥大量岩石，降低露天开采前期生产剥采比，并有利于生产剥采比的均衡。如弓长岭铁矿独木采场缓帮开采时采场的生产剥采比较大，改为陡帮开采后矿石产量三年共多生产200×10^4 t，推迟的剥岩量为200×10^4 t，获得了较好的技术经济效益。浏阳磷矿二工区采场改为陡帮开采后，1971—1982年的生产剥采比为1.98 m^3/t，仅为平均剥采比的1.15倍，并顺利地通过了剥离洪峰。

(3)推迟最终边坡的暴露时间，减少最终边坡的维护工作量和费用。在一定条件下可增加最终边坡角，减少剥岩量。

陡帮开采的主要缺点：

(1)采掘设备上下调动频繁，影响其生产能力。

(2)运输道路工程量较大。陡帮开采时露天采场一般采用移动坑线，当一个岩石条带剥完后，运输干线需移动一次，修筑新的线路，因而与固定坑线相比，线路的修筑和维护工程量大，费用高。

(3)采场辅助工程量大。陡帮开采时，采场内的供风管、供水管及供电线路移设次数增加，费用增加。

(4)管理工作严格。陡帮开采时，上下台阶之间的配合要协调，在编制年进度计划时，每年的采剥量不但要数量均衡，而且要部位平衡。

因为陡帮开采存在上述几个问题，所以陡帮开采的剥岩成本略有提高。

陡帮开采的经济效益。在已确定的露天开采境界内，陡帮开采只能改变矿岩量的时间分布，即采出时间。若采用静态法对露天开采进行经济评价，则陡帮开采与缓帮开采的总费用是相等的，因而很难进行评价。因此，在方案比较时，必须采用动态法来评价陡帮开采的经济效益，即考虑时间因素。将所有的收入和支出都折算到同一时间，然后再进行比较。

陡帮开采的应用条件：

(1)适于开采倾角大的矿体即倾斜和急倾斜矿体，则前期生产剥采比小，可获得好的经济效益。

(2)对覆盖岩层厚度大的矿体，采用陡帮开采与缓帮开采比较，基建剥岩量和前期生产剥采比可大大减少。

(3)当开采形状上小下大的矿体时，采用陡帮开采可获得好的经济效益。

(4)陡帮开采适用于开采剥离洪峰期和剥离洪峰期到达以前的露天矿。

(5)采运设备的规格越大，越有利于在工作帮上实现台阶依次轮流开采和分组轮流开采方式，并容易使工作帮坡角加大。

8.3 露天矿采剥关系

露天采矿场是一个空间形状复杂的几何体，每个露天采矿场的形状大小及其境界内的矿岩量都是不同的。要保证以一定的生产能力经济合理地开采境界内的矿石，就要合理地发展矿山工程。一般说来，露天矿每个水平按出入沟—开段沟—扩帮的顺序，从掘沟开始直到采至最终境界，在本水平按一定的方式推进；上一水平扩帮，为下一水平掘沟提供条件；下一水平扩帮，则必须上一水平继续扩帮推进；在空间位置上，上一水平超前下一水平；在工程时间上，上部水平的矿山工程进展先于下部水平；上部台阶依次逐个采到最终境界，下部台阶依次逐个被开拓出来；同一时间里有若干个上下相邻的水平同时工作，同时作业的台阶随矿山工程的发展而向下移动；下部台阶一般是采矿台阶，上部台阶一般是剥离台阶，上下台阶的时空超前关系，反映了剥离对于采矿的时空超前关系；上下若干个水平同时作业，说明同一个时期既有剥离也有采矿。一般说来，露天矿除基建时期大量剥离而不采矿或附带采出不多的矿石外，正常生产时期都要一边剥离一边采矿。剥离是为采出矿石服务，剥离工作必须超前采矿，这是一个客观规律，这一规律为露天矿生产中正反两方面的经验所证实，它被归结成“采剥并举，剥离先行”并作为露天矿生产建设的基本指导方针被肯定下来，违反这一方针，就不能保证正常生产，导致减产，甚至使生产条件遭到破坏。露天矿自始至终要处理好剥离和采矿的关系。

“采剥并举，剥离先行”的方针，在生产上要用定量的指标把采剥关系具体地表示出来，以便于贯彻执行和检查衡量。最完整表示采剥关系的方法是采掘进度计划的全套图和表，表示采剥关系的数量指标是生产剥采比和储备矿量。生产剥采比是露天矿在一定时期内剥离的岩石与采出的矿石的比值。其单位可用 t/t 或 m^3/m^3、m^3/t 表示，其时间通常按年、季、月来计算。生产剥采比表示了“采剥并举”的概念，即在生产中既要采矿也要剥离，同时其比值也意味着“剥离先行”，如果实际生产剥采比小于客观要求的数值，则说明剥离太少，上部台阶推进慢，没有做到先行。储备矿量是指开拓和剥离为开采所准备的矿量，这一指标更加具体地表现了“剥离先行”的超前关系和超前量，其空间概念更强。

8.3.1 生产剥采比的变化规律

生产剥采比是露天矿山一个很重要的技术经济指标，它直接与矿石成本相联系。按其自然发展来说，生产剥采比一般随着矿山工程延深而变化。

如图 8-13 所示，若某年初露天矿底部在-60 m 水平，年末延深到-80 m 水平，工作帮由年初推进到年末的状况在横剖面图上为相应的两组折线，用代表工作帮坡面的两组直线 ab、cd 和 ef、gh 代替这两组折线，计算其间的剥离量和采矿量，在这一剖面该年度的生产剥采比 (n_s) 即为下列面积之比：

$$n_s = (S_{abfe} + S_{achg})/S_{bcgf} \tag{8-29}$$

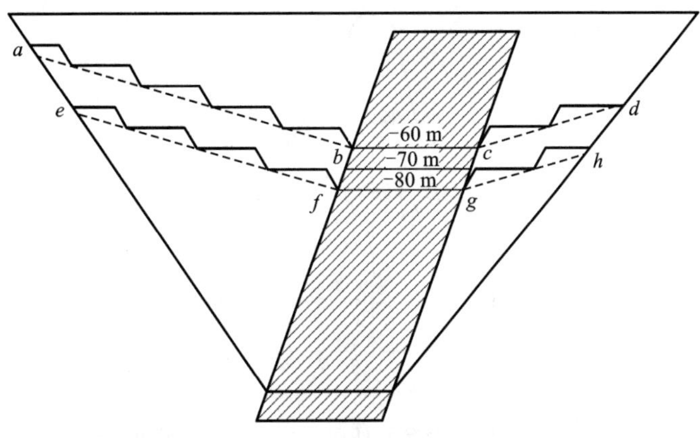

图 8-13　工作帮、工作帮坡面和工作帮坡角

1. 不同工作帮坡角下生产剥采比的变化规律

露天矿的生产按一定的工作帮坡角发展时，其生产剥采比通常是变化的，可用个简单的例子来研究其变化规律。

某露天矿矿体赋存情况和采场境界如横剖面图 8-14 所示。采场沿底帮掘沟，工作线由下盘向上盘推进，矿山工程延深方向与矿体倾向一致，按其固定的工作帮坡角 φ 生产时，开采延深到各水平的工作帮推进位置是图 8-14 中平行的斜线。每延深一个水平所采的矿石量、剥离量及剥采比用曲线表示，如图 8-15 所示，从图中可以看出工作帮坡角不变时，生产剥采比随着矿山工程延深的变化规律：首先大量剥离不采矿，随后开始出矿，这时生产剥采比随着矿山工程的延深而不断增大，达到一个最大值后逐渐减小。这个最大值期间称剥离洪峰或剥采比高峰期，高峰期一般发生在深凹露天矿工作帮上部接近露天矿地表境界部位。生产剥采比的这种变化规律是一般开采倾斜和急倾斜矿体所具有的普遍规律。

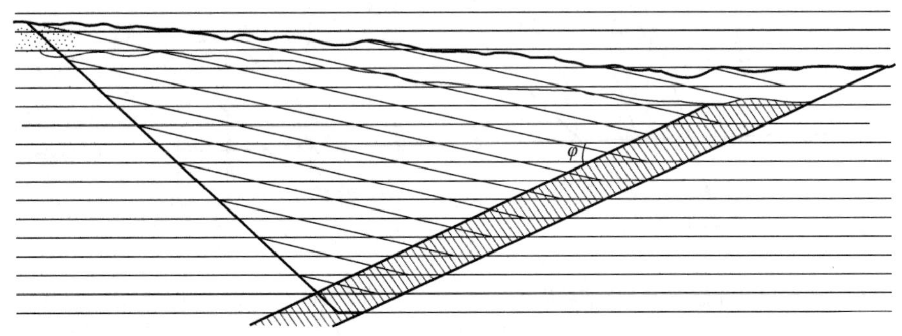

图 8-14　工作帮坡角不变时剥采工程发展程序及剥离量的变化

工作帮坡角不同，会影响生产剥采比的变化。为了便于比较，假设在其他条件相同的情况下，分别以 $\varphi=15°$ 和 $\varphi=30°$ 的工作帮坡角进行生产，用简单例子来分析两者生产剥采比变化的区别，如图 8-16 所示。

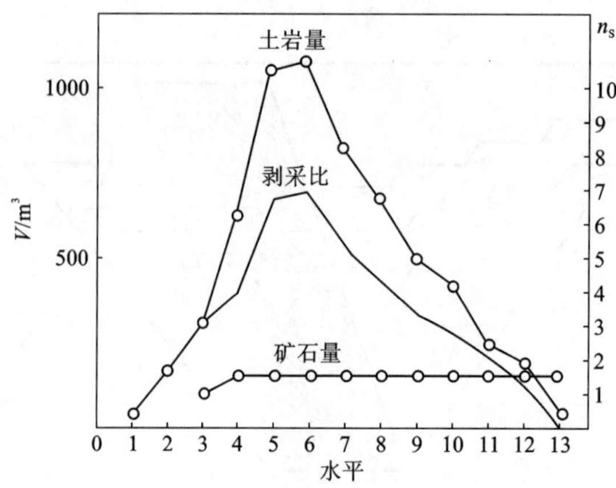

图 8-15　剥采工程延深一个台阶所采的矿石量、剥离量和生产剥采比

两者变化曲线如图 8-16(b)所示，从图中看出，工作帮坡角由 15°加大到 30°，生产剥采比的变化仍然是由小到大，再由大变小。但工作帮坡角较大时剥离洪峰发生在较深的开采位置，即发生在生产的较晚时期。$\varphi=15°$剥离洪峰发生在 H_2，$\varphi=30°$剥离洪峰发生在 H_4。工作帮坡角较小时，生产剥采比的变化曲线比较接近于分层剥采比的变化曲线，剥采比初期上升较快，剥离洪峰发生较早，后续一个很长的时期内剥采比逐渐下降；工作帮坡角较大时，生产剥采比的变化曲线则比较接近于境界剥采比的变化曲线，剥采比上升较慢，时间较长。剥离洪峰发生较晚，洪峰出现之后剥采比骤降。工作帮坡角越接近最终帮坡角，这两条曲线也越接近。

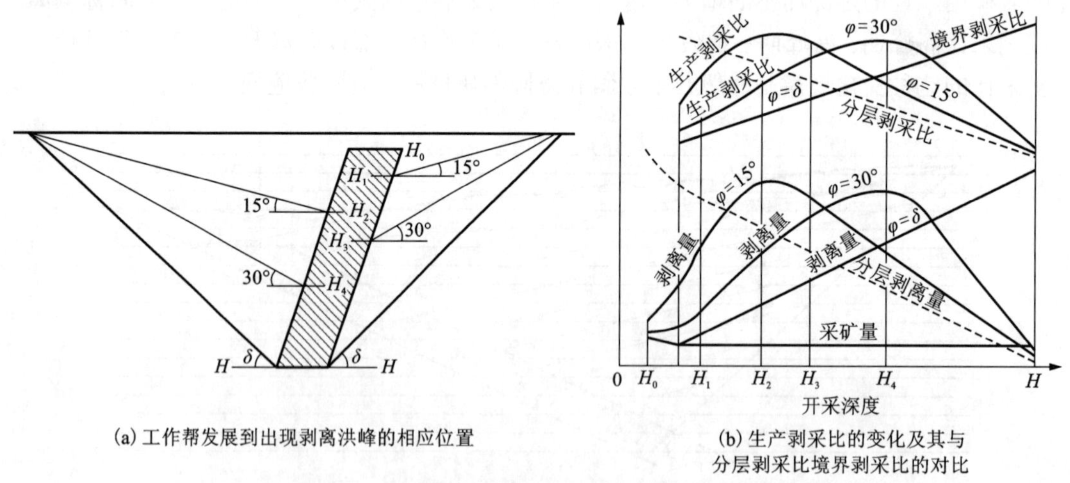

(a) 工作帮发展到出现剥离洪峰的相应位置

(b) 生产剥采比的变化及其与分层剥采比境界剥采比的对比

图 8-16　分别以 $\varphi=15°$和 $\varphi=30°$时工作帮坡角生产剥采比的变化规律

通过以上分析，可见工作帮坡角越大，初期的生产剥采比越小，在开采深度相同的情况下，初期剥离量越少，对于减少投资、降低初期生产成本、早出矿多出矿是有利的。

工作帮坡角大些好，但不能任意增大。当工作平盘宽度最小时，台阶单独开采的工作帮坡角的最大值一般是 15°左右。

2. 不同开拓方式下生产剥采比的变化规律

开拓方案、掘沟位置、工作线推进方向也是影响生产剥采比的重要因素。如图 8-17 所示，一个急倾斜矿体的深凹露天矿，主要有四种代表性的开拓方案：Ⅰ、Ⅳ 为顶帮和底帮固定坑线开拓，相应地工作线向底帮和向顶帮推进；Ⅱ、Ⅲ为上盘和下盘移动坑线开拓，相应地工作线向两帮推进。图中用箭头表明了各方案矿山工程的延深方向，用短横线表示各水平开段沟沟底位置并用数字标明其编号。图中还给出了方案Ⅰ的各水平工作帮坡面发展情况。为了便于比较，令各方案境界相同、工作帮坡角也相同(都按 15°计)。

四种方案的剥采比与基建工程量变化曲线如图 8-18 所示，可以看出，方案Ⅰ在延深至 4 水平时见矿，延深到 5 水平时投入生产，投产的基本建设时期工程量相当于 1 水平到 4 水平的矿岩总量，投产后从 5 水平到 10 水平生产剥采比逐渐减小。方案Ⅱ、Ⅲ延深到 2 水平见矿，3 水平投产；方案Ⅳ延深到 3 水平见矿，4 水平投产。

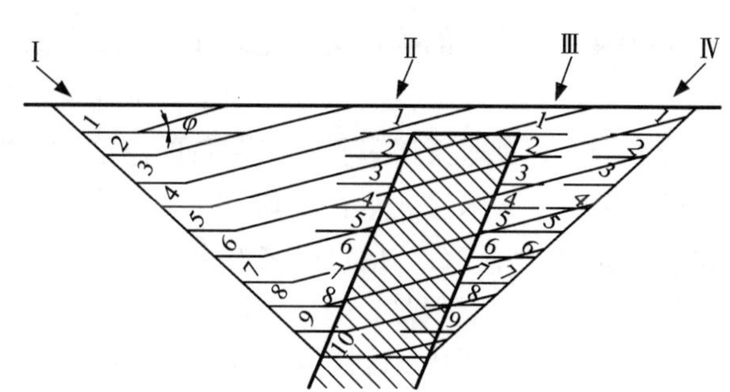

图 8-17　四种开拓方案生产剥采比的比较

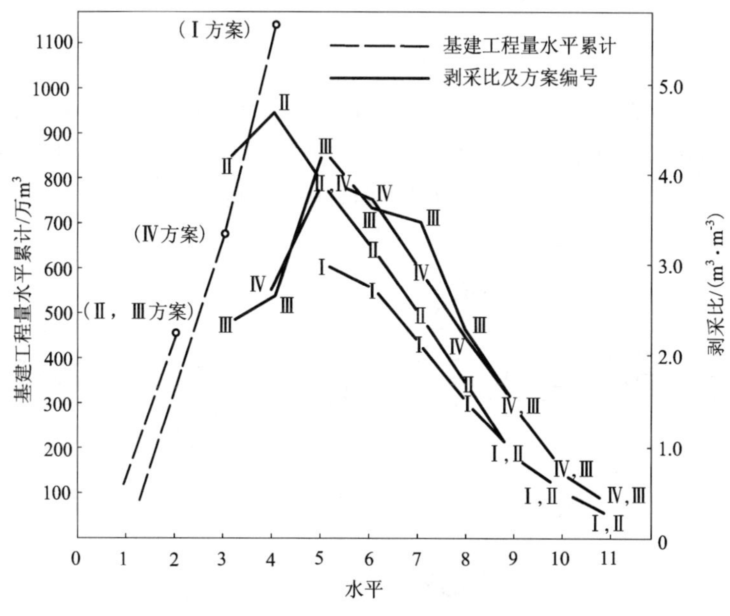

图 8-18　四种方案的剥采比和基建工程量

四种开拓方案沟道位置不同，生产剥采比也不同。Ⅱ、Ⅲ两方案接近矿体掘沟、见矿快、基建工程量少、生产剥采比较大；Ⅰ、Ⅳ两方案在顶底帮固定坑线位置掘沟，远离矿体，见矿慢、基建工程量大，生产剥采比较小。Ⅰ方案基建工程量最大，生产剥采比最小，并且是在达到高峰时才投产，这种方案投资最大，一般不宜采用。方案Ⅳ由于是底帮固定坑线开拓，线路质量好，离矿体不太远，矿山设计中常采用。

以上分析生产剥采比的变化都是建立在工作帮坡角不变的前提下，分析的例证中也避免了地表地形、矿体产状的变化给生产剥采比带来的影响。事实上，地表地形、矿体产状、运输方式、开采工艺及掘沟长度等许多因素都不同程度地影响着生产剥采比的变化。必须指出，只要工作帮坡角不变，生产剥采比未加调整，在整个开采期间，露天矿的生产剥采比一般都是变化的，一般也有一个升降的过程和高峰的出现。

8.3.2 生产剥采比的调整与均衡

前面已谈到露天矿的矿石生产能力 A_K 与矿岩生产能力 A 之间的关系如式(8-30)：

$$A_K = A/(1 + n_S) \tag{8-30}$$

矿岩生产能力是露天矿采剥技术装备的总能力，当矿岩生产能力一定时，能采出矿石量的多少取决于生产剥采比 n_s。前面研究了生产剥采比的变化规律，从上式可知，如果让生产剥采比经常变化，则矿石产量也随之变动。矿石产量任意变动对冶金生产是不利的，因此要求矿石产量相对稳定。但是，如果让矿石生产能力保持相对稳定，那么矿岩生产能力就会随生产剥采比的变化而变化，这样也不合适。生产剥采比的经常变化造成设备、人员、资金等处于不稳定状态，给生产带来很多困难，尤其是剥采比高峰期需要大量增加采掘运输设备和人员，高峰过后又要削减，短期的增减显然是不经济的。因此，在初步设计或施工图阶段，往往采用调整与均衡的手段，使生产剥采比在一定时期内相对稳定，即以均衡生产剥采比来指导生产。

1. 剥采比的调整

在生产中，生产剥采比是可以调整的。最基本的方法如图 8-19 所示，是一种通过调整台阶间的相互位置即改变工作平盘宽度的方法。如果将高峰期的剥离部分提前，一部分推后，这样削减了剥采比的峰值，减少的剥采比如式(8-31)：

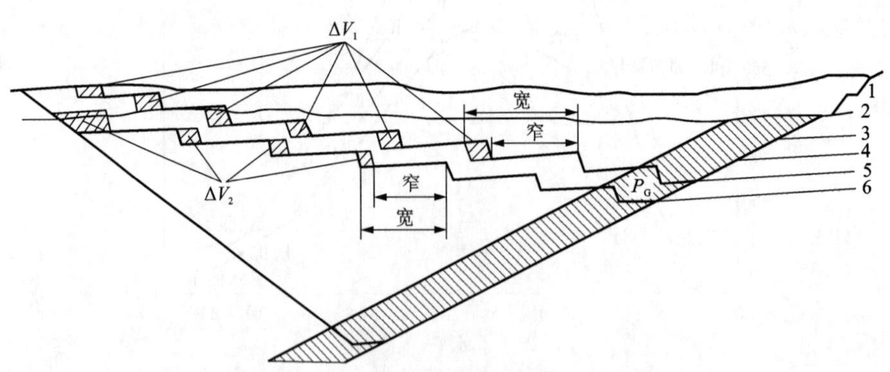

图 8-19 改变台阶相互位置调整生产剥采比

$$\Delta n = \frac{\Delta V_1 + \Delta V_2}{P_G} \tag{8-31}$$

式中：Δn——减少的剥采比，m^3/m^3；

ΔV_1——提前剥离量，m；

ΔV_2——推后剥离量，m^2；

P_G——高峰期采出的矿量，m^3。

改变工作平盘宽度调整生产剥采比是有限度的，减小后的工作平盘宽度不得小于最小工作平盘宽度，加大后的工作平盘宽度，应使露天矿能保持足够的工作台阶数量，以满足配置露天矿。

调整生产剥采比的方法很多，影响生产剥采比变化的因素都可用来调整生产剥采比。例如改变开段沟长度、改变矿山工程延深方向，以及根据矿山具体地质地形条件所拟定的其他有效措施。

改变开段沟长度是指新水平开拓准备最初形成一个小于采场走向长度的开段沟，然后一边扩帮，一边继续掘进开段沟，这种安排与将开段沟全长掘好后再扩帮的安排相比，可使剥采比高峰削减并推迟出现，公路运输的露天矿，往往采取这种办法。

改变矿山工程延深方向调整生产剥采比的方法是比较有效的，但是它只有采用公路运输移动坑线才容易实现。其他还有许多根据露天矿的具体条件调整生产剥采比的方法。如矿床沿走向厚度不同时，可以在生产剥采比高峰期适当地减缓或停止推进矿体较薄区段的工作线，从而降低峰值。又如采场位于复杂的山坡地形，可以利用调整不同山坡方向的工作线推进量来调整生产剥采比。

2. 生产剥采比的均衡

保持生产时期(或分期)内每年的矿岩采剥量不变从而保证生产设备、辅助设施、人员的相对稳定，有利于生产管理和确保生产任务的完成，这种方法称作生产剥采比均衡。生产剥采比均衡方式有全期均衡、分期均衡。

全期均衡是指在露天矿正常生产年限内，只按一个生产剥采比均衡生产。分期均衡是指在露天矿正常生产年限内分几期生产剥采比均衡生产。

一般情况下，生产剥采比均衡会引起提前剥离岩石，提高了生产初期矿石成本，从生产初期的经济效益来看这样做其实并不合理。如果台阶单独开采和分组开采的最大工作帮坡角分别是 15°和 30°，仍以图 8-16 为例，因为它们都是按最大工作帮坡角生产，所以调整生产剥采比只能加大工作平盘，也就是只能提前剥离。如果要求包括剥离高峰长时期地均衡生产剥采比，便要分别将它们开采到 H_2 和 H_4 深度的剥离物提前剥离。对于小型矿山，存在年限不长，长期均衡问题不大。对于存在年限很长的大型矿山，便意味着把几年甚至十几年、几十年后的工程提前投资，这当然是不经济的。因此，寻求长期均衡与加大工作帮坡角以减少基建工程量和初期生产剥采比的要求发生矛盾，分期均衡应综合考虑这两方面的因素。特别在工作帮坡角很大，剥离增长持续时间长，高峰发生得很晚的情况下，以适当的时间间隔分期均衡生产剥采比。例如，可以分期逐步增添设备，也就是让矿岩生产能力随各期生产剥采比而加大，保证矿石产量的稳定。如果设计中分期扩大矿石产量，则更可以分期均衡生产剥采比，而不需全期或长期均衡。一个存在年限很长的大型露天矿，采用台阶分组开采，$\varphi=30°$的分期均衡生产剥采比示意图，如图 8-20 和图 8-21 所示。图中 H_1、H_2、H_3 表示分期的深度，n_1、n_2、n_3 表示各期均衡的生产剥采比，图 8-21 中 n_c 为深度 H_3 以前长期均衡的生产剥采比，可见长期均衡要提前剥离大量岩石。

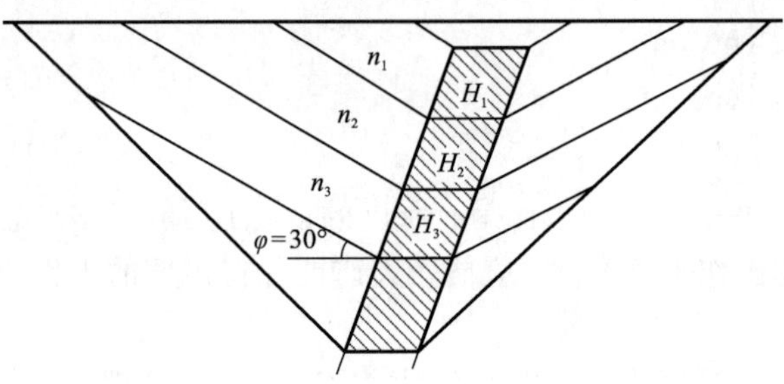

图 8-20　剥采比分期均衡示意图

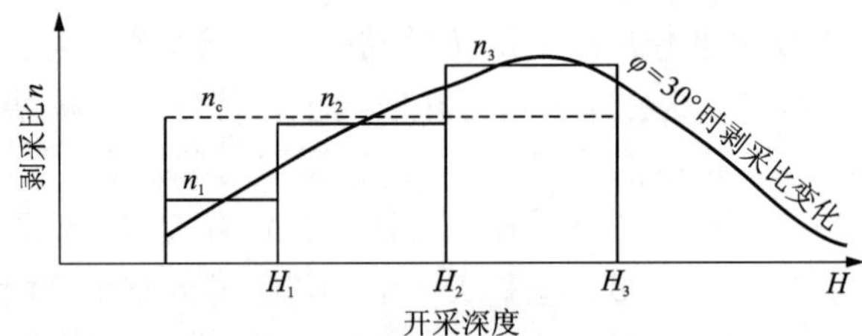

图 8-21　分期均衡的剥采比

必须指出，金属矿山尤其是有色金属矿山，往往是采选冶联合企业，企业的最终产品是金属或精矿而不是原矿石，为了维持金属或精矿产量的稳定，要求矿石产量中所含金属量稳定，在矿石品位变化较大的情况下，通过不同品位的采矿工作面搭配开采，还不能使采出矿石品位稳定时，则只能使矿石产量随品位而变化，不能再要求矿石产量不变。这样均衡露天矿的生产剥采比时，不仅要考虑采剥数量上和空间上的关系，而且要考虑矿石的品位及其空间分布。这是一个比较复杂的问题，其中特别要注意调整剥离量大而品位又低的部位。

(1)均衡生产剥采比的原则。

①服务年限较长的露天矿可采用分期均衡生产剥采比，每期一般不少于 5 年。

②生产剥采比的变化幅度不宜过大，变化幅度应考虑其他方面相应的变化，如工作面数目、排土场的建设、设备的购置和辅助设施的建设等。

③生产初期的生产剥采比应尽量取小，由小到大逐渐增加。

④两个或两个以上采区同时生产的矿山应互相搭配，搞好综合平衡，使生产稳步发展。

(2)均衡方法。

均衡剥采比的基本原理是计算均衡期间生产剥采比的平均值。具体方法有矿岩量变化曲线 $V=f(P)$ 图法、生产剥采比变化曲线 $n=f(P)$ 图法和最大几个分层平均剥采比法。

①$V=f(P)$ 图均衡法(PV 图法)。矿岩量变化曲线 $V=f(P)$ 又称 PV 图，它表示露天矿剥离量 V 和采矿量 P 关系的一种方法。露天矿可能在两种极限条件范围内进行生产，即按最大工作帮坡角生产和按最小工作帮坡角生产。后者相当于露天矿逐层开采，工作帮坡角为零。用矿岩量变化曲线 PV 图的方法均衡生产剥采比，就是在这两种极限情况下计算并绘出其相

应的矿岩量关系曲线，然后在这两个极限之中寻找出一个均衡的生产剥采比。一般不可能逐层开采，而是尽量接近最大工作帮坡角生产。因此为了节省工作量，一般只讨论按最大工作帮坡角生产时生产剥采比的均衡。在矿山工程发展程序确定之后，工作台阶仅保持最小工作平盘宽度($B=B_{min}$)，也就是按最大工作帮坡角发展，绘出采场延深至各水平时的平面图以及各水平的分层平面图。利用图中标出的工作线推进位置计算出延深至各水平时的采剥量，并编制矿岩量表，然后，以矿石累计量为横坐标，以剥离累计量为纵坐标，以矿岩量表中各水平的矿、岩累计量为曲线上各点的坐标值，标出各点，连成曲线，如图8-22所示。显然，PV图上曲线的斜率即为剥采比，曲线斜率的变化反映了生产剥采比的变化。

曲线中每一点代表某开采水平的采矿量和剥离量，如果把曲线中两点用直线相连，如图中的AB、BC、CD、AE每段直线两开采水平间的生产矿岩量按直线发展，就意味着这期间生产剥采比为一固定的值，即实现了均衡。

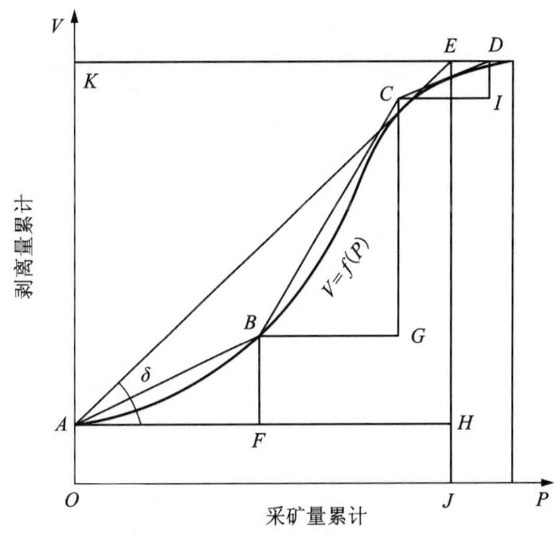

图8-22 PV图上均衡生产剥采比

图中直线AE表示了一个固定的剥采比n_{AE}，其值如式(8-32)：

$$n_{AE}=\frac{EH}{HA} \tag{8-32}$$

这是一个长期均衡生产剥采比的方案，其均衡的生产剥采比数值即为n_{AE}，剥离量AO相当于投入生产前的基建剥离量，矿量ED为末期无剥离采矿量。折线$ABCD$表示分三期均衡生产剥采比的一个方案，各期生产剥采比之值依次是BF/AF、CG/BG、DI/CI。

在露天矿的生产实践中，工作平盘宽度不能小于B_{min}，一般要更大，即实际的剥离累计量不能少于矿山工程按最小工作平盘宽度发展时的剥离累计量，因此可在PV图的曲线上设计均衡剥采比。用PV图设计均衡生产剥采比可以做出许多方案，一般原则是取其中基建剥离量少、初期剥采比小的分期均衡方案，这种方案的特点在PV图上表现为一根在曲线上方并与之最接近的折线。露天矿均衡生产剥采比方案的一个示例如图8-23所示。

②$n=f(P)$图均衡法。与PV图法类似，用生产剥采比变化曲线$n=f(P)$均衡生产剥采比，同样先要按一定的工程发展顺序在$B=B_{min}$的条件下，绘出矿山工程延深至各水平的采场平面图和各水平分层平面图，计算矿岩量和剥采比，然后在直角坐标系n_{OP}中绘出$n=f(P)$曲线，最后在此曲线上均衡。以图8-23为例，均衡的方法是在$n=f(P)$图中选取一直线，此直线以上为削减的剥采比，削减的剥离量与提前的剥离量相等，即图中面积$\Delta F_1=\Delta F_2$。

以上两种方法都要进行大量的绘图、测量面积和计算矿岩量的工作，对于按分层平面图做设计计算的矿山来说，十分烦琐，在金属露天矿山设计中均未得到推广使用。

③最大的相邻几个分层的平均剥采比均衡法。金属露天矿山设计中常用的方法是利用最大的几个相邻分层的平均剥采比作为均衡生产剥采比的方法，如式(8-33)：

$$n_{均衡}=\sum V/\sum P \tag{8-33}$$

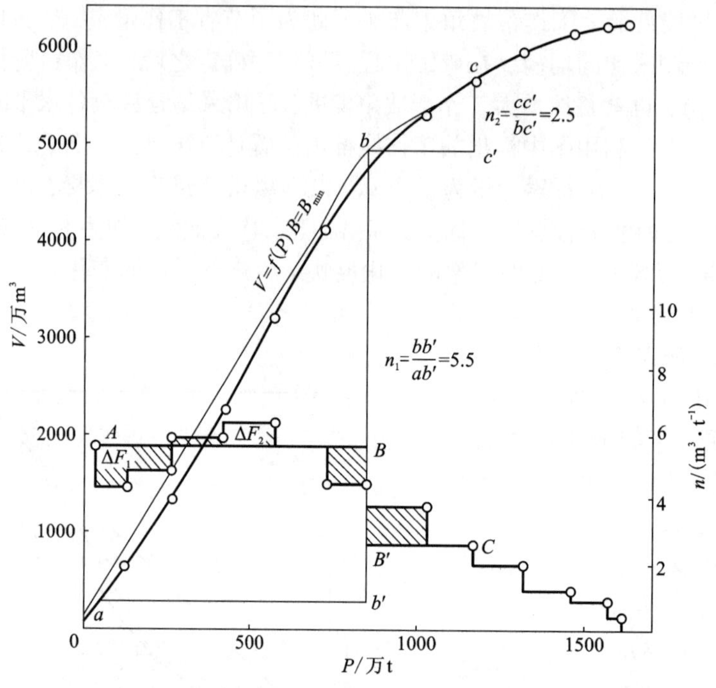

图 8-23　均衡生产剥采比示例

式中：$n_{均衡}$——均衡生产剥采比，m^3/m^3；

$\sum V$——最大几个相邻分层的剥离总量，m^3；

$\sum P$——最大几个相邻分层的总采矿量，m^3。

这是一个经验公式，简单实用。从图 8-23 中可知，在工作帮坡角较小的情况下(目前我国金属矿一般按台阶单独开采设计，工作帮坡角小于 15°)，生产剥采比曲线很接近分层剥采比曲线，剥离洪峰出现较早，相邻最大几个分层的平均分层剥采比比较接近前期的生产剥采比，因此用这方法求出的均衡生产剥采比来安排露天矿进度计划一般问题不大。但是如果工作帮坡角较大，生产剥采比高峰出现较晚，用这种方法计算的剥采比作为均衡生产剥采比对于前期生产则偏大。工作帮坡角越大，这种偏差越大。

无论采用哪种方法确定均衡生产剥采比的数值，都是为编制采掘进度计划安排采剥量时提供依据或作为参考的。最终，生产剥采比要通过编制采掘进度计划加以验证与落实。也就是说，设计中要通过安排采掘进度计划具体均衡生产剥采比。

8.4　露天矿采掘进度计划的编制

露天采矿的对象是自然生成的矿床，其赋存情况是多变的，矿石的质量、品位、剥采比等波动都比较大，作业地点也经常移动，生产还受季节气候及其他一些因素的影响。在这些变化因素影响下，要做到有计划按比例地发展，对于露天矿来说，周密地编制采掘计划是非常重要的。

露天矿采掘进度计划是用图和表来表示矿山工程发展的具体时间、空间与数量关系的。它表示了以下内容：①露天矿逐年或逐月采掘的矿石量、剥离量、掘沟量、生产剥采比；②各项工程的空间位置、各水平推进的超前关系、扩帮与延深的关系；③露天矿建设起止时间、投产达产时间、基建工程量及其位置；④基建和生产期与露天矿采掘工程发展相应的采掘设备逐年投入量、投入时间、工作位置及位置调动。

采掘进度计划要在全面系统地研究露天矿剥采关系、生产能力及各生产工艺环节配合的基础上编制。通过编制采掘进度计划，把初步确定的矿山生产能力、均衡生产剥采比加以验证，并安排落实，同时验证并确定矿山投产时间、达产时间、设计计算年、基建剥离量、采掘设备数量和矿山设施等。对分期开采的矿山，还要安排一期生产、过渡扩帮和二期生产的发展过程及衔接关系。

露天矿采掘进度计划是设计和指导露天矿均衡生产的重要文件，是保证矿山正常持续生产、搞好矿山管理的重要环节，因此必须认真编制和实施露天矿采掘进度计划。

采掘进度计划可以分为以下两种：

(1)设计中按年编制的露天矿采掘进度计划，即长远计划。长远计划以年为单位编制，主要任务是比较准确地确定露天矿基建时间、基建工程量、投产时间、达产时间、设计计算年、均衡生产剥采比、露天矿的矿石和矿岩生产能力、逐年工作线推进位置，并按此计划计算各时期所需的设备、人员和材料等。

(2)生产矿山按年、季、月编制的采掘计划，又称为生产作业计划。生产作业计划是以长远计划和上级下达的产品数量、质量等指标为依据编制的，除安排年末或各季末、月末的工作线推进位置外，还要详细地计算穿爆、采装、运输、排土、机修等主要生产工艺和辅助车间的生产能力，找出薄弱环节，编制相应的措施计划。

两种计划编制方法类似，本节只以长远计划为例介绍采掘进度计划编制方法。

8.4.1 采掘进度计划编制的要求

编制露天矿采掘进度计划的具体要求包括以下六个方面：

(1)根据露天矿的具体情况，正确处理需要与可能的关系，尽可能地减少基建工程量，加速基本建设，保证在规定的时间内投产。投产后应尽快地达到生产能力和保证规定的各级储量，保证产量的均衡稳定。

(2)当具有多种品级矿石时，各种工业品级矿石的产量要求保持稳定，或呈现规律变化。

(3)贯彻采剥平衡的方针，合理地安排生产剥采比，均衡生产剥采比的期限不能过短。

(4)上下水平的工作线要保持一定的超前距离，使平盘宽度不小于最小工作平盘宽度。工作线要具有一定的长度，并尽可能保持规整，保证线路的最小曲线半径及各水平的运输连通，采掘设备调动不要过于频繁。

(5)合理的水平推进与延深要密切配合，要按计划及时开拓新水平，保证采矿和矿量准备的衔接，在扩帮过程中一定要遵守预定的矿山工程发展程序。

(6)对于分期开采的矿山，要处理好分期和过渡的关系。

8.4.2 采掘进度计划编制所需的资料

(1)比例尺为1：1000或1：2000的分层平面图，图上绘有矿床地质界线、露天采场的开采境界、出入沟和开段沟的位置等。

(2)分层矿岩量表，在表中按重量和体积分别列出各水平分层在开采境界内的矿岩量和分层剥采比。

(3)露天矿最终的开拓系统图，对于扩建和改建的矿山，还要有开采现状图。

(4)露天矿开采要素，包括台阶高度、采掘带宽度、采区长度、最小工作平盘宽度、露天矿的延深方式、工作线推进方式和方向、沟的几何要素、新水平准备时间。

(5)规定的储备矿量指标。

(6)矿石的开采损失率和废石混入率。

(7)露天矿开始基建的时间和要求的投产日期，规定的投产标准。

(8)挖掘机数量及其生产能力。

(9)对分期开采，应有分期开采过渡的有关资料。

(10)国家对矿山建设的其他要求。

8.4.3 采掘进度计划编制方法

按计算矿岩量、确定生产剥采比的方法及可能提供编制计划的原始资料情况的不同，编制露天矿采掘进度计划的方法，可以分为水平剖面法和垂直剖面法。

目前多采用水平剖面法，垂直剖面法比较适合于沿走向赋存情况较稳定的层状矿体的矿山，如煤矿。这里只介绍水平剖面法。

水平剖面法编制采掘进度计划是在分层平面图上确定工作线年末位置和计算矿岩量。该方法能够完全反映各台阶开采的空间关系，特别是对短宽型矿体，更便于考虑各种影响，编制结果也更符合实际，其最大缺点是用求积仪计算矿岩量的工作量很大。

利用水平剖面法编制进度计划有两种方法：一种是常用的依靠经验的编排方法；另一种是按工作帮坡角 $\varphi \approx \varphi_{max}$ 时 $V=f(P)$，以此作为基础指导和控制编排的方法。后者虽有理论根据，但作为原始资料，求算 $V=f(P)$ 的关系曲线和图表要大量使用求积仪求算矿岩量，这在手工作业的情况下，要消耗大量的人力和时间，未能推广使用。前者是常用的手工作业方法，编制人员要根据矿山资料去安排计划，经验起很大作用。

进度计划应从第一年起逐年编制。根据矿山的具体条件在达产前尽快投入全部开采设备，以技术可能的最大延深速度进行采剥，争取早日达到设计能力。

达产后，由于各开采水平的工作线较长，采掘设备、剥采量、延深与扩帮速度等关系的妥善安排与控制比较复杂。这时，年末工作线的位置要根据分析得出的露天矿逐年延深到达的标高延深对扩帮的要求、生产剥采比、最小工作平盘宽度、挖掘机生产能力及配铲的可能性等因素综合考虑后来确定。

进度计划的编制是以挖掘机生产能力为计算单元，同时工作的水平能配置的挖掘机所完成的采剥总量即为露天矿的生产能力。

逐年编制进度计划时，主要工作是确定各水平年末工作线位置、矿岩量和配置挖掘机。各种工作条件下挖掘机生产能力(如掘沟、扩帮、采矿和剥岩等)可按类似矿山的实际指标选取。一般情况下，因初期操作技术不熟练，基建期间的挖掘机生产能力可以比正常时期低20%。

挖掘机的数量可以根据规定的矿山生产能力初步计算确定，最后通过编制采掘进度计划加以修正，计算公式如式(8-34)：

$$N_W = \delta A_K \left(\frac{1}{Q_K} + \frac{n_S}{Q_Y} \right) \tag{8-34}$$

式中：N_W——所需要的挖掘机数，台；

δ——开采中沟量系数，一般为 1.05~1.1；

A_K——矿山生产能力，t/a；

Q_K——采矿挖掘机平均生产能力，t/a；

n_S——生产剥采比，t/t；

Q_Y——剥离挖掘机平均生产能力，t/a。

在配置挖掘机时，除考虑其本身作业条件外，还要符合运输条件。对铁路运输每个台阶配置的挖掘机一般不多于 2 台，如果采用环行式配线，可多设 1 台；采用公路运输每个台阶可配 2~4 台挖掘机。

确定各水平逐年末工作线位置时，要让所确定的推进位置符合采剥工程在时间、空间上的关系，同时各水平各年的推进量要与所配挖掘机的台数能力相符。因此这一工作和配铲工作是结合进行，相互修正的。具体编制步骤如下：

(1) 在分层平面图上逐年逐水平确定年末工作线位置。根据挖掘机的生产能力，由露天矿上部第一个水平分层平面图开始，逐水平圈出年末工作线位置，并用求积仪计算采出矿岩量。这一工作往往需要反复进行才能得出结果，因为圈出年末线位置后，其中矿岩量往往多于或少于挖掘机在该水平的采掘量，需要进行调整。

由于挖掘机在掘沟和正常采掘作业的条件不同，生产能力也不同，在求算采掘的矿岩量时，应将掘沟量和正常采掘量区别开来。

在确定年末线位置时，必须考虑矿山工程正常发展程序延深对扩帮的要求，矿石年产量，最小工作平盘宽度的要求，储备矿量的大小，开拓运输线路畅通等。如果圈出的年末线位置与这些要求不符，也要加以调整。

用求积仪求算年采剥量时，某水平一年内推进的面积应满足式(8-35)：

$$Sh = \sum_{i=1}^{N} Q_{Wi}$$

$$Sh = S_K h + S_Y h \tag{8-35}$$

式中：Q_{Wi}——挖掘机生产能力，m^3/(台·年)；

N——某水平挖掘机台数，台；

S——某水平年推进总面积，m^2；

S_K——某水平年推进矿石面积，m^2；

S_Y——某水平推进岩石面积，m^2；

h——台阶高度，m。

年末工作线位置确定后，将求出的矿岩量填入矿岩量表，并在图上标明采掘年度、采出的矿岩量。累计当年各水平的矿岩量即为当年的矿岩生产能力。如果累计当年各水平采出的矿岩量不符合要求时，再对年末工作线位置做适当调整。

矿石年生产能力应满足设计任务所规定的指标，如式(8-36)：

$$\sum_{i=1}^{K} \Delta A_{Ki} \gamma \eta (1+\rho) = A_K \tag{8-36}$$

式中：K——年出矿水平数；

ΔA_{Ki}——各水平年采掘的矿石工业储量，万 m^3/a；

γ——矿石容重，t/m^3；

η——矿石回收率，%；

ρ——废石混入率，%；

A_K——设计任务规定的矿石生产能力，万 t/a。

当上一个水平某年的采掘进度(年末推进位置)已求出，并对下水平已有足够的超前平盘宽度以后，即可求下一水平同年的采掘宽度，以此类推。

(2)确定新水平投入生产的时间。如前所述，上下两相邻水平应保持足够的超前关系，只有当上水平推进一定宽度后，下水平方可开始掘沟。挖掘机在上水平采掘这个宽度所需时间，即下水平滞后开采的时间。

当多水平同时开采时，各水平的推进速度应互相协调。

控制上下水平超前关系的方法是把同年各水平推进位置用不同彩色笔画在一张透明纸上，检查其间距是否满足要求，以此作为修正各水平宽度的依据。

有时受到运输条件限制，上水平局部地段会妨碍下水平的推进，而造成下水平工作线推进落后，致使工作线形成不规整状态。一旦上水平允许，应当迅速将下水平工作线恢复正常状态。在开采复杂矿体时，有时为了获得某工业品级的矿石而需要改变工作线的正常状态，可能一端加速推进，另一端暂停滞不前，也可能妨碍下水平的推进。同样的，这种状态事后也应立即扭转，使其恢复正常状态。

(3)编制进度计划表。在分层平面图上确定年末工作线位置的同时，编制进度计划表，并进行配铲，即在该表中记入每台挖掘机的工作水平、作业起止时间及其采掘量，如表 8-5 所示。

(4)绘制露天采场年末开采综合平面图(又称年末状况图，简称年末图)。该图是以地质地形图和采掘分层平面图为基础绘制成的。在绘制时，取透明纸覆盖在地质地形图上，首先将坐标网和勘探线描上；其次将采场以外的地形、矿石和岩石运输线路、矿山车站、破碎厂、排土场等描上；最后将同年开采的各水平工作面情况(包括工作面位置、地质界线、设备布置、工作面运输线路会让站、动力线等)描上。从这张图上可以看出以下内容：各水平某年的开采位置及其采掘的矿岩情况、挖掘机的布置和数量、运输线路的布置和各水平运往破碎厂与排土场的可能性、各水平之间的相互超前关系。在绘制时，有时因布置运输线路，受到运输技术条件的限制需要修改工作线的形状，或因超前关系不能满足要求而需要重新修改位置等。

(5)绘制逐年产量发展曲线和图表。如图 8-24 所示，横坐标表示开采年度，纵坐标表示采剥总量、矿石量、岩石量。该发展曲线应是根据采掘进度计划表中矿岩量数字整理绘制的。

进度计划是要认真编制与实施的，但由于客观情况的变化，原计划的局部调整也在所难免。凭经验编制的采掘进度计划，不一定是最优方案，特别是当情况发生变化(如设备不能按时供应)使原计划难以实施时，需要及时修改和完善。

表8-5 某露天矿采矿进度计划表

工作水平	矿石						岩石		矿岩合计		工作内容	挖掘机号	第1年	第2年	第3年	第4年	第5年	第6年	第7年	第8年
	贫矿		富矿		合计															
	万m³	万t	万m³	万t	万m³	万t	万m³	万t	万m³	万t										
地表~140	—	—	—	—	—	—	41.5	107.9	41.5	107.9	剥岩	N_1	0+0+18=18	0+0+23.5=23.5						
140~115	98.0	333.2	46.3	129.7	144.3	462.9	204.4	531.4	348.7	994.3	路堑 采剥	N_2 N_3 N_2	3.2+0.7+29=32.9 1.3+1.7+16.3=19.3 N_3 N_2	25+10.5+44.5=80	38.8+14.5+52.5=105.8	29.7+18.9+62.1=110.7				
115~101	86.7	294.8	90.5	254.9	177.2	549.7	304.3	791.1	481.5	1340.8	路堑 采剥	N_4 N_4 N_5		N_4 0.2+2+28.3=30.5 0+2.1+11.4=13.5 N_5	0+0+4.5=4.5 24.3+19.8+37.1=81.2	20+17.1+68.9=106	15.8+23.8+71=110.6	18.6+16.4+75=110	7.8+9.3+8.1=25.2	
101~87	88.5	300.6	126.6	355.9	215.1	656.5	398.3	1035.6	613.4	1692.1	路堑 采剥	N_1 N_1 N_6		N_1	0+0+40=40 0+5.4+19.5=24.9 N_6	14+26.9+64.1=105	27.5+15.1+67=109.6	23.8+11.4+19.8=55	12+20+16=48	3.6+46.4+23.2=73.2
87~73	92.2	313.4	168.8	474.6	260.9	788.0	476.6	1239.2	737.5	2027.2	路堑 采剥	N_7		投产 →		0+3.1+22.9=26 N_7	0+0.5+8.8=9.3 N_2 12.6+37.4+49.0=99.0	13.2+20.3+46.5=80	20.1+21.8+38.1=80	25+17.8+68.8=111.6
73~59	71.1	241.7	210.9	588.7	282.0	830.4	521.0	1354.5	803.0	2184.9	路堑 采剥					达产 →	0+0+21.1=21.1	0+0+21.2=21.2 0+24+56=80	3.1+24.8+80.1=108	7.5+11.9+59.6=79
59~45	46.8	159.2	219.1	601.9	266.0	765.1	496.2	1290.1	762.2	2051.2	路堑 采剥							0+4+6=10	0+1+25.1=26.1 0.7+14+55.3=70	4.2+17.9+66.7=88.8
45~30	58.4	198.5	232.8	641.4	291.2	839.9	447.1	1162.5	738.3	2002.3	路堑									0+0+6.5=6.5

单位		第1年 万m³	第1年 万t	第2年 万m³	第2年 万t	第3年 万m³	第3年 万t	第4年 万m³	第4年 万t	第5年 万m³	第5年 万t	第6年 万m³	第6年 万t	第7年 万m³	第7年 万t	第8年 万m³	第8年 万t
矿石	富矿	4.5	15.3	25.2	85.7	63.1	214.5	63.7	216.6	53.9	190.1	55.6	189.0	43.7	148.7	40.3	137.0
	贫矿	2.4	6.7	14.6	40.9	39.7	111.2	66.0	184.8	76.8	215.0	76.1	213.1	90.9	254.5	94.0	263.2
	小计	6.9	22.0	39.8	126.6	102.8	325.7	129.7	401.4	130.7	405.1	131.7	402.1	134.6	403.2	134.3	400.2
岩石		63.6	164.6	107.7	280.0	153.6	399.4	218.0	566.8	216.9	563.9	224.5	583.7	222.7	578.8	224.8	584.5
矿岩合计		70.5	186.6	147.5	406.6	256.4	725.1	347.7	968.2	347.6	969.0	356.2	985.8	357.3	982.0	359.1	984.7
剥采比	m³/m³	9.10		2.70		1.51		1.68		1.63		1.70		1.65		1.68	
	t/t	7.50		2.20		1.23		1.40		1.39		1.45		1.43		1.46	
电铲台数		3		5		N_1 7		7		7		7		7		7	

图例:

路堑

富矿+贫矿+岩石=合计

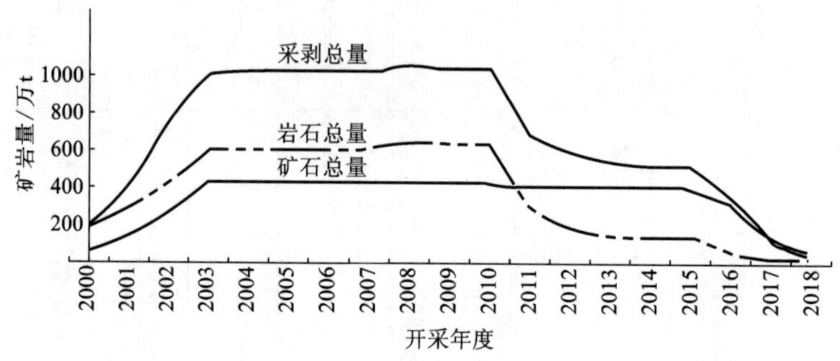

图 8-24　某铁矿逐年产量发展曲线

课后习题

1. 何谓露天矿山生产能力？其主要影响因素有哪些？

2. 什么是生产剥采比的均衡？主要方法有哪些？

3. 何谓陡帮开采？简述其优缺点、作业方式、适应条件和结构参数。

4. 简述露天矿采掘计划的主要内容和编制方法。

5. 矿体赋存在水平地面之下，当露天开采境界由深度 H 延深到 $H+\Delta H$ 时，开采境界内的岩石增量为 ΔV，矿石增量为 ΔA。求证：$n_j=\lim\limits_{\Delta H\to 0}\dfrac{\Delta V}{\Delta A}=\dfrac{M}{m}$。

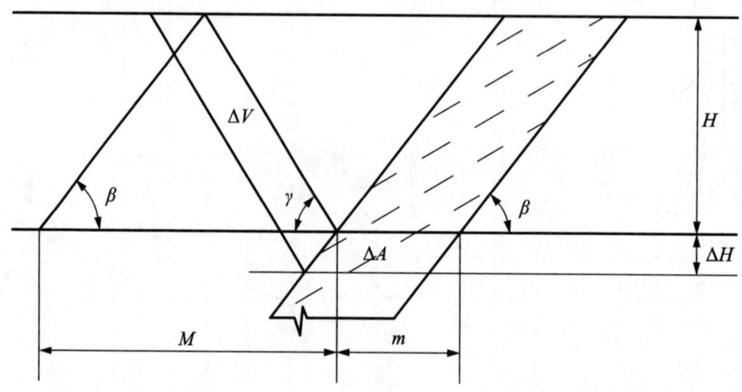

6. 某石墨矿的产品石墨需求量 $A_j=1$(万 t/a)，产品石墨品位 $\beta=90\%$。已知：矿石工业品位 $\alpha_0=6\%$，围岩品位为零，采矿实际贫化率 $\rho=10\%$，运输损失率 $R=2\%$，选矿回收率 $\varepsilon=85\%$。试计算：(1) 石墨原矿品位 a'；(2) 石墨原矿年产量 A。

7. 已知某一露天矿山矿石储量为 44700 万 t，试用泰勒公式粗略估算该矿山的生产能力和服务年限。

第9章 露天矿山安全与生态修复

9.1 露天安全生产概述

PPT

露天安全生产是指在生产过程中，为保障人身安全和设备安全、保证生产经营活动顺利进行而采取的相应事故预防和控制措施。

露天矿山开采是一个复杂且浩大的工程，在开采过程中需要大量的人力和物力的支持，并且在整个开采过程中存在许多不安全因素，比如爆破作业、机械运行、车辆运输等。这些不安全因素有一部分是矿山本身自然条件方面的因素，还有一部分是人为因素，它们尽管表现形式不太相同，但是归根结底都是因开采活动对原有地质生态环境破坏而引起的，如果在开采过程中没有对危险因素进行有效控制，将会引发地质灾害，一旦地质灾害发生不仅会影响到露天矿山开采效率和质量，还会严重威胁到开采安全，造成一定的经济损失，从而提高露天矿山开采成本。

安全生产是涉及工作人员生命安全的大事，也关系到矿山企业的生存发展和稳定。在生产活动中，保障工作人员的安全，是企业职责所在。生产过程需要在符合安全要求的物质条件和工作秩序下进行，以防人身伤亡和设备事故及各种危险的发生，从而保障劳动者的安全健康，以促进生产效率的提高。

9.2 边坡稳定性分析与维护

我国现有的露天矿山开采程序比较单一，主要采用缓工作帮、全境界开采。开采时，常把矿岩划成一定厚度的水平层，自上而下逐层延深。这样会使露天矿场的周边形成阶梯状的台阶，多个台阶组成的斜坡称为露天矿边坡，如图 9-1 所示。

9.2.1 露天矿边坡的特点

1. 露天矿边坡工程赋存条件的无选择性

露天矿只能在既定的工程地质条件和地质环境中进行施工、开挖，这是矿山地质工程有别于其他地质工程最突出的特点。其他地质工程如水电坝址、隧道工程等可以选线或选址，而露天矿则不能，矿在哪里就必须在哪里进行开挖施工，这就限定了工程勘察工作，其任务在于对矿山工程地质条件的认识及不断的深化再认识，以适应工程发展的需要。

2. 露天矿边坡工程的时效性

露天矿的边坡大多属于临时性边坡，其服务年限较短，且服务年限长短不一，对其稳定

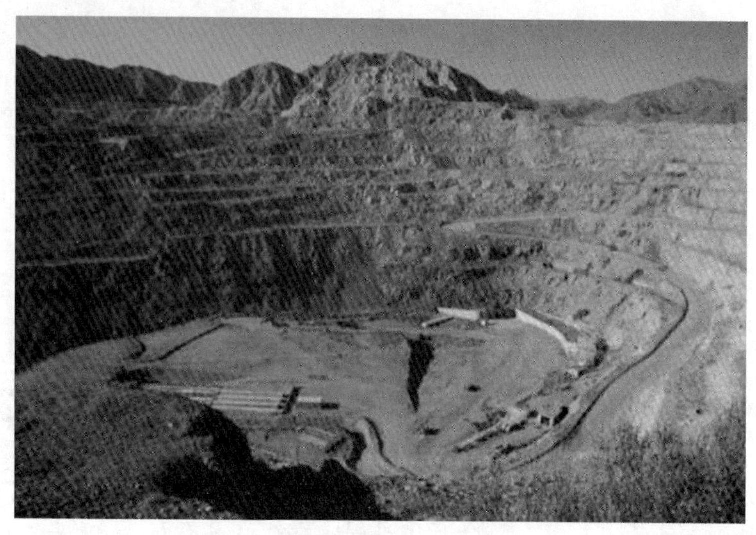

图 9-1　露天矿山边坡

性评价的要求亦不尽相同。露天矿最终边坡是由上而下逐步形成，上部边坡服务年限可达几十年，下部边坡服务年限较短，底部边坡在采矿结束时即可废止，因此上下部边坡的稳定性要求也不相同，只要能保证相应期间的生产与安全即可。

3. *露天矿边坡及岩体的可变形性*

露天矿边坡不仅可以允许岩体产生一定的变形，还可以允许产生一定的破坏，只要这种变形和破坏不影响露天矿的安全生产即可。这是露天矿边坡地质工程不同于水电坝址工程的一个显著特点。

4. *露天矿边坡地质工程是一个动态地质工程问题*

露天矿边坡地质工程是一个复杂的动态地质工程问题，矿山开挖及开采活动贯穿于矿山服务年限的始终，露天矿每天频繁地穿孔、爆破作业和车辆行进，使边坡岩体经常受到振动影响，露天矿边坡的稳定性随着开采作业的进行而不断发生变化。

5. *露天矿边坡地质工程工作的阶段性和循环性*

这种阶段性和循环性不但表现在露天矿的生产发展过程，亦表现在与之相应的边坡稳定性评价方面。露天矿开挖本身就是一种最有效、最直接的工程揭露与勘察，初期的露天矿工程地质勘查工作做得再详尽，亦不如工程开挖后认识得清楚。为此应尽可能地调节不同阶段的工程地质勘查工作的内容与工作量，以便与露天矿的生产和露天矿边坡稳定性评价的不同阶段相适应。

9.2.2　边坡稳定分析

9.2.2.1　影响边坡稳定性的主要因素

边坡开挖以前，岩体内部应力场处于相对平衡状态，但随着露天矿采场的开挖和延深，岩体在采场一侧出现临空面，失去侧向支撑力，破坏了边坡岩体原始应力平衡，引起岩体内部应力状态不断变化。露天采场开挖的结果，总是使边坡岩体向临空面方向发生变形和破坏。

边坡岩体的稳定性受多种因素影响，可分为内在因素和外在因素。内在因素主要包括岩体的岩性、结构面、水文地质条件等；外部因素主要包括爆破振动、边坡的坡度与高度、边坡几何形状等。研究分析影响边坡稳定性的因素，特别是研究影响边坡变形破坏的主要因素是稳定性分析和边坡防治的重要任务。

1. 岩性

岩性是指组成边坡岩石固有的基本特性，包括岩石构造、孔隙度和岩石强度等，它是决定岩体强度和边坡稳定性的重要因素。

由于岩石的成因类型不同，其结构与构造也不同，导致岩性差异很大。滑坡大多是剪切破坏，因而岩石的抗剪强度是衡量边坡岩体稳定的必要条件，通常坚硬致密岩石的抗剪强度较高，不易发生滑坡，松散、破碎的岩体抗剪强度低，容易滑坡。一般滑坡往往发生在砂质岩、页岩、泥岩、灰岩及片理化的岩层中。

2. 结构面

结构面是指在地质发展的过程中，岩体内形成具有一定方向、一定规模、一定形态和一定特性的面、缝、层、带状的地质界面。结构面是影响边坡稳定的决定因素，岩体失稳往往是沿着结构面发生。

结构面对边坡稳定的影响表现：一是岩体内的结构面都是弱面，比较破碎，较易风化，其抗剪强度较低；二是孔隙、裂隙、节理等结构面发育的岩体，为地表水的渗入和地下水的活动提供了良好通道，使岩石抗剪强度进一步降低。

3. 水文地质条件

地表水的渗入和地下水的活动是导致滑坡的重要因素之一。露天矿的滑坡多发生在雨季或解冻期，一般地下水压会导致边坡稳定性降低20%~30%。在保持安全系数不变的情况下，降低岩石裂隙水压，可使边坡角加陡5°~7°。

地下水对边坡稳定的影响表现为：一是水对裂隙两壁产生静水压力，能增大滑动力或减小摩擦力，从而对边坡稳定不利；二是流动水的侵蚀作用，使断层破碎带中岩石颗粒或可溶性物质被地下水带走，使岩体内聚力和摩擦力减小而失去平衡，进而产生滑坡。

4. 爆破振动

边坡岩体在爆破动应力的瞬时冲击作用下，由于爆破冲击波向四周传播，致使岩体产生变形和破坏。由于压缩波到达边坡自由面后在岩体内部从自由面开始产生拉伸波，岩体受到拉力作用，使自由面附近岩体中的裂隙裂开、扩展或产生新的裂隙。此外，长期的采掘爆破可使岩体产生疲劳效应。

5. 边坡的坡度与高度

对于均质边坡，坡度越大，坡高越大，其稳定性越差。当边坡的稳定性受同向倾斜滑动面控制时，边坡的稳定性与边坡坡度的大小关系不大，而主要取决于边坡的高度。另外，当边坡越陡(即边坡角越大)，坡顶与坡面拉应力带的范围也越大，坡脚应力集中带的最大剪应力增加，不利于边坡稳定。

6. 边坡几何形状

边坡在平面上的几何形态对边坡岩体的应力状况，直接影响边坡的稳定性。圆形封闭圈的边坡比相同地质条件下的矩形封闭圈的边坡稳定；矩形封闭圈的纵向长度越大，边坡稳定性也越差。

9.2.2.2 边坡破坏类型

露天矿开采会破坏岩体的稳定状态，使其动平衡状态遭到破坏，于是边坡岩体在次生应力和各种外界应力的作用下，局部边坡岩体发生坍塌的现象，称为边坡的破坏。按破坏机理可将边坡的破坏分为以下四种形式，如图 9-2 所示。

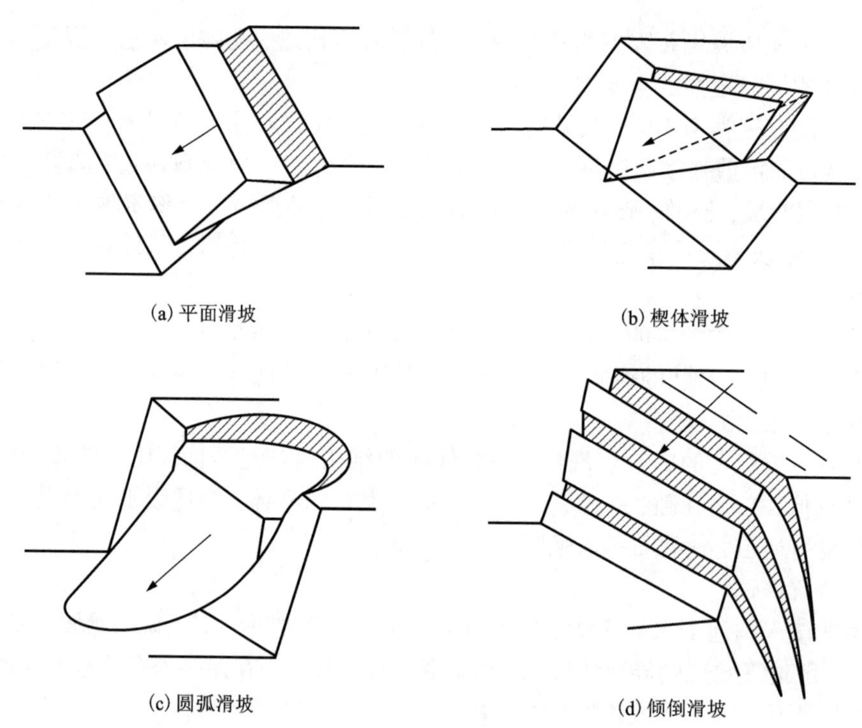

图 9-2 滑坡类型

1. 平面滑坡

平面滑坡是边坡岩体沿层理面、节理面或断层面等单一结构面发生的滑动。当边坡中有单一结构面，它的下部被坡面切割，即当结构面与边坡同倾向，倾角小于边坡角而大于内摩擦角时，容易发生平面滑坡。

2. 楔体滑坡

当边坡中有两组结构面相互交切成楔形失稳体时，容易发生楔体滑坡。这类滑坡常发生在节理发育的坚硬岩体中。

3. 圆弧滑坡

圆弧滑坡是指滑动面基本为圆弧状的滑坡。土体、破碎岩体或软弱的沉积岩边坡的散体结构常发生圆弧滑坡。

以上三种滑坡类型的破坏机理主要为剪切破坏。

4. 倾倒滑坡

当边坡体中结构面倾角很陡时，岩体可能发生倾倒。其破坏机理与以上三种不同，它是在重力作用下，岩块发生转动而产生的倒塌破坏。倾倒滑坡往往发生在台阶坡面上，很少导致整个边坡下滑。

5. 复合滑坡

复合滑坡即上述两种以上形式组合而成的滑坡。

9.2.2.3　边坡稳定性评价

边坡稳定性研究是一项难度较大、综合性较强、涉及面较广的研究工作，因此，对边坡进行稳定性评价是边坡设计的中心环节。边坡稳定性评价方法可以分为三大类：定性分析法、定量分析法和不确定性分析法。

1. 定性分析法

(1)工程类比法。

工程类比法是将既往边坡的稳定性情况、影响因素以及治理经验，应用到需要研究的相似的边坡稳定性分析和治理方法，近年来兴起的边坡工程数据库、专家系统和范例推理评价法实质上也是这种方法的延伸。这种方法一般在中小型工程中适用，在复杂的大型工程使用中还存在缺陷，需要与其他方法融合使用。

(2)图解法。

图解法是综合考虑了边坡各种因素(岩性、地下水、坡度等)的集合，根据相应的公式制成图表，应用时只需查相应的图表即可，该方法在工程界常使用。图解法主要包括诺模图法和投影图法，诺模图法可用于土质或全强风化的具有弧形破坏面的边坡稳定性分析，投影图法可用于岩质边坡岩体的稳定性分析。

2. 定量分析法

(1)极限平衡法。

极限平衡法是工程实践中应用最早，也是目前使用最普遍的一种定量分析方法。其主要思想是将滑动趋势范围内的边坡岩体按某种规则化为一个个小块体，通过分析在临近破坏状况下，边坡岩体外力与内部强度所提供抗力之间的平衡，建立整个边坡的静力平衡方程，从而求解安全系数。根据对平衡方程组增设的边界条件不同，又分为斯宾塞法、比肖普法、简布法、摩根斯坦-普赖斯法、剩余推力法、沙尔玛法、楔体极限平衡分析法等。

(2)数值分析法。

数值分析法是一种应力-应变分析方法，在露天矿边坡稳定性评价中应用广泛。数值分析法能够给出岩土体应力应变关系，在分析边坡工程中分步开挖、边坡岩土体与加固结构的相互作用、地下水渗流、爆破和地震等因素对边坡稳定性的影响方面较极限平衡法更具优势。1976年，有限单元法开始应用于研究边坡稳定问题，随后又发展了边界元、无限元、流形元、块体理论和无单元法等数值分析法，为定量评价边坡稳定问题创造了条件。

3. 不确定性分析法

(1)模糊综合评价。

模糊综合评价是应用模糊变换原理和最大隶属度原则，综合考虑被评事物和其属性的相关因素，进而进行等级或类别评价。

(2)可靠度分析法。

可靠度分析法是把边坡岩体性质、荷载、地下水、破坏模式、计算模型等作为不确定量，借鉴结构工程可靠性理论方法，结合边坡工程的具体情况，用可靠指标或破坏概率来评价边坡安全度。

(3)灰色理论统计判别法。

灰色理论统计判别法是把系统中的一切信息量看作灰色量，采用特有的方法建立描述灰色量的数学模型。利用灰色关联度分析方法，可在不完全的信息中，对所要分析研究的各因素通过一定的数据处理，在随机的因素序列间找出它们的关联性，发现主要矛盾，找到主要特征和主要影响因素，因此特别适合于复杂且具有不确定性问题的分析与评价。

(4)人工神经网络。

人工神经网络通过对边坡建立非线性网络结构，可有效处理边坡工程中出现的一些非线性关系数据，在完全未知变量与自变量确切函数关系的情况下，能够较好地实现各参数之间复杂的非线性映射。

9.2.3 边坡治理措施

不稳定边坡会给露天矿的生产带来极大的危害，因此矿山应十分重视不稳定边坡的监控，并及时采取合理的工程技术措施，防止滑坡的发生，从而确保生产人员和设备的安全。

我国自20世纪50年代末期开始研究不稳定边坡的治理，特别是20世纪80年代以来，各种新的工程技术治理方法得到有力的推广，获得了良好的效益。不稳定边坡的治理措施大体可分为四类：

(1)治理地表水和地下水。生产实践和现场研究表明，对地表水大量渗入及地下水的治理措施有地表排水(挖截水沟、筑挡水坝等)、水平疏干孔、垂直疏干井、地下疏干巷道。

(2)减小滑体下滑力，增大抗滑力。其具体方法有削坡减载法与减重压脚法。削坡减载法是对滑坡体上部削坡，从而减小接触面上的下滑力；减重压脚法是对滑坡体滑动部位削坡，并将削坡岩土堆积在滑坡体抗滑部位，从而增大抗滑力和减小下滑力。

(3)增大边坡岩体强度和人工加固露天边坡。其普遍使用的方法有挡土墙、抗滑桩、金属锚杆、钢绳锚索，以及压力灌浆、喷射混凝土护坡和注浆防渗加固等。

(4)控制爆破。爆破振动可能损坏距爆源一定距离的采场边坡和建筑物。对采场边坡和台阶比较普遍的爆破破坏形式是后冲爆破、顶部龟裂和坡面岩石松动。控制爆破技术就是通过降低炸药能量在采场周边的集中和控制爆破的能量在边坡上的集中，从而达到限制爆破对最终边坡和台阶的破坏。具体的控制爆破技术有减振爆破、缓冲爆破及预裂爆破等。

9.2.4 边坡安全管理

确保露天矿边坡安全是一项综合性工作，包括确定合理的边坡参数，选择适当的开采技术，制定严格的边坡安全管理制度等。

1.确定合理的台阶高度和平台宽度

确定合理台阶高度要考虑矿岩的埋藏条件和力学性质、穿爆作业的要求采掘工作的要求。

《金属非金属矿山安全规程》(GB 16423—2020)对台阶高度的规定如表9-1所示。

表 9-1　生产台阶高度的确定

<table>
<tr><th>矿岩性质</th><th colspan="2">采掘方式</th><th>阶段高度</th></tr>
<tr><td>松软的表土</td><td rowspan="2">机械铲装</td><td>不爆破</td><td>不大于机械的最大高度</td></tr>
<tr><td>坚固稳定的矿岩</td><td>爆破</td><td>不大于机械最大挖掘高度的 1.5 倍</td></tr>
<tr><td colspan="4">挖掘机或前装铲装机时，爆堆高度应不大于机械最大挖掘高度的 1.5 倍</td></tr>
</table>

露天开采应优先采用台阶式开采，并确保各阶段设计参数的实现；不能采用台阶式开采的应当自上而下分层顺序开采。分层开采的分层高度、最大开采高度和最终边坡角由设计确定，在实施浅孔爆破作业时，分层数不得超过 6 个，最大开采高度不得超过 30 m(严格限制)；在实施中深孔爆破作业时，分层高度不得超过 20 m，分层数不得超过 3 个，最大开采高度不得超过 60 m。

平台宽度不仅影响边坡角的大小，还影响边坡的稳定性。工作平台宽度取决于所采用的采掘运输设备的要求和爆堆的宽度。机械化开采时最小工作平台宽度由设计确定，但应不小于 30 m；分台阶工作平台宽度应大于分台阶高度。分层开采最小凿岩平台宽度不得小于 4 m。安全平台和清扫平台宽度由设计确定。

2. 正确选择台阶坡面角和最终坡面角

台阶坡面角的大小与矿岩性质、穿爆方式、推进方向、矿岩层理方向和节理发育情况等因素有关。

《金属非金属矿山安全规程》(GB 16423—2020)对台阶坡面角规定如表 9-2 所示。

表 9-2　工作台阶坡面角的确定

矿岩性质	坡面角大小
松散的矿岩	不大于自然安息角
较稳固的矿岩	不大于 50°
坚固稳固的矿岩	不大于 80°

最终边坡角与岩石的性质、地质构造、水文地质条件、开采深度、边坡存在期限等因素有关。这些因素十分复杂，因此通常参照类似矿山的实际数据来选择矿山最终边坡角，但应满足安全生产的要求，宜小于 60°或由设计确定。

3. 选用合理的开采顺序和推进方向

在生产过程中要坚持从上到下的开采顺序，坚持打下向孔或倾斜炮孔，杜绝在作业台阶底部进行掏底开采，避免边坡形成檐状和空洞。一般情况下应选用从上盘向下盘的采剥推进方向，做到有计划、有条理地开采。

4. 合理进行爆破作业，减少爆破振动对边坡的影响

在采场内应采用松动爆破，一是防止飞石伤人；二是减轻由于爆破作业产生的地震，使岩体的节理张开。因此，在接近边坡地段不宜采用大规模的齐发爆破，可以采用微差爆破、预裂爆破、光面爆破等控制爆破技术，并严格控制用药量。

5. 建立健全边坡检查制度

当发现边坡上有裂隙，或有大块浮石及伞檐悬在上部可能滑落时，必须迅速进行处理。处理时要有可靠的安全措施，受到威胁的作业人员和设备要撤离到安全地点。

6. 选派专人管理

矿山应选派技术人员或有经验的工人专门负责边坡的管理工作，及时清除隐患，发现边坡有塌滑征兆时有权制止采剥作业，并向矿山负责人报告，特殊情况可先撤离后报告。

7. 其他措施

对于有边坡滑动迹象的矿山，必须采取有效的安全措施。如有变形和滑动迹象的边坡，必须设立专门观测点，定期观测记录变化情况，严禁人员、车辆在附近停留。

9.3 排土场安全与公害防治

9.3.1 排土场安全

9.3.1.1 影响排土场稳定性的主要因素

排土场稳定性影响因素较多，主要取决于排土场的地形坡度、排弃高度、基底岩层构造及其承压能力、岩土性质和堆排顺序。排土场安全事故主要分如下三种：沉降压缩变形、滑坡、泥石流。

根据我国近年矿山企业排土场发生安全事故调查，分析影响排土场边坡稳定的主要因素有以下五点。

1. 排水设施不全

排土场排水设施不全导致外部汇水流入排土场内部，暴雨时期雨水冲刷排土场边坡及安全平台，导致排土场底部含水量逐渐增加，底部强度稳定性逐渐降低，边坡由于雨水的冲刷而逐渐失去稳定性，最终导致安全事故的发生。

2. 排弃工艺不合理

排土场可采取“高土高排、低土低排”的排土工艺。一般排弃工艺产生的排土场安全事故是由于排土台阶过高，有的甚至超过 200 m，根据不同地形、不同排弃标高，设计排土场的标高，稍有不慎就会产生滑坡。

3. 水文地质条件发生变化

在进行排土作业前需对排土场进行工程勘测。有时因为种种不确定因素，工程勘测并不能完全覆盖排土场的各个地方。经常是在排土场建设时，发现水文地质和工程地质条件与工勘报告存在差异，从而可能产生安全隐患。

4. 安全平台预留不足，边坡较陡

在设计及排弃过程中，往往因为节省投资、减少占地、增加排土场容量，导致预留的安全平台过小，不符合规范要求，且边坡较陡。尤其在进行排土作业时，单台阶排土形成高陡边坡，边坡坡度小于岩土自然安息角，最终导致边坡失稳产生滑坡。

5. 地基基础不良

当地基不良或地基较陡时，必须进行地基处理。地基如果不加以处理，由于受到排土场自身的荷载会形成软弱地基层，特别当剥离物堆置在底部较陡的山坡上时，容易产生排土场

的整体滑移。

9.3.1.2　排土场滑坡防护措施

排土场自然沉降压实属正常现象，沉降率很小。但如果基岩为软弱岩层，其承压能力较低时，排土场将发生大幅度沉降并随基底的地形坡度而滑动。其先兆是比自然压实的沉降速率快，是自然沉降与基底沉降速度的叠加。

排土场剥离物内部滑坡如图 9-3(a)所示，与主要剥离物性质、排弃高度、大气降水及地表水的浸润作用等因素有关。随着排岩高度的增加，剥离物被压实，在排土场内部出现承压不均的压力不平衡和应力集中区，从而形成潜在滑动面。潜在滑动面上的抗滑阻力由于水的浸润作用而降低，或潜在滑体的下滑分力增大，导致滑体失去平衡，以弧形滑面形式从坡面滑出。在滑动过程中，首先是边坡下部的应力集中区产生位移变形或鼓出，然后牵动滑体上部使排土场表面形成张裂缝，最后沿弧形滑面产生整体滑动。

在矿山生产中，因基底失稳而产生排土场滑坡的实例比比皆是，如图 9-3(b)和(c)所示，据统计约占排土场滑坡总数的三分之一，且滑坡范围和危害都大于纯剥离物滑坡，应引起足够重视。

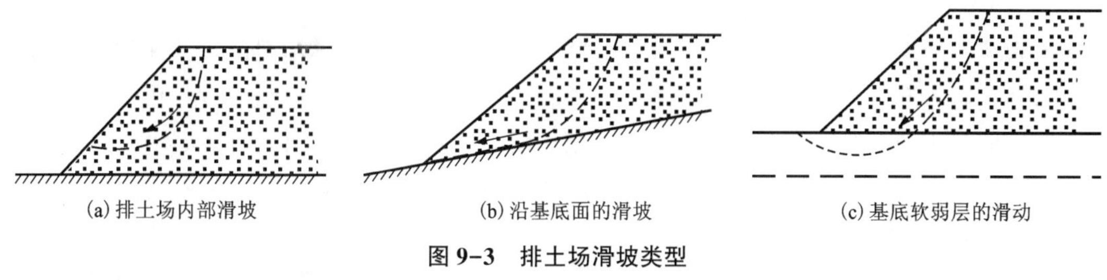

(a) 排土场内部滑坡　　(b) 沿基底面的滑坡　　(c) 基底软弱层的滑动

图 9-3　排土场滑坡类型

排土场内部滑坡和沿基底面滑坡的主要防护措施如下：

(1)地形上陡下缓的排土场，宜先从底部堆排或采取水平分段排弃，以保护排土场坡角的稳定性。

(2)将不易风化的岩石堆放在底部，清除基底的腐殖土，避免在基底表面形成弱面。

(3)易风化的岩土在旱季排弃，及时将不易风化的大块硬岩排弃在边坡外侧，覆盖边脚，或按一定比例混合排弃，以提高剥离物内部的整体稳定性。

(4)设置可靠的排水设施，避免排土场被地表水浸泡冲刷，掏挖坡脚。

9.3.1.3　排土场泥石流防护措施

泥石流的发生有以下三个基本条件：

(1)泥石流区含有丰富的松散岩土来源。

(2)山坡地形陡峻并有较大的沟谷河床纵坡。

(3)泥石流区中上游有较大的汇水面积和充沛的水源。

排土场泥石流多与滑坡相伴而生。有降雨和地面沟谷流水时，排土场坡面受到冲刷，使滑坡迅速转化为泥石流而蔓延。泥石流发生的地点、规模和滑延方向的危害区域是可预测的，因此，从排土场的选址开始，就应避免泥石流的隐患，预先采取防护措施，减小甚至消除泥石流发生后所造成的危害。

泥石流的预防措施：

(1)在排土场坡脚处修筑拦挡构筑物，以稳住坡脚，防止剥离物滑坡与山沟洪水汇合。

(2)在排岩下游的山沟内或沟口设拦淤坝，拦截并蓄存泥石流。

(3)当排土场下游地势不具备筑坝拦淤条件时，可在其下游较开阔的场地修建停淤场，通过导流使泥石流流向预定地点而淤积。

9.3.2 排土场公害防治

因排土场堆置岩土和进行排岩工作而引起的公害，主要包括大气污染、水质污染和泥石流等，因此必须采取有效的防治措施。

9.3.2.1 大气污染及其防治

无论哪种排岩工艺，在卸土和转排时，都有大量的粉尘在空气中扩散，不仅影响排岩作业人员的身体健康，而且严重污染周围环境。粉尘随风飘荡，排土场附近的居民和农作物深受其害。因此，应采取措施，防止粉尘扩散，如卸土时进行喷雾洒水，在排土线上设置人工降雨装置等。

9.3.2.2 水体污染及其处理

水体污染分为物理污染和化学污染。物理污染是指化学性质不活泼的固体颗粒状矿物或有机物进入河流和蓄水池中，这些颗粒若具有放射性，则污染危害更为严重。化学污染是指排弃物化学性质较活泼，与大气或水等发生化学反应并产生不良影响。酸性矿水是最明显的化学污染物质，硫化铁矿物经常与某些金属矿物天然伴生，在开采过程中暴露的硫化矿物与大气、水发生化学反应而产生硫酸，这种酸性水和岩石中的矿物进一步作用会产生某些有污染的化合物，如磷酸盐，可导致藻类或其他物质变态生长而堵塞溪涧，水中的有毒成分会造成河流中的生物死亡。

为使排土场对水体的影响减轻到最低程度，可采用下列措施：

(1)污水控制。视该污染物的总量和浓度而定，控制技术包括减少供氧量、减少产生污染的矿物与氧、水的接触时间。

(2)水质处理。对水质的处理可采用下列方法：①中和法，用石灰来中和酸性水；②蒸馏法，将酸性水加热到沸点，生成饮用水和浓缩盐水；③逆渗透法，酸性水通过一个半薄膜渗滤，过滤和浓缩成离子盐类；④离子交换法，采用特殊的树脂，选择性地交换矿水中的盐类和酸类离子；⑤冻结法，当酸性矿水冻结后，形成纯结晶，然后由水中离析有害成分；⑥电渗析法，用电极从溶液中将其中一种物质除去(电置换)。

中和法处理费用较其他方法低，是目前国内外的主要使用方法。如我国南方某露天矿，由于剥离的岩石中有黄铁矿化的粗面岩、凝灰岩以及含硫平均品位在5%~6%的黄铁矿，这些岩石在排土场经雨水侵蚀和长期风化，便会产生酸性较强的水。这些水会使流经区域土地龟裂、农作物严重减产，而且污染水源，对水生生物的生长危害极大。该矿处理酸性水的方法是把酸性水引入专用的水库中，然后加入一定量的石灰乳中和后，在澄清池澄清，澄清后的水再排出供农业使用。

(3)污水注入深孔法。该方法是在孔隙和渗透性较高的岩层中钻孔，把污水通过深孔注入这种岩层。有些国家采用了该法处置废水并已取得一定的效果。

9.4　露天水害治理

许多露天矿山的水文地质条件复杂，如果没有采取合理的防治水方案，不但影响矿山的生产，降低设备效率和使用寿命，还会引发一系列环境地质问题，破坏边坡的稳定性，威胁人员生命安全。

9.4.1　露天水害特征

1. 充水水源以大气降水和地表水体为主，地下水为辅

大气降水是主要的充水水源，包括雨季降水和冬季降雪。露天矿开挖范围大，接受补给与汇水面积广，且矿坑剥采中心标高最低，接受大气降水补给后，快速汇集流向矿坑，对露天矿充水影响十分显著。另外，大气降水也是地表水体和浅层含水层的补给水源。

地表水体主要指河流、湖泊等些相对稳定的补给水体，这些水体对露天矿的补给方式为侧向渗透补给，尤其在矿坑持续疏排水的影响下，降落漏斗不断扩大，使地表水体与矿坑之间的水力梯度增大，形成地表水体对矿坑的稳定补给。侧向渗透补给强度和地表水体的规模、地表水体与矿坑之间地层的渗透能力、水力梯度等参数有关。

地下水主要接受大气降水和地表水体补给，在露天矿开采过程中，沿露天矿边坡和围岩渗出并向矿坑汇集，恶化开采环境，但不会对生产造成威胁。

2. 充水强度季节性变化明显

大气降水对矿坑充水影响较大，一般雨季或丰水期，疏排水量较大；旱季或枯水期，疏排水量较小。

3. 前期疏排水量较大，后期疏排水量稳定

露天矿开采前，地下水处于自然平衡状态，露天矿开采后，打破了地下水的原始状态，补径排条件随之发生改变。在前期疏排水过程中，主要是地层中的静储量，水量丰富，疏排水量大，随着疏排水过程的持续，地层中静储量逐渐减少，动态补给量参与其中，受补给条件限制，疏排水量呈逐渐衰减状态，在某一阶段会达到基本稳定，即疏水量与静储量和动态补给量之和相当。

4. 疏排水持续周期长

露天矿疏排水工作是一项繁重、重复性的工作，通常情况是排出的地下水经过一定方式的径流后又重新返回矿坑，因此，疏排水工作持续时间长，难以快速疏干。

9.4.2　露天矿防水主要措施

露天矿防水工作的目的在于防止地表水和地下水涌入采场。防水工作必须贯彻“以防为主，防排结合”的原则，并应与排水、疏干统筹安排。

9.4.2.1　地面防水措施

地面防水针对地表水，凡能用地面防水工程进行拦截与引走的地面水流，一般不应让其流入采场。常见的地面防水措施工程主要有截水沟、河流改道、调洪水库等。

1. 截水沟

截水沟的作用是截断从山坡流向采场的地表径流。当矿区降水量大，四周地形又较陡

时，截水沟还必须起到拦截、疏引暴雨山洪的作用。以防洪为目的的截水沟必须设在开采境界以外，对经拦截而剩余的洪水量和正常时期的地表径流量可设第二道截水沟拦截。第二道截水沟可根据地形、水量、边坡的稳定性等具体条件，设在境界外或境界内。设在境界外的截水沟应按防渗和保护边坡等要求决定其具体位置；境界内的截水沟就设在台阶的平台上。

截水沟的断面多采用梯形，其断面大小按流量和允许流速确定。截水沟的排泄口与河流交汇时，要与河流的流水方向相适应，并使沟底的标高在河水的正常水位之上，其目的是减少截水沟的排泄阻力和防止河流冲刷、倒灌。

2. 河流改道

河流改道，多为汇水面积小的河溪沟谷等季节性河流。当露天矿开发区有大、中型河流需要改道，则是一项比较复杂的工作，不仅工程量浩大，而且技术复杂，需要专题研究解决。在确定露天开采境界时，是否将河流圈入境界要进行全面的技术经济分析。如必须进行河流改道，开采设计中也应尽量考虑分期开采的可能性，将河流划归到后期开采境界里去，以便推迟改道工程，不影响矿山的提前建成和投产。

河流改道一定要考虑到矿山的发展远景，注意新河道的工程地质条件，避免因矿山扩建或疏干排水可能引起的河道塌陷和二次改道。移设后的河流应在地形条件允许的情况下，尽量远离露天开采境界，以免水流渗入采场。

3. 调洪水库

调洪水库是将被露天采场横断的河沟溪流在其上游用堤坝拦截形成调洪水库，削减洪峰，以排洪平硐或排洪渠道泄洪，保证采场安全。

露天矿的调洪水库不同于水利部门的蓄水水库，除在暴雨时为削减洪峰流量、暂时蓄存排洪工程一时排不掉的洪水外，平时并不要求水库存水。

9.4.2.2 地下防水措施

地下防水的对象是地下水。地下防水工作的正确与否首先取决于对地下涌水水源的了解度，其次取决于防水措施的可靠性。因此，查明地下水源，做好水文观测工作和掌握水文地质资料是做好地下防水工作的前提。

1. 探水钻孔

“有疑必探，先探后采”是防止地下涌水的正确原则。尤其是对于有地下采区、溶洞和砾石含水层等分布的露天矿或大水露天矿山，应对可疑地段预先打探水钻孔，探明地下水源状况，以便采取相应措施，避免突然涌水造成损失。探水深度和超前的时间、距离要根据水文地质资料的可靠程度和积水区可能的水量、压力，结合开采要求而定。

2. 防水门和防水墙

采用地下井巷排水或疏干的露天矿山，为保证地下水泵房不受突然涌水淹没的威胁，必须在地下水泵房设防水门。防水门采用铁板或钢板制作，并应顺着水流的方向关闭，门的周围应有密封装置。

对于不能为排水、疏干工作所利用的地下旧巷道，应设防水墙使之与地下排水或疏干巷道相隔离。防水墙可用砖砌或混凝土修筑，墙体厚度根据水压和墙体强度确定。墙上可留有放水孔，便于及时掌握和控制积水区内水压和水量的变化。

3. 防水矿柱

当露天矿采掘工作或地下排水巷道接近积水采区、溶洞或其他自然水体时，可预留防水矿柱，并划出安全采掘边界。

防水矿柱的厚度与强度要足以承受静水压力而不致发生溃水事故，同时又要尽量减少矿石的损失。事实证明，防水矿柱可以防止突然涌水事故，但不能完全防止渗透。

4. 注浆防渗帷幕

注浆防渗帷幕是国内外广泛用于水利工程的防渗措施之一。对于露天矿堵水而言，注浆防渗帷幕防水是在开采境界以外，在地下水涌入采场的通道上，设置若干个一定间距的注浆钻孔，并依靠浆液在岩体结构面中的扩散、凝结组成道挡水隔墙。一般的防渗帷幕就是指由若干注浆钻孔所组成的挡水隔墙，防渗帷幕可以拦截帷幕以外的大量地下水，但仍可能会有少量的动流量渗入采场。因此，帷幕以内的静水量和渗入的动流量仍需利用水泵排出。

为了形成连续而完整的帷幕，每个钻孔的注浆浆液扩散后应能相互联结。因此钻孔间距不应大于两倍浆液扩散半径。注浆孔深度以穿透含水层为原则。帷幕形成以后，地下水通道被切断，帷幕外上游地下水位将大幅度上升，而帷幕内地下水位大幅度下降，形成较大的水位差。为了及时掌握帷幕隔水效果和检查其尚未联结的空隙部位，应在帷幕的内外两侧设观测孔。观测孔的深度以能控制最大水位降深为原则。此外，为便于检查施工质量以及帷幕的可疑渗漏区，还需打若干个注浆质量检查孔，其位置依施工情况而定。

防渗帷幕可以节省大量的排水费用，避免因疏干排水而引起的地表塌陷，保护农田和地表建筑物，但工程投资规模较大。

5. 地下连续墙

虽然注浆防渗帷幕在国内外防渗领域得到了广泛的应用，但由于该技术固有的缺陷以及岩体结构的复杂性等原因，防渗效果并非十分理想，一般堵水率小于 50%，因此对于特殊矿山，尤其是临河等水体的露天矿堵水问题，该技术的应用受到了限制。

地下连续墙由于其堵水效果好、强度大，目前正逐步应用于露天矿山堵水工程中。地下连续墙是利用各种挖槽机械，借助于泥浆的护壁作用，在地下挖出窄而深的沟槽，并在其内灌注适当的材料而形成一道具有防渗(水)、挡土和承重功能的地下连续墙，目前最深的地下连续墙墙体可达 80 m 以上。在国外，凡是放有钢筋的、强度很高的地下挡水墙称为地下连续墙，而无钢筋的、强度较低的称为泥浆墙，无论是否有钢筋，其堵水效果均相差不大。

9.4.3 露天矿山防排水安全管理

(1)必须设置防、排水结构。每年应制定防排水措施，并定期检查措施执行情况。

(2)露天矿山，尤其是深凹露天矿山，必须设置专用的防洪、排洪设施；露天采场的进出入沟口、平硐、排水井口和工业场地等处，都必须采取妥善的防洪措施。

(3)必须按设计要求建立排水系统。上方应设置有一定坡度的截水沟，一般为 5‰。有滑坡可能的矿山，必须加强排水措施，防止地表水和地下水渗漏到采场。

(4)露天矿应按设计要求设置排水泵站。当遇特大洪水时，允许最低一个台阶临时淹没，淹没前应撤出一切人员和重要设备。

(5)有淹没危险的采场，主排水泵站的电源应不少于两回路电路，任意一回路停电时，其余线路的供电能力应能承担最大排水负荷；各排水设备，必须保持良好的工作状态。

(6)剥离和排土作业，不得给深部开采或邻近矿山造成水灾。

(7)应采取措施防止地表水渗入边帮岩体的弱层裂隙或直接冲刷边坡。边帮岩体有含水层时，应采取疏干措施。

(8)排水设计，必须考虑地下最大涌水量和因集中降雨引起的短时最大径流量。

9.5 露天生产安全监测

目前，大型露天矿边坡智能监测包括导航卫星 GNSS 在线监测技术、雷达卫星 D-InSAR 监测技术、光学卫星高分影像监测技术、无人机与 TLS 联合监测技术、地基红外热像监测技术、顾及大气折光的测量机器人监测技术和基于 WiFi 的监测信息多终端显示技术七项关键技术。这些技术不仅要强调监测仪器的先进性和精度，更要发挥多手段的时空互补性和过程协同性，而稳定可靠的通信网络、快速自动的数据处理和智能综合的分析模块，是实现矿山滑坡智能监测和智能应急的关键。

例如鞍千铁矿排土场是一个已于 2012 年停止排放的大型排土场，高 120 m、长 1500 m、坡角 30°~40°，其下方有居民。为保障居民安全，2015 年开始进行稳定性监测。由于排土场规模大，若单独使用 GNSS 进行在线监测，不仅需要布置许多点位，而且可能漏掉关键部位。如何降低成本，做到有效监测，成为难题。基于多源协同观测理念，通过四个结合，即地基点式监测(GNSS、测量机器人、裂缝位移计)和天基星面式监测(InSAR)相结合，在线监测(GNSS)和离线监测(测量机器人、裂缝位移计)相结合，变形监测(GNSS、测量机器人、裂缝位移计、InSAR)和温度场监测(热成像技术)相结合，现场监测与力学数值模拟相结合，实现了鞍千铁矿排土场稳定性的全面监测，如图 9-4 所示。

总体监测方案如下：

(1)利用 RIGEL VZ4000 型 TLS 对排土场进行扫描，获取点云数据，建立排土场的三维模型。

(2)利用 $FLAC^{3D}$ 软件并基于 TLS 三维模型数据，对排土场的稳定性进行数值分析，所需关键参数如容重、内摩擦角、黏聚力等根据现场取样和室内岩石力学实验获得。

(3)使用热成像进行排土场监测，通过温度场分析，确定异常区，进而确定软弱工程地质体。

(4)利用 COSMO-SkyMed 卫星数据，对排土场进行 D-In-SAR 形变场分析，确定最大形变区，为 GNSS 重点监测提供靶区。

(5)在靶区内布置 GNSS 点，远程在线、实时、连续监测排土场变形情况，掌握排土场时序变形特征。

(6)使用测量机器人对靶区进行加密监测，一般为每周进行一次现场监测，雨天必要时增加监测频次。

(7)在监测后期，即雨季到来后，在排土场发现了地面发育宏观裂缝，于是使用裂缝位移计进行裂缝直接观测，获取裂缝宽度变化数据，掌握裂缝发展情况。

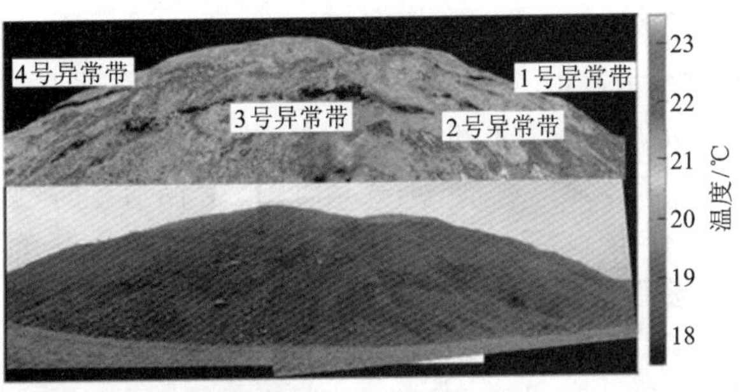

(a) 热成像发现的含水黏土层

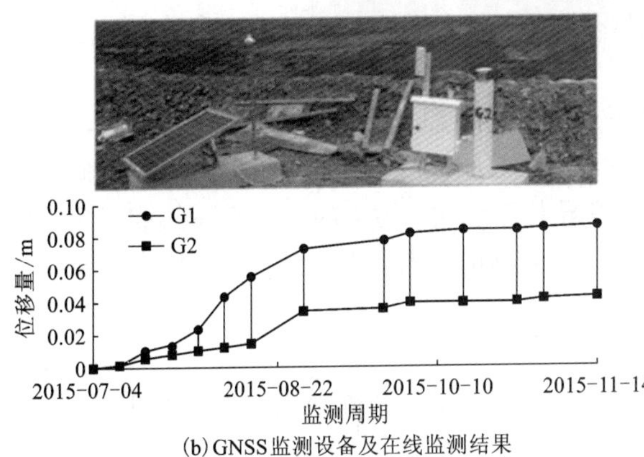

(b) GNSS监测设备及在线监测结果

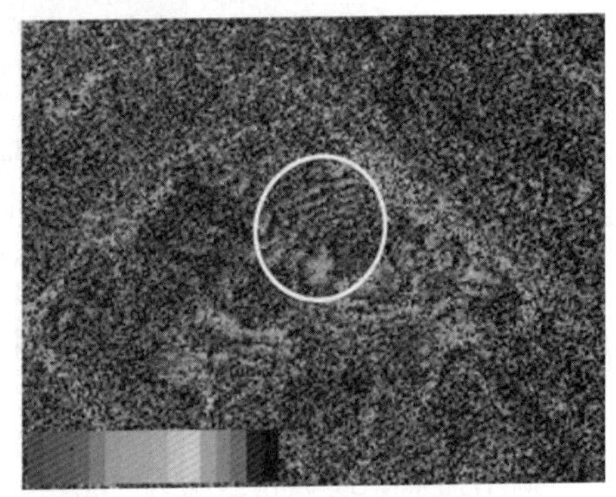

(c) D-In-SAR固定的最大变形区

图 9-4 鞍千铁矿大型排土场天-地协同的监测结果

9.6 露天矿山生态修复技术

大规模的矿山开采活动完成后，遗留下了很多资源枯竭的露天矿山废弃地，这些废弃地造成了严重的生态环境问题。充分利用生态修复手段，将废弃地“变废为宝”，不仅能够解决矿山废弃地生态环境问题，同时还有助于带动当地经济的二次发展，使废弃矿山地再次焕发生机。

9.6.1 生态环境问题

人类开展矿业活动对矿山生态环境影响是多方面的，主要有环境污染、生态资源破坏和地质灾害三大类。

9.6.1.1 环境污染

(1) 矿山及其选冶部门直接排放的废气、粉尘及废渣引起大气污染和酸雨。我国西南地区前几年的土法炼锌生产方式，产生大量废气废渣，造成了严重的社会公害。采矿的放射性污染，不只是铀矿具有极强的放射性，其他矿石也或多或少含有放射性，在开采和运移过程中，生产所产生的坑道废水、废石、矿井废气和一些器材等物被放射性污染，对人体和环境有害。

(2) 矿业活动产生的废水污染水体。矿山矿废水主要包括矿坑水、选冶废水及尾矿池水等。金属矿山的废水以酸性为主，并多含大量重金属及有毒、有害元素（如铜、铅、锌、砷、镉、六价铬、汞、氰化物）以及悬浮物等。众多废水未经达标处理就任意排放，甚至直接排入地表水体中，使土壤或地表水体受到污染，严重影响了人畜饮水和农田灌溉。

（3）尾矿药剂残留污染地下水和土壤，矿山尾矿，尤其是浮选尾矿，其中残留的选矿药剂有氯化物、氰化物、硫化物、松油、有机絮凝剂、表面活性剂等，当受到阳光、雨水、空气的作用以及它们相互作用，会产生有害气体、液体或酸性水，严重污染地下水和土壤。

9.6.1.2 生态资源破坏

1. 破坏生态系统

大规模的山体开挖，岩石大面积裸露，原有植被和植被生长所需的土壤被破坏，周边林地动物栖息地也受到干扰，矿山生态环境质量下降，生物多样性减少，生态系统稳定性降低。

2. 破坏水资源

矿山开发对水资源的破坏主要表现在地下水源枯竭及水体污染。大面积的疏干漏斗造成泉水干枯、水资源逐步枯竭和河水断流，导致地表水、地下水系统失衡，严重影响了矿山地区的生态；废水废渣的排放，导致水环境发生变异甚至恶化，污染的地表水渗入或经塌陷灌入地下，导致矿区水体及土壤受到严重污染，对植物的生长及附近居民的生活造成严重影响。

3. 破坏地形景观

矿山开采导致矿区景观结构和功能的整体改变，采矿活动清除地表植被、新建人工生产设施、挖损原地貌、废石堆场的修建等，改变了采矿区的地形、地貌，降低了矿区原有自然景观美学价值。尤其是在矿山闭坑后，未对矿山进行复绿和复垦，与周边景观严重失调，给人的视觉冲击较大。

4. 占用及损毁土地资源

露天剥采直接破坏土地，露天采场及废石、矿渣、工业垃圾的堆置，对耕地森林、草地等也造成了破坏。矿山关闭后，若不进行恢复治理，原被占用破坏的耕地、林地不能得到及时综合整治，其生产功能得不到恢复，难以重新用于农业生产经营，被迫荒废闲置，土地利用效率低下。

9.6.1.3 地质灾害

矿山开采作业不规范，没有遵守自上而下、分水平台阶式开采的规定，造成边坡坡度大，基岩裸露，危石和残坡积物未做处理，废石料（渣）随处堆放，导致局部山坡失稳，很容易诱发矿山局部山体滑坡、崩塌等地质灾害。几乎所有矿山都不同程度地遭受到滑坡、崩塌、泥石流灾害的威胁或危害。地质灾害在某种程度上已成为影响矿山建设和矿产开发的“公害”。这些地质灾害不仅会吞没大量土地、堵塞河床和污染土地，而且给自然环境和人们的生产活动带来巨大的破坏和灾难。

9.6.2 生态修复影响因素

基于我国废弃矿山生态问题的多样性、复杂性、多因性和地域性特征，废弃矿山生态修复要综合考虑区域自然地理气候条件、生态系统稳定性以及废弃矿山类型特征等多种因素。

（1）区域的自然地理、气候条件决定着生态修复的快慢。区域的降水量与积温等水热温湿条件，地球化学元素循环等化学条件，物质能量循环等物理条件，以及海拔、地形地貌、坡度等自然地理条件决定着矿山生态修复期限。受废弃矿山影响的区域具有充沛的降水量，适宜动植物生长的温度，充足的化学营养元素，顺畅的物质能量循环以及中低海拔、坡度平缓的地形地貌等，能够加快生态系统修复，缩短修复期限；反之区域生态系统修复缓慢，修复期限延长。

(2)区域生态系统的结构及其稳定性决定着生态修复方式。原有生态系统结构与功能稳定性良好的矿区，一般拥有较高的生态阈值。一方面，在受到采矿活动作用下，仍能保持自身结构与功能的完整性，系统不会产生突变，表现出很强的抗压性；另一方面，在外部影响消除后，生态系统能够自我调整和自然修复，又表现出很强的自我修复性。我国东部部分地势平坦的平原丘陵地区，拥有良好的自然禀赋和生态本底，土壤肥沃、含水率高，地表植被良好，生物种群结构健康，原生生态系统稳定性好，在适度的矿产开发活动下，系统仍能保持自身结构与功能的稳定性和完整性，并在扰动消除后一段时间内通过自然修复和人工干预能够恢复到扰动前状态；而对于生态脆弱敏感区域，如西南岩溶石漠化和黄土高原水土流失区，生态系统稳定性较差，这些区域的废弃矿山在没有人工干预条件下很难恢复到之前状态，因此，这类区域的废弃矿山生态修复应当以工程措施为主，人工修复与自然修复相结合。

(3)废弃矿山类型特征决定着生态修复的难易。废弃矿山的类型、规模、开采方式和产生问题的理化性质决定着矿山生态修复的难易。能源和非金属矿山开发对区域生态环境造成的破坏多以物理破坏为主，如地面塌陷、山体破碎和土地损毁等，生态修复相对容易；金属矿山开发对区域的影响多以化学破坏为主，如水土环境污染等，生态修复难度大。大型矿山比小型矿山产生更大的扰动破坏效应，大型矿山对区域生态的残留影响也更大，进行生态修复更难。露天矿山对于地表影响更大，井工矿山的采空区塌陷、含水层破坏更为严重，露天矿山的生态修复更容易，井工矿山的生态修复更难。

9.6.3　生态修复治理

矿山开采活动对矿区的生态环境破坏严重，我国现阶段的修复技术主要从地质地貌工程修复、土壤修复和生态修复三个方面着手，循序渐进，逐步恢复废弃矿山的生态环境。

1. 地质地貌工程修复

地质地貌工程修复主要目的是整治地形、加固地质体和避免地质灾害的发生，为恢复植被创造良好的立地条件。

地质地貌工程主要有露天采场边坡修整及护坡工程，露天采场底部地形平整工程；排土场、矸石场、尾矿库等的地形平整工程，挡土墙工程，截(排)水沟工程等。

2. 土壤修复

恢复植被是恢复生态功能的前提，而土壤是植被生长的基础。土壤修复技术分为土壤回填技术和土壤改良技术。

土壤回填技术分为表土回填技术和客土回填技术，主要用于露天采场的生态修复。对于新建矿山，土壤回填可以利用矿山开采初期剥离的表土进行回填，对于老矿山或废弃矿山，只能采用客土回填技术，外购根植土，但费用较高。

土壤改良技术分为化学改良技术和生物改良技术。主要是通过使用化学添加剂或生物方法，吸附、降解、迁移、转化土壤中的污染物，使土壤指标恢复到适用范围，达到土壤修复目的。

3. 生态修复

生态修复是指将遭到破坏的生态系统结构及原先功能再现的过程，矿山生态修复就是按照生态演替理论，通过引入先锋植物进行一系列自然演替，最终达到中生性的顶级群落，再现矿山生态系统结构，维持生态系统功能。生态修复技术包括植被修复技术、景观修复技术。

植被修复技术要点是要根据当地环境特征及矿山现场实际，筛选先锋植被及其种植组合(林木种、灌木种、草籽)，达到快速复绿的修复效果。选取的先锋植被应该具备以下特征：抗逆性好、易成活、根系发达、生物量高、本地优势物种优先。

矿区景观在露天开采后发生巨大变化，形成新的斑块和廊道，景观破碎，连接性差，功能下降，与周围生态景观不协调。景观修复技术就是要按照景观生态学原理，优化配置，统筹兼顾，人工构建适宜的生态系统，并充分运用自然演替规律，发挥生态系统自身的恢复功能，恢复生物群落与演替，逐渐形成与周边环境相协调的斑块-廊道-基质，将破碎化的景观恢复成稳定的景观类型。

9.6.4 土地再利用

遵循生态效益、经济效益、社会效益相统一的原则，在综合分析区域土壤、气候、地貌、生物等多种自然因素和社会经济发展水平、种植习惯等社会因素的基础上，评估废弃矿山土地自然、经济属性，结合周边土地利用类型和废弃矿山生态修复方式，评估废弃矿山正负环境效应及其复垦潜力，确定其作为不同用途用地的适宜程度，依据区域空间发展规划，合理制定废弃矿山土地再利用模式。

1. 农业用地模式

在平原区，对于位置偏僻的煤炭和建材型非金属废弃矿山，满足矿区开采前主体为农业土地利用类型，开采后水土污染较轻、土壤质量下降较小、土壤肥力无明显损失且水资源较为丰富等条件，可采取土地平整措施，即挖深垫浅、划方整平，将其整理成农业用地，耕种当地优势农作物，恢复土地的生产能力。

2. 建设用地模式

位于城镇或城乡结合部附近的废弃矿山，满足露天开采、地面较平整、地表坡度较平缓或者井工开采、采空区已回填、轻微塌陷区已达稳沉状态等条件，可采取相应工程措施，进行地基稳定处理，消除崩滑流等地质灾害隐患后用作建设用地。将矿山环境治理与土地开发利用相结合，将其建设成商业住房、工业开发区等，缓解城市用地紧张问题，促进城市转型发展。

3. 生态景观模式

在城镇附近、自然生态景观良好或拥有悠久矿业开发历史和丰富矿业文化底蕴的矿业园区，可以通过创建生态景观公园、矿山主题公园等方式，以特色休闲旅游为主导，将自然景观资源与矿山文化资源相结合，提升城市生态品质，打造城市旅游品牌。一方面满足了人民群众对于美好生态环境的需求，另一方面弘扬了矿业文化，促进了矿山经济转型，推动了矿山经济的可持续发展。

4. 自然封育模式

对位于人迹罕至的偏僻地域或生态脆弱敏感区的废弃矿山，不宜大面积开展人工整治修复工程或将矿区平整复垦为农业用地、建设用地。应以自然修复为主，主要采取封育手段，限制人类活动对矿区生态环境影响，自然恢复矿区原有生态系统结构与功能。

9.7　绿色矿山建设

9.7.1　绿色矿山的含义

绿色矿山是指在矿产资源开发全过程中，实施科学有序开采，对矿区及周边生态环境扰动控制在可控制范围内，实现环境生态化、开采方式科学化、资源利用高效化、管理信息数字化和矿区社区和谐化的矿山。

绿色矿山是以保护生态环境、降低资源消耗、追求可循环经济为目标，将绿色生态的理念与实践贯穿于矿产资源开发利用的全过程(矿山勘探、规划与设计、矿山开发、闭坑设计)，体现了对自然原生态的尊重、对矿产资源的珍惜和对景观生态的保护。

绿色矿山建设是一项复杂的系统工程。它代表了一个地区矿业开发利用总体水平和可持续发展潜力，以及维护生态环境平衡的能力。它着力于科学、有序、合理地开发利用矿山资源的过程中，对其必然产生的污染、矿山地质灾害、生态破坏失衡，最大程度地予以恢复治理或转化创新。

9.7.2　绿色矿山的建设要求

(1)绿色矿山必须依法设置和组织生产。绿色矿山建设必须根据环境影响评价法和矿产资源法的要求，进行环境影响评价和安全现状综合评价，具有可行的水土保持措施(方案)，依法取得采矿权、矿山安全生产许可证、林木采伐许可证、爆炸物品使用许可证等相关证照，依法建立各项管理制度，依法管理和组织生产，依法交纳各项税金和治理准备金，确保安全生产。

(2)绿色矿山必须按科学、低耗和高效的原则，合理地开发利用矿产资源。按科学、低耗和高效的原则，合理地开发利用矿产资源是其基本的前提。矿产资源开采，首先，必须根据资源状况、需求和技术水平进行科学合理的规划和设计，正确选定开采方式和技术装备；其次，要提高资源的回收率和利用率，尽量减少对资源储量的消耗；最后，要降低开采成本，综合利用各类资源(共、伴生矿及废弃资源)，使有限的资源发挥最大的效益。

(3)绿色矿山必须满足自然生态与环境保护的要求。绿色矿山建设是以解决环境问题作为着力点而展开的管理实践。矿山企业应当将环境保护纳入经营理念之中，坚持以保护为方针，创立无污染、无废物、无废气的生产系统，减少对生态环境的破坏并及时恢复生态环境，在设计、开采、运输等过程推行全面绿化，不产生新的生态环境问题。

(4)绿色矿山必须以资源的可持续和经济的可循环为发展方向。不断降低矿石品位，扩大储量和勘查新的资源，延长矿山服务年限，及早进行新的产业更替和更新，使矿山得到新生，研究矿山闭坑的生态恢复与复垦技术，制定矿山闭坑规划和后续土地利用与监测方案(计划)，及早设定用地方向，并在边采边整治中体现此方向性要求。

9.7.3 绿色矿山的建设标准

1. 矿山开采合法化

(1)矿山企业依法取得采矿权、矿山安全生产许可证、林木采伐许可证、爆炸物品使用许可证等相关证照；符合法律、法规和产业政策、矿产资源规划和地质环境保护规划。

(2)矿山建设项目有经过审批的矿山环境影响评价、水土保持措施(方案)和安全现状综合评价等报告；矿山企业依法管理和组织生产，依法缴费、纳税和足额交纳矿山环境恢复治理金。

(3)申报前两年内，无安全生产责任事故，未造成人员死亡，未发生环境污染事故，未受到行政主管部门给予的行政处罚。

2. 资源利用高效化

(1)矿产资源开发利用科学规范，开采回采率、采矿贫化率和选矿回收率达到设计要求，达全省同类矿山水平。

(2)矿产资源利用率高，没有“采富弃贫”、浪费资源及破坏环境的行为，产品结构优化合理，废弃资源回收利用率高，达全省同类矿山水平。

(3)经济效益显著，社会效益和生态效益良好的同时，积极推广节能新技术、新工艺，吨耗资源产生的经济效益(税、费、利)高，实现节能降耗(能耗指标低)，达到全省同类矿山水平。

3. 开采方式现代化

(1)严格按照经过审批的矿产资源开发利用方案开采，采矿(开采、选矿、冶炼)方法科学，工序合理有序，矿山开采科技水平属同类矿山先进水平。

(2)改造和引进采选技术，选择有利于生态保护的工期和方式，露天采场作业要按照自上而下、分水平台阶开采，地下采矿按相关技术规范要求执行，采矿作业机械化、现代化程度高。

(3)完善矿区配套设施，实现生产全过程(穿孔、爆破、采装、运输、堆料和排渣等)无尘作业，减少丢矿压矿，采剥并举，最大程度地减少林地占用和水土流失。

4. 采矿作业清洁化

(1)矿山建设项目环境保护措施执行“三同时”制度，落实矿山生产全过程(生命周期)的环保措施，选择无(少)污染的生产工艺、设备、原(辅)材料和清洁能源。

(2)严格控制废水、废气(有毒有害气体、粉尘)、废渣(废土、废石、尾矿)的达标排放，对排放的废物和能源实行再利用；噪声污染、振动危害等均达到省级有关标准要求。

(3)通过技术创新，优化工艺流程，保障开采区、运输区、加工区的防风抑尘设计及喷水降尘设施建设，保障矿井水和生活污水处理设施建设，实现生产过程的小扰动、无毒害和少污染。

5. 矿山管理规范化

(1)健全矿山企业组织，明确分工，层层落实目标责任制，责任到位、措施到位和投入到位，并按有关要求认真执行矿山开采监理。

(2)矿山企业依法建立各项管理制度，规章制度完善，各类报表齐全，台账、档案资源完整。

(3)切实做到生产区和生活区分离，生产区建设布局规范合理，生活区的生活辅助设施符合安全、卫生及环保要求，保证人居环境安全。

6. 生产安全标准化

(1)严格实施矿山企业安全技术标准和管理制度，健全安全生产责任制，建立各项安全生产管理规程和安全操作规程，搞好全员安全教育和安全生产技能培训，安全生产人员持证上岗。

(2)落实矿山企业安全生产准备金制度，足额提取安全生产费用，保障设备安全性能，设置危险区自动报警装置，杜绝职业病发生等，保证安全生产投入的有效实施。

(3)完善安全防范规章制度和各类预案，健全应急救援机制，加大对火工器材的管理力度，及时消除生产环节安全隐患，建立安全生产长效机制。

7. 内外关系和谐化

(1)矿业开发要获得“社会执照”，即取得当地政府和群众的信任，及时通报矿山生产情况及存在问题，寻求社会和矿山利益的一致性，积极主动参与当地的公益事业。

(2)制定与当地社区磋商的计划，并贯穿生产全过程，与社区建立联络关系，及时调整影响社区的采矿作业，共同应对意外事故和涉及人身的安全和环境破坏的事件。

(3)有完备的职工技术培训体系，提高职工生产技能、绿色环保意识和整体素质，营造良好的企业文化。

8. 矿区环境生态化

(1)制定矿山环境保护与治理方案并严格实施，边生产边恢复(治理)，矿山环境治理资金的年投入达矿石销售收入的2%以上；生产区、生活区和复垦区绿化覆盖率达标。

(2)矿山开采尽量减少对生态环境的破坏，不对主要交通干线和景区直观可视区的地貌景观造成破坏，无地质灾害隐患和险情，治理率达100%。

(3)有完备的矿山闭坑规划和后续土地利用与监测方案(计划)，开采、闭坑等阶段矿山环境治理率及土地复垦率达标，破坏的植被修复效果显著，与周边环境相协调。

课后习题

1. 边坡的稳定性影响因素有哪些？
2. 边坡的四种破坏模式是什么？
3. 排土场主要存在的安全灾害有哪些？如何安全防护？
4. 露天采场的水害特征是什么？
5. 露天矿生态修复的技术主要有哪些？
6. 什么是绿色矿山？建设绿色矿山的标准和指标有哪些？

参考文献

[1] 中华人民共和国国土资源部. 非金属矿行业绿色矿山建设规范：DZ/T 0312—2018[S].

[2] 中华人民共和国国土资源部. 冶金行业绿色矿山建设规范：DZ/T 0319—2018[S].

[3] 中华人民共和国国土资源部. 有色金属行业绿色矿山建设规范：DZ/T 0320—2018[S].

[4]《采矿设计手册》编委会. 采矿设计手册[M]. 徐州：中国建筑工业出版社，1986.

[5]《采矿手册》编委会. 采矿手册[M]. 北京：中国建筑工业出版社，1987.

[6] 昌珺. 露天煤矿内排期间下部水平汽车开拓运输系统优化[D]. 徐州：中国矿业大学，2015.

[7] 陈晓青. 金属矿床露天开采[M]. 北京：冶金工业出版社，2010.

[8] 杜忠义. 黄土高原露天矿排土场生态重建探讨[J]. 环境与可持续发展，2010，35(1)：44-48.

[9] 樊华，孙玉祥. 公路工程路基稳定性及影响因素分析[J]. 西部交通科技，2018(5)：75-77.

[10] 高永涛，吴顺川. 露天采矿学[M]. 长沙：中南大学出版社，2010.

[11] 胡桂英，郑文强. 边缘排土工艺在塔尔露天矿的运用[J]. 科技经济导刊，2020，28(19)：94-95.

[12] 贾连胜，王恒斌. 挖掘机——自卸汽车系统设备资源优化与成本分析[J]. 重庆交通学院学报，2001，20(1)：86-90.

[13] 李宝祥. 金属矿床露天开采[M]. 北京：冶金工业出版社，1992.

[14] 李东林，路向阳，李雷，等. 露天矿山运输无人驾驶系统综述[J]. 机车电传动，2019(2)：1-8.

[15] 李宏伟. 某大型露天矿胶带排土工艺研究与实践[J]. 现代矿业，2019，35(5)：156-160.

[16] 廖赔赔. 大杉树磷矿开拓运输系统优化设计[D]. 武汉：武汉工程大学，2016.

[17] 刘超文. 海南区露天矿开拓运输系统优化研究[D]. 包头：内蒙古科技大学，2014.

[18] 刘善军，吴立新，毛亚纯，等. 天-空-地协同的露天矿边坡智能监测技术及典型应用[J]. 煤炭学报，2020，45(6)：2265-2276.

[19] 吕贵龙，张翰，高瑜. 河曲露天煤矿排土场复垦模式[J]. 露天采矿技术，2020，35(6)：77-79.

[20] 马兵. 带式运输机[J]. 新疆有色金属，2014，37(S2)：204-206.

[21] 牟均发. 露天矿山宽体自卸车无人运输应用探索[J]. 重型汽车，2020(6)：44-45.

[22] 邱锦标. 露天矿山道路设计及施工[J]. 采矿技术，2012，12(3)：42-46.

[23] 宋子岭. 露天开采工艺[M]. 徐州：中国矿业大学出版社，2018.

[24] 孙本壮. 金属矿床露天开采[M]. 北京：冶金工业出版社，1993.

[25] 王迪. 云服务模式下露天矿智能调度系统应用研究[J]. 中国钼业，2020，44(4)：14-19.

[26] 王建云. 矿用带式运输机及其应用和设计[J]. 中国高新技术企业，2010(21)：65-66.

[27] 徐海. 特大型高陡边坡露天矿开采境界设计优化及应用研究[D]. 长沙：中南大学，2020.

[28] 杨广宇. 露天矿山道路设计及施工探究[J]. 露天采矿技术，2016，31(11)：91-93.

[29] 杨万根. 金属矿床露天开采[M]. 北京：冶金工业出版社，1982.

[30] 叶海旺. 露天采矿学[M]. 北京：冶金工业出版社，2019.

[31] 周航. 胶带排土作业分类[J]. 金属矿山，1993(5)：3-8.

[32] 张希辉，李荣海. 矿山道路路面类型选择及养护的探讨[J]. 中国矿业，2000，9(S1)：615-618.

[33] 钟再良，王明和. 大型矿用汽车在露天矿的入换方式研究[J]. 矿山研究与开发，1992，12(1)：22-27.

图书在版编目(CIP)数据

露天开采工艺学 / 胡建华主编. —长沙：中南大学出版社，2022.5

普通高等教育新工科人才培养采矿工程专业“十四五”规划教材

ISBN 978-7-5487-4837-3

Ⅰ. ①露… Ⅱ. ①胡… Ⅲ. ①露天开采—高等学校—教材 Ⅳ. ①TD804

中国版本图书馆 CIP 数据核字(2022)第 027574 号

露天开采工艺学

LUTIAN KAICAI GONGYIXUE

胡建华 主编

□出 版 人 吴湘华
□责任编辑 伍华进
□责任印制 唐 曦
□出版发行 中南大学出版社
社址：长沙市麓山南路 邮编：410083
发行科电话：0731-88876770 传真：0731-88710482
□印 装 湖南省汇昌印务有限公司

□开 本 787 mm×1092 mm 1/16 □印张 16 □字数 430 千字
□互联网+图书 二维码内容 图片 500 张
□版 次 2022 年 5 月第 1 版 □印次 2022 年 5 月第 1 次印刷
□书 号 ISBN 978-7-5487-4837-3
□定 价 58.00 元